헬로, 안드로이드 2.2

구글의 **모바일 개발** 플랫폼 소개하기

Hello, Android 2.2
Introducing Google's Mobile Development Platform

에드 버넷 지음 / **이일문** 옮김

Pragmatic
Bookshelf

Hello, Android

Introducing Google's
Mobile Development Platform, Android 3 Edition
by Ed Burnette

IT 대한민국은 ITC(Info Tech Corea)가 함께 하겠습니다.
www.itcpub.co.kr

차 례

─ Part 1 ─

안드로이드 소개하기

Part 2

안드로이드 기본기

Part 3

기초를 넘어서

Part 4

차세대 기능들

Part 5

부록

감사의 글

좋은 제안들을 주신 이전 판들의 독자들은 물론이거니와, 세세한 곳까지 신경을 써준 편집자 수잔나 팔저(Susannah Pfalzer), 유익한 검토 의견을 준 자비어 콜라도(Javier Collado)와 마릴린 허렛(Marilynn Huret), 스테판 노에테버그(Staffan Nöteberg), 특히 꾸준한 인내와 지지를 보내준 리사(Lisa)와 마이클(Michael), 크리스토퍼(Christopher) 등, 이 책이 가능하도록 도와준 모든 분들에게 감사 드린다.

머리말

안드로이드는 구글(Google)과 '개방형 휴대폰 연맹(OHA: Open Handset Alliance)'이 만든 모바일용 오픈 소스 소프트웨어 프로그램 패키지이다. 안드로이드는 수백만 개의 휴대폰과 모바일 장치에 탑재되어 응용 프로그램 개발자들에게는 중요한 플랫폼이 되었다. 당신이 아마추어든, 전문 프로그래머든, 재미로 하는 것이든, 아니면 이윤을 남기기 위해 하는 것이든 간에, 지금이 안드로이드 개발에 대해 더 많은 것을 배워야 할 때다. 이 책이 그 시작을 도와줄 것이다.

안드로이드는 왜 특별한가?

시장에는 이미 심비안(Symbian), 아이폰(iPhone), 윈도우 모바일(Windows Mobile), 블랙베리(BlackBerry), 자바 모바일 에디션(Java Mobile Edition), 리눅스 모바일(Linux Mobile, LiMo) 등등의 모바일 플랫폼들이 있다. 사람들에게 안드로이드에 대해 얘기하면 "왜 또 다른 모바일 표준이 필요하지? 대단한 거라도 있는 거야?"라는 질문이 제일 처음 나온다.

안드로이드의 몇몇 기능들은 이전에도 있던 것들이지만, 아래와 같은 기능들을 결합시켜 개발환경으로 제공하는 것으로는 최초이다.

- 리눅스와 오픈 소스에 기반한, 진정한 의미의 무료 개방형 개발 플랫폼 – 휴대폰 제조사들은 로열티를 지불하지 않고 플랫폼을 이용하거나 최적화할 수 있다는 점에서 안드로이드를 좋아한다. 개발자들은 안드로이드가 매우 빠르게 발전하고 있고, 파산이나 인수합병의 위험이 있는 특정 공급자에 묶여 있지 않다는 점에서 이 플랫폼을 좋아한다.

- 인터넷 매쉬업(mashups)에서 영감을 받은 컴포넌트 기반의 아키텍처 – 한 응용 프로그램의 일부분이 개발자가 미처 생각지 못했던 방식으로 다른 프로그램에 사용될 수 있다. 심지어 당신이 만든 개선된 버전으로 기본 제공 컴포넌트를 대체할 수도 있다. 이는 모바일 공간에 새로운 창조의 장을 열어놓을 것이다.

- 기본으로 제공되는 멋진 서비스들 – GPS와 기지국 삼각측량 방식을 이용하는 위치 기반 서비스들은 당신이 위치에 따른 사용자 경험을 최적화할 수 있도록 지원한다. 본격적인 SQL 데이터베이스는 OCC(occasionally connected computing) 구현과 데이터 동기화를 위한 로컬 저장 기능을 제공한다. 브라우저와 지도 출력 기능은 당신의 응용 프로그램에 바로 내장될 수 있다. 이러한 모든 기본 제공 서비스들이 개발 비용을 줄이는 동시에 기능성을 높이는 역할을 한다.

- 자동으로 응용 프로그램 수명 주기 관리 – 프로그램들이 다층 구조의 보안 시스템에 의해 서로 격리되어, 이제껏 스마트폰에서는 볼 수 없었던 수준의 시스템 안정성을 제공할 것이다. 사용자들은 더 이상 어떤 응용 프로그램이 활성화되어 있는지 걱정하거나 특정 프로그램을 구동하기 위해 다른 프로그램을 종료해야 할 필요가 없다. 안드로이드는 다른 플랫폼이 시도하지 못했던 근본적인 방식으로 저전력, 저메모리 장치에 최적화되어 있다.

- 고품질 그래픽과 사운드 – 플래시(Flash)로부터 영감을 받아 부드럽고 매끄럽게 외곽처리된 2D 벡터 이미지와 애니메이션이 3D 가속처리된 OpenGL 이미지들과 병합되면서 새로운 종류의 게임과 업무용 프로그램들이 가능해졌다. 가장 널리 쓰이는 업계 표준 오디오, 비디오 포맷을 위해 H.264(AVC), MP3, AAC 등의 코덱(codec)이 내장되어 있다.

- 광범위한 현재와 미래의 하드웨어를 아우르는 휴대성 – 모든 프로그램이 자바로 작성되고 안드로이드의 달빅(Dalvik) 가상 머신에서 실행되므로 모든 코드는 ARM, x86 및 그 외 아키텍처를 넘나들 수 있다. 키보드, 터치, 트랙볼을 포함한 다양한 입력방식 지원. 사용자 인터페이스는 어떤 화면 해상도나 화면 방향에도 최적화 가능.

안드로이드는 모바일 응용 프로그램이 사용자와 상호작용할 수 있도록 기술적인 토대를 제공함과 동시에 그 상호작용 방식에서도 신선한 자극을 제공하고 있다. 그러나 안드로이드의 제일 좋은 부분은 무엇보다 이 소프트웨어가 당신이 만들려는 프로그램을 위한 것이라는 점이다. 이 책이 당신의 위대한 시작을 여는 데 도움이 될 것이다.

누가 이 책을 읽어야 하는가?

이 책의 유일한 요구 사항은 자바 또는 유사한 객체 지향 언어(C#도 유사시에 도움이 된다)에 대한 기본적인 이해 정도이다. 모바일 기기용 소프트웨어 개발 경험이 필요하지는 않다. 사실 그런 경험이 있다면 잊는 편이 낫겠다. 안드로이드는 기존 것들과 상당히 달라서 열린 마음으로 시작하는 것이 좋다.

이 책은 무엇을 다루는가?

'헬로, 안드로이드'는 네 부분으로 구성되어 있다. 대략적으로 말하자면, 이 책은 쉬운 주제에서부터 어려운 주제로, 또는 안드로이드의 일반적인 측면에서부터 특수한 측면으로 진행한다고 볼 수 있다.

여러 장에서 안드로이드용 스도쿠 게임 예제가 사용된다. 점진적으로 게임에 기능을 추가해가면서 우리는 사용자 인터페이스와 멀티미디어, 수명 주기 등을 포함한 안드로이드 프로그래밍의 다양한 측면을 배우게 된다.

제1부는 안드로이드 소개로 시작한다. 안드로이드 에뮬레이터를 어떻게 설치하고 첫 프로그램을 만들기 위해 '통합 개발 환경(integrated development environment, IDE)'을 어떻게 써야 하는지 배울 수 있는 부분이다. 그 후에 안드로이드 라이프 사이클과 같은 몇몇 주요 개념들이 소개될 것이다. 안드로이드 프로그래밍은 당신이 익숙한 것과는 아마 조금 다를 것이라서, 이러한 개념들을 확실히 알고 나서 넘어가도록 하자.

제2부는 안드로이드의 사용자 인터페이스와 2차원 그래픽, 멀티미디어 구성 요소, 간단한 데이터 접근을 다루고 있다. 이러한 기능은 거의 모든 프로그램에서 사용되는 것들이다.

제3부는 안드로이드 플랫폼을 좀더 깊이 파고든다. 여기서 우리는 외부 인터넷 연결과 위치 기반 서비스, 내장 SQLite 데이터베이스, 3차원 그래픽에 대해 배워 본다.

제4부는 멀티 터치를 포함한 진일보된 입력기술과 위젯 또는 동적 배경화면을 이용한 홈 화

면의 기능 확장을 논의하면서 전체를 마무리한다. 마지막으로 우리는 앱을 다양한 안드로이드 기기들과 버전에 호환되도록 만드는 방법과 이를 안드로이드 마켓에 배포하는 법을 살펴볼 것이다.

책의 말미에는 안드로이드와 자바 표준 에디션(Java Standard Edition, SE) 간의 차이점을 정리해놓은 부록과 참고문헌 목록이 있다.

3판에서 무엇이 새로워졌나?

세 번째 판은 1.5버전에서부터 2.2버전, 또는 그 이상의 모든 안드로이드 버전을 지원할 수 있도록 업데이트되었다. 각 버전에서 새로 소개된 기능들과 이들이 다뤄진 장에 대해 간단히 요약했다.

컵케익의 새로운 기능

안드로이드 1.5(컵케익, Cupcake)는 소프트(화면 상의) 키보드, 동영상 녹화, 응용 프로그램 위젯 지원 등을 포함하는 대규모 플랫폼 기능 개선을 선보였다. 내부적으로 안드로이드 1.1과 1.5 사이에는 1,000개가 넘는 API 변경이 있다. 위젯은 제12장 1절 헬로, 위젯에서 다루고 있다.

도넛의 새로운 기능

안드로이드 1.6(도넛, Donut)은 고밀도와 저밀도 디스플레이에 대한 지원 기능과 함께 대부분의 개발자에게 영향을 주지 않는 사소한 변경 사항을 추가했다. 다양한 기기의 형태 요소를 어떻게 지원하는지, 제13장 5절 크고 작은 모든 화면들에서 배울 수 있다.

에클레어의 새로운 기능

안드로이드 2.0(에클레어, Éclair)는 멀티 터치와 가상 키, 계정 중앙 관리, 동기화 API, 도킹(docking), HTML5 지원 기능 등을 추가했다. 2.0 버전은 곧바로 안드로이드 2.01(역시 에클레어로 불림)로 대체되었는데, 이는 2.0 버전에 몇 가지 버그 수정사항이 추가된 것이다. 멀티 터치는 제11장 멀티 터치에서 다룬다.

에클레어 MR1의 새로운 기능

안드로이드 2.1(에클레어 수정 배포본 1, Éclair Maintenance Release 1)은 동적 배경화면과 추가적인 HTML5 지원 기능과 몇 가지 소소한 개선 사항을 추가했다. 동적 배경화면과 위젯을 포함하는 홈 화면 개선사항들은 제12장 집만한 데가 없어에서 다룬다.

프로요와 그 이후 버전의 새로운 기능

안드로이드 2.2(프로요, FroYo)는 외부 저장 장치에서의 응용 프로그램 설치와 더 빨라진 자바 가상 머신, OpenGL ES 2.0 API들에 대한 지원 기능 등을 선보였다. 제13장 6절 SD 카드에 저장하기가 프로그램을 외부 저장장치에 설치하도록 설정하는 법과 그 기능을 써야 할 때와 쓰지 말아야 할 때를 설명해줄 것이다.

출하되는 모든 안드로이드 기기들이 안드로이드 1.5(또는 그 이후 버전)를 사용할 수 있다. 새 기기에는 모두 설치되었고, 구글 말로는 예전 기기들도 대부분 업그레이드 되었단다. 최근의 안드로이드 유효 단말의 시장 점유율을 대략적으로 보려면 안드로이드 기기 계기판을 확인하면 된다. 이 책은 1.1 버전 이하는 다루지 않는다.

참고: 모든 기기들이 안드로이드 최신 버전으로 업그레이드되는 데는 한참이 걸릴 것이다(가능하다 가정하더라도), 제13장 만들기는 한 번, 테스트는 모든 곳에서에서 하나의 프로그램이 복수의 안드로이드 버전을 지원하는 법을 다룬다. 이 책의 모든 예제들은 1.5 버전부터 2.2 버전까지 두루 테스트를 거쳤다.

온라인 자료

이 책의 웹사이트(http://pragprog.com/titles/eband3)에서 다음 내용들이 제공된다.

- 이 책에 사용된 모든 예제 프로그램의 소스 코드

- 현재 출판본에서 정정될 부분이 모두 수록된 정오 페이지(비어 있길 바라자!)

- 저자 또는 다른 안드로이드 개발자들과 직접 대화할 수 있는 토론 포럼(꽉 차있길 바라자!)

당신의 응용 프로그램에 적합하다고 판단된다면 소스 코드를 자유로이 사용해도 좋다.

빨리 넘겨보기 >>

대부분 저자들은 한 자도 빠짐없이 책이 읽히기를 바라지만 나는 당신들이 그러지 않으리라 생각한다. 당신은 지금 당장 필요한 딱 그 정도만 읽을 테고 아마 다음에 달리 필요한 내용을 찾아볼지도 모르겠다. 그래서 나는 당신이 헤매지 않도록 약간의 도움을 주려고 한다.

이 책의 각 장은 '빨리 넘겨보기 >>' 라는 부분으로 끝난다. 이 부분은 순서 없이 이 책을 읽을 경우 다음에 어디로 넘어가야 하는지 지침을 제공한다. 또한 당신이 주제와 관련하여 더 많은 것을 배우고자 할 때, 이 부분에서 책이나 온라인 문서와 같은 다른 자료에 대한 정보를 찾을 수 있다.

자, 시작하자. 제1장 시작하기가 안드로이드 프로그램의 한가운데로 푹 빠뜨려 줄 것이다. 제2장 주요 개념은 한발 물러서서 안드로이드의 기본 개념과 철학을 소개해 줄 것이며 제3장 사용자 인터페이스 구현하기는 안드로이드 프로그램에서 가장 중요한 부분인 사용자 인터페이스를 파고들 것이다.

당신의 궁극적인 목적은 안드로이드 마켓에서 판매되거나 공짜로 다운로드되는 앱을 만드는 것이다. 준비가 끝나면 제14장 안드로이드 마켓에 배포하기가 그 마지막 단계를 보여줄 것이다.

옮긴이의 글

2010년은 스마트폰의 해라고 해도 과언이 아닐 정도로, 우리 사회 전체가 스마트폰이라는 기술문명의 최신 산물을 놓고 출렁거렸다. 어떤 폰을 언제 내놓느냐를 놓고 국내 이통사와 제조사들 간에 첨예한 기싸움과 짝짓기가 이뤄졌고, 새로운 운영체제와 서비스 형태에 맞는 기술규격과 각종 규제를 정비하느라 정부당국과 공기업간의 마찰도 빚어졌으며, 스마트폰과 함께 밀려들어온 외산 서비스와 플랫폼에 화들짝 놀란 국내 인터넷 기업들의 혼선과 시행착오도 있었다.

스마트폰이 사회 전반에 충격을 준 이유는 비단 기술적인 측면만이 아니었다. 오히려 기존에 있던 콘텐트와 정보, 데이터가 스마트폰이 가져온 기술의 날개를 달게 되면서 신선한 충격을 가져왔다. 국내 사용자들은 그간 익숙했던 정보와 데이터가 전혀 새로운 곳에서 전혀 새로운 방식으로 다가오는 것에 열광했다. 자신의 침대에 누워서 누군가의 트윗이 천장에 둥둥 떠 있는 것을 보기도 하고, 터치 한 번으로 버스가 현재 어디쯤 오고 있는지도 확인할 수 있었다.

스마트폰이 몰고 온 변화가 충격이라 불릴 정도로 강렬한 것은, 바로 이처럼 사용자들이 열광한다는 점에 있다. 되돌이킬 수 없는 이 변화는 이제 시작된 것이며 앞으로 어디까지 멀리 가게 될지는 아무도 모른다.

이 변화와 논란의 한가운데에 안드로이드가 있다. 아이폰의 공세에 주도권을 빼앗긴 전 세계 이통사와 제조사들이 속속 안드로이드를 채택하고 있다. 애플의 iOS와 구글의 안드로이드는 각각 순정주의와 개방주의를 대표하면서 OS 전쟁을 재현할 기미를 보이고 있다. 애플이 강력한 콘텐트 유통 시스템과 앱 생태계를 무기로 시장을 선도하고 있지만, 이통사와 제조사들의 자체 앱 마켓을 허용하는 안드로이드의 유연하고 개방적인 정책은 많은 기업들에

게 비즈니스적으로 훨씬 덜 위협적이다. 지금까지의 스마트폰 전투가 앞으로 나올 모바일, 유비쿼터스 전쟁의 시작에 불과하다는 점을 생각한다면, 앞으로 안드로이드 진영에 새로 합류할 주체들의 면면이 자못 궁금해진다.

하지만 현재의 안드로이드는 개발자에게 악몽에 다름 아니다. 구글의 잦은 OS 업데이트는 그 자체로도 문제이지만, 개별 이통사와 제조사, 단말기의 모델별로 조금씩 다른 규격에 맞춰야 한다는 점은 개발보다 테스트와 최적화에 더 많은 노력을 쏟아야 하는 사태를 불러온다. 게다가 국내의 상황만 놓고 본다면, 유료 앱 다운로드가 지원되지 않고 게임 카테고리는 아예 제공이 되지 않는다. 앱 그 자체로는 수익성을 기대하기 어려운 구조이다. 게다가 갤럭시S의 사례에서도 볼 수 있듯이, 하나의 단말기에서 접근할 수 있는 앱 마켓이 세 가지(구글의 안드로이드 마켓, SKT의 T스토어, T스토어 안의 삼성 마켓) 또는 그 이상이 될 수도 있고, 그 각각의 관리주체와 관리지침에서 다른 상황이 벌어지고 있다.

이렇듯 다양한 주체들이 역동적으로 움직이는 환경에서 고른 품질의 서비스를 안정적으로 제공하려면 개발자들이 더 많은 고생을 하게 되기 마련이다. 엎친 데 덮친 격으로, 안드로이드 개발에 대해서는 안내서나 사례, 축적된 노하우 등도 충분치 않아 개발자들을 힘들게 만든다. 그런 점에서 이 책은 안드로이드 개발의 전반적인 면을 조망하면서 실질적인 개발 팁들을 정리해놓고 있다는 점에서 실용적이다. 안드로이드의 특성을 자바와 비교하며 꼼꼼히 정리하여 실제 개발을 하면서 맞닥뜨리기 쉬운 혼란을 최소화할 수 있도록 했으며, 저자가 실제로 겪은 시행착오의 결과를 잘 정리하여 개발 팁으로써 활용할 수 있도록 했다.

무엇보다 이 책의 훌륭한 점이라면, 생소한 플랫폼을 다루면서도 시종일관 응용프로그램 개발에 있어 가장 중요한 점이 무엇인가를 절대 잊어버리지 않는다는 점이다. 어떻게 하면 사용자에게 좀더 재미있고 유익한 콘텐트와 정보를 가장 효율적이고 간단한 방법으로 전달할 것인가? 저자인 에드 버넷은 안드로이드 개발의 길을 시작하는 독자들에게 따뜻하고 친절한 안내자로 다가서면서도 사용자 입장에서 응용프로그램을 바라보는 시각을 놓치지 않는다. 이러한 시각은 앞으로 전개될 안드로이드의 무한한 확장과 변화의 여정을 따라가면서도 우리가 놓치지 말아야 할 판단의 잣대가 되어줄 것이다.

프로요(FroYo)라는 코드명으로 불리는 안드로이드 2.2가 발표된 지 얼마 되지 않았는데, 곧 진저브레드(Gingerbread)라는 코드명을 가진 안드로이드 3.0이 발표될 것이라 한다. 구글에서는 일찍이 3.0부터 본격적인 사업을 펼칠 것이라 말해왔고, 국내외의 모바일 기기 제조사들도 3.0을 기다리고 있는 추세다. 이처럼 잦은 변화와 폭넓은 응용 가능성은 개발자들을 힘들게 하는 요소이지만, 하나의 생태계가 급속도로 성장하며 발전하는 데는 필수적인 것일 지도 모른다. 이 책을 선택한 독자들은 이제 그 거대한 생태계의 일원으로서 앞으로 펼쳐질 역동적인 변화들을 함께 체험하게 될 것이다. 함께 하게 되어 고맙고도 반갑다.

이일문

서울대학교 인문대학을 졸업하고 인터넷 1세대로 IT업계에서 일을 시작하였다. 그 후 서비스기획, 솔루션기획, 모바일서비스기획 등의 일을 하면서 인터넷 사업의 흐름과 부침을 함께 겪었다. 인터넷과 모바일이 바꾸어놓는 콘텐트와 정보의 생산, 유통, 소비 행태에 관심이 많으며, 궁극적으로는 각 미디어와 채널을 통합하는 입장에서 기본 토대라 할 수 있는 콘텐트의 양과 질을 어떻게 진보시킬 것인가를 고민하고 있다.

제**1**부

안드로이드 소개하기

제1장 시작하기
제2장 주요 개념

제 1 장

시작하기

안드로이드는 휴대폰의 이동성과 오픈 소스 프로그램이 가진 역동성을 묶어 냈으며, 구글은 물론이며 모토로라, HTC, 버라이존(Verizon), AT&T와 같은 '개방형 휴대기기 연합(OHA, Open Handset Alliance) 소속의 업체들로부터 지지를 받고 있다. 그 결과, 누구나 배우지 않고는 배길 수 없는 모바일 플랫폼이 탄생했다.

다행히 안드로이드 개발의 시작은 어렵지 않다. 심지어 안드로이드 폰이 없어도 SDK와 폰 에뮬레이터를 설치할 수 있는 컴퓨터 한 대만 있으면 족하다.

이 장에서는 개발 도구들을 어떻게 설치하는지를 보여준 다음, 바로 개발단계로 뛰어들어 실제로 실행되는 안드로이드 버전의 'Hello, World' 응용프로그램을 만들어보겠다.

1.1 도구 설치하기

안드로이드 소프트웨어 개발 키트(Software Development Kit, SDK)는 윈도우와 리눅스, 맥 OS X 위에서 작동한다. 물론 만들어진 응용프로그램은 모든 안드로이드 기기들에서 사용할 수 있다.

코딩을 시작하기 전에, 자바와 IDE, 안드로이드 SDK를 설치해야 한다.

Java 5.0+

먼저 자바 한 카피가 필요하다. 안드로이드 개발 툴들이 자바를 요구하고 당신이 만들 프로그램도 자바 언어를 사용할 것이다. JDK 5 또는 6이 필요하다.

자바 런타임 환경(Java Runtime Environment, JRE)만으로는 충분하지 않으니 풀 버전으로 준비한다. 오라클의 다운로드 사이트에서 Sun의 최신 JDK SE 6.0 업데이트 판을 받기를 권장한다.[1] 32비트 버전이 가장 잘 동작하는 듯하다('32비트 대 64비트' 별도 내용을 보라). 맥 OS X 사용자는 최신 버전의 맥 OS X와 JDK를 애플 웹사이트에서 받을 수 있다.

제대로 된 버전인지를 확인하려면 셸 윈도우에서 다음 명령어를 쳐보자. 결과는 아래와 같다.

```
C:\> java -version
Java version "1.6.0_14"
Java(TM) SE Runtime Environment (build 1.6.0_14-b08)
Java HotSpot(TM) Client VM (build 14.0-b16, mixed mode, sharing)
```

버전 1.6.X 또는 그 이상을 나타내는 비슷한 내용을 볼 수 있을 것이다.

이클립스(Eclipse)

다음으로, 만약 자바 개발환경이 설치되어 있지 않다면 이를 설치해야 한다. 필자는 이클립스를 추천하는데, 공짜인데다 안드로이드를 만든 구글 개발자들이 이것을 사용하고 지원하기 때문이다.

이클립스의 최소 버전은 3.3.1이지만 최신 버전이면 뭐든지 사용할 수 있다. 이클립스 다운로드 페이지[2]에서 '자바 개발자를 위한 이클립스 IDE(Eclipse IDE for Java Developers)'를 고른다. 표준 이클립스 SDK인 '클래식(classic)' 플랫폼만으로는 부족하다는 것을 유념하기 바란다. 패키지를 임시 디렉터리에 다운로드 받아 압축을 푼 다음(일반적으로 더블클릭

---

[1] 2010년 2월 오라클(Oracle)이 선마이크로시스템즈를 인수합병.
http://www.oracle.com/technetwork/java/javase/downloads/index.html

[2] http://www.eclipse.org/downloads

32비트 대 64비트

64비트 윈도우를 쓰고 있다면 32비트 자바 개발 키트 대신 64비트 버전을 설치하고 싶을 것이다. 불행히도 이클립스 3.5는 자바 개발 패키지를 위한 64비트 버전의 이클립스 IDE를 제공하지 않는다(293969 버그를 보라)(현재 이클립스는 64비트 패키지를 제공하고 있다–역주). 먼저 메인 패키지의 압축을 푼 다음에 64비트 '클래식' 플랫폼을 그 위에다 푸는 편법이 있긴 하지만, 64비트 자바가 절실히 필요한 것이 아니라면 지금으로서는 32비트 JDK를 쓰는 것이 편리하다. 다음 번 이클립스 발매 때 64비트 패키지(3.6 버전, '헬리오스') 가 공개될 예정이라 이 모든 문제는 곧 해결될 것이다.

으로 충분), 전체 디렉터리를 영구적인 위치(예를 들면, 윈도우에서는 C:\Eclipse, 맥 OS X에서는 /Applications/Eclipse)로 옮긴다.

이클립스를 쓰기 싫다면(어디에나 꼭 이런 사람이 있기 마련), 넷빈즈(NetBeans)나 젯브레인스(JetBrains) IDEA와 같은 IDE들이 각각의 커뮤니티들로부터 지원되고 있다. 물론 진짜 정통주의자라면 IDE 따위는 쓰지 않고 명령행(command-line) 툴만으로 개발을 진행할 수도 있다.[3] 이 책의 나머지 부분은 여러분이 이클립스를 사용한다 가정하고 있으므로, 만약 그렇지 않다면 어느 정도 조정이 필요할 것이다.

안드로이드 SDK 스타터 패키지

안드로이드 2.0에서부터 안드로이드 SDK는 스타터 패키지와 SDK 컴포넌트의 두 부분으로 쪼개졌다. 먼저 웹브라우저를 이용하여 스타터 패키지를 가져오자. 안드로이드 다운로드 페이지[4]에 윈도우, 맥 OS X, 리눅스용 패키지가 있다. 적당한 패키지를 다운로드한 다음 .zip 파일을 임시 디렉터리에 풀자.

SDK가 자동으로 android-sdk-windows와 같은 서브 디렉터리를 생성할 것이다. 해당 서브

---

[3] 명령행 툴에 대한 자료를 보려면 http://d.android.com/guide/developing/tools를 보라.

[4] http://d.android.com/sdk

디렉터리를 C:\Google 또는 /Application/Google과 같은 영구 디렉터리 밑으로 옮긴 다음, 나중에 SDK 설치 디렉터리로 참조할 수 있도록 전체 경로를 메모해놓도록 하자.

이클립스나 SDK나 별도의 설치 프로그램이 필요하진 않지만, SDK의 bin 디렉터리를 PATH에 추가해놓을 것을 권장한다.

안드로이드 SDK 컴포넌트

다음, SDK 셋업 프로그램을 소환하라. 윈도우라면 SDK Setup.exe 파일을 돌리자. 리눅스나 맥 OS X에서는 tools/android program을 돌린 다음 유효한 패키지(Available Packages) 목록을 선택하여 모든 패키지 옆에 확인 표시를 넣은 다음 설치하기를 클릭하면 된다.

이제 셋업 프로그램이 각종 자료, 플랫폼, 부가 라이브러리, USB 드라이버 등(그림 1.1 참조)을 포함하여 설치 가능한 컴포넌트 리스트를 보여줄 것이다. 'Accept All(모두 선택하기)'를

그림 1.1

안드로이드 SDK 컴포넌트 설치하기

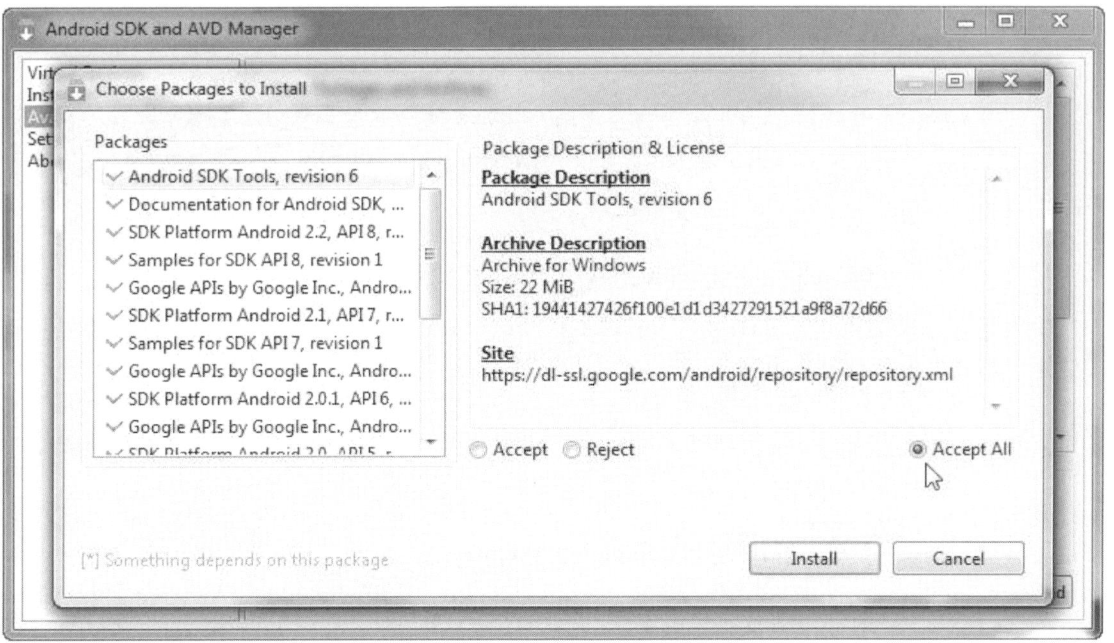

누른 후 Install(설치하기)를 클릭한다. 목록에 있는 컴포넌트들이 모두 다운로드되어 SDK 설치 디렉터리에 설치될 것이다. 주의: 완료되는 데 시간이 많이 걸릴 수 있다.

조금 더 빨리 설치하려면 모든 컴포넌트를 일괄적으로 설치하는 대신 개별 컴포넌트를 선택하는 방식이 있다.

HTTPS의 SSL 오류가 발생하면 해당 윈도우를 닫고, 메인 'SDK와 AVD 관리자(Android SDK and AVD Manager)' 화면에서 Settings(설정)을 선택한다. 'Force https://... Sources to be fetched using http://...' 옵션을 선택한 다음 'Save&Apply(저장&적용)' 버튼을 클릭한다(최신 버전에는 'Save&Apply' 버튼이 따로 없다-역주). 셋업 프로그램을 닫은 다음 다시 시작한다.

다음 단계는 이클립스를 구동시켜 설정을 맞추는 일이다.

이클립스 플러그인

구글은 개발을 좀더 편하게 하기 위해 안드로이드 개발 도구상자(Android Development Toolkit, ADT)라고 불리는 이클립스용 플러그인을 만들었다. 플러그인을 설치하려면 아래의 단계를 따르면 된다(이 지침은 이클립스 3.5를 위한 것이다. 다른 버전은 조금씩 다른 메뉴와 옵션을 보여줄 것이다).

1. 윈도우 또는 맥 OS X, 리눅스상의 eclipse.exe 파일을 구동하여 이클립스를 시작한다. 작업공간 디렉터리가 필요하다는 메시지박스가 뜨면 기본값대로 두고 OK 버튼을 누른다.

2. 상단의 Help(도움말) 메뉴를 눌러 'Install New Software…(새 소프트웨어 설치하기)'를 선택한다…(Help > Install New Software). 연결 오류가 발생하면 9페이지의 '철수가 묻길…' 부분을 보라.

3. 화면에 나타나는 대화창에서 'Available Software Sites(유효한 소프트웨어 사이트)' 링크를 클릭하라.

4. 오른쪽의 'Add…(추가…)' 버튼을 클릭한다.

5. 안드로이드 개발 도구용 업데이트 사이트의 경로인

그림 1.2

안드로이드 개발 도구상자 설치하기

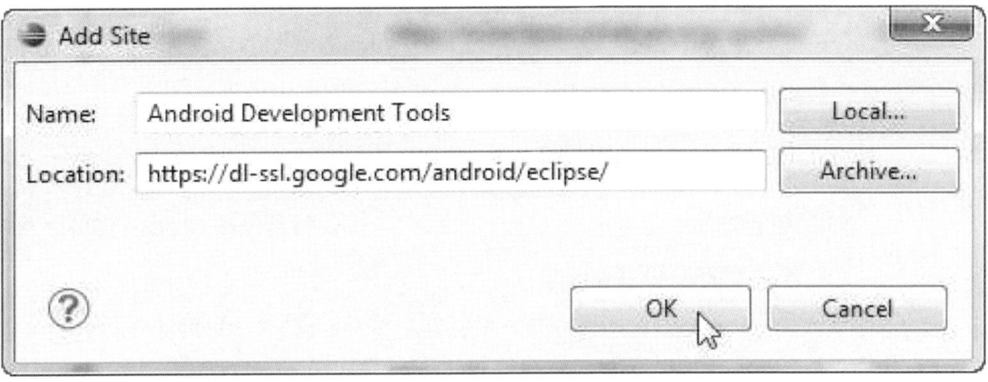

https://dl-ssl.google.com/android/eclipse를 입력한다. 입력을 완료하면 대화창이 그림 1.2처럼 보일 것이다.

6. OK 버튼을 눌러 사이트 리스트 페이지로 돌아온 후, 방금 입력한 사이트가 유효한지 체크하기 위해 Test Connection(시험 연결)을 클릭한다(이클립스의 최신 버전인 Helios 에는 Test Connection 버튼이 없다-역주). 연결에 문제가 있을 경우, 경로 정보에 https 대신 http를 써본다. 주소가 맞으면 OK 버튼을 다시 클릭하여 '새 소프트웨어 설치하기' 창으로 돌아온다.

7. Work with 칸에 'android'를 입력하고 엔터 키를 누른다.

   이제 리스트 아래에 'Developer Tools(개발자 도구)'가 나타날 것이다.

8. Developer Tools 옆의 체크박스를 선택하고 Next 버튼을 클릭한다. 만약 에러 메시지 가 나타나면 잘못된 이클립스 버전을 깐 것이다. 예전에 만들어진 '자바 개발자들을 위한 이클립스 IDE' 또는 '자바 EE 개발 패키지를 위한 이클립스 IDE 버전 3.5' 또는 그 이후 버전을 강력하게 추천하는 바이다.

   만약 이클립스를 맞춤형으로 설치한 후 안드로이드 에디터를 이용한다 하더라도, 웹 표준 도구(Web Standard Tools, WST) 플러그인과 그에 따른 사전 필요 항목들은 역 시 설치가 필요하다.

더 자세한 내용과 다운로드 링크를 보려면 웹 도구 플랫폼 홈페이지[5]를 참조하라. 이러한 항목들은 이미 언급된 권장 패키지들에 미리 설치되어 있다.

9. 설치될 항목 리스트를 검토한 후 다음 버튼을 다시 눌러 라이센스 동의서를 확인한 다음 완료 버튼을 클릭하여 다운로드와 설치 과정을 시작한다.

10. 설치가 완료되면 이클립스를 재시작한다.

11. 이클립스가 다시 시작하면 안드로이드 SDK의 위치를 찾을 수 없다는 에러 메시지를 볼 수 있을 것이다.

    Window > Preferences > Android(맥 OS X에서는 Eclipse > Preferences)를 선택하고, 조금 전에 메모해놨던 SDK 설치 디렉터리를 입력한 후 OK 버튼을 클릭한다.

휴! 다행히도 이 작업은 한 번만 하면 된다(또는 ADT나 이클립스의 새 버전이 출시될 때마다). 이제 모든 것의 설치가 끝났다. 여러분의 첫 번째 프로그램을 만들 시간이다.

1.2 첫 프로그램 만들기

ADT에는 내장되어 있는 예제 프로그램 또는 템플릿이 있는데, 이제 이를 이용하여 몇 초 안에 간단한 'Hello, Android' 프로그램을 만들어볼 것이다. 초시계를 준비하시라. 준비되었는가? 시작하자!

File > New > Project를 선택하여 새 프로젝트 대화창을 띄운다.

그리고 Android > Android Project를 선택한 후 Next 버튼을 클릭한다.

다음 정보를 입력한다.

```
Project name: HelloAndroid
Build Target: Android 2.2
Application name: Hello, Android
Package name: org.example.hello
Create Activity: Hello
Min SDK Version: 8
```

---

[5] http://www.eclipse.org/webtools

> **철수가 묻길…**
>
> **'연결 오류'라는데, 이제 어떻게 해야 되나요?**
>
> 연결 오류가 발생했을 때 시스템 관리자가 설정한 방화벽이 그 원인일 가능성이 높다. 방화벽을 통과하기 위해서는 이클립스에 프록시 서버의 주소를 설정해주어야 한다. 이 방화벽은 웹 브라우저를 이용할 때 쓰는 것과 같은 방화벽인데, 불행히도 이클립스는 그 정보를 자동으로 가져올만큼 똑똑하지 못하다.
>
> 이클립스에게 방화벽에 대해 알려주려면, Window > Preferences > General > Network Connections(맥 OS X의 경우는 Eclipse > Preferences)를 선택하여 수동 프록시 설정 옵션을 선택한 다음 서버 이름과 포트 번호를 입력하고 OK 버튼을 클릭한다. 옵션이 보이지 않으면 오래된 이클립스 버전을 돌리고 있는 경우이다. Preferences > Install/Update 아래를 살펴보거나 Preferences에서 proxy라는 단어를 검색해보길 바란다.

입력을 마치고 나면 그림 1.3과 비슷한 무언가가 보일 것이다.

Finish(완료) 버튼을 클릭한다. 안드로이드 플러그인이 프로젝트를 생성하고 몇몇 기본 파일들로 채워놓을 것이다. 이클립스는 그 프로젝트를 패키지로 묶어 실행할 수 있는 형태로 준비해 놓는다. 만약 소스 폴더가 없다는 오류 메시지가 나오면 Project > Clean을 선택하여 수정하도록 한다.

자, 이것으로 프로그램을 만드는 일은 끝이다. 프로그램을 실행하는 일만 남았다. 먼저 안드로이드 에뮬레이터 환경에서 프로그램을 실행해보자.

1.3 에뮬레이터에서 실행하기

안드로이드 프로그램을 실행하려면 'Package Explorer Window(패키지 탐색 화면)(이클립스의 최신 버전인 Helios에서는 Windows > Show View > Package Explorer-역주)'으로 가서 HelloAndroid 프로젝트를 오른쪽 클릭한 상태에서 Run as > Android Application을 선택한다. 만약 이클립스에서 실행하고 있다면 그림 1.4와 같은 에러창을 보게 될 것이다. 이는

그림 1.3

새 안드로이드 프로젝트

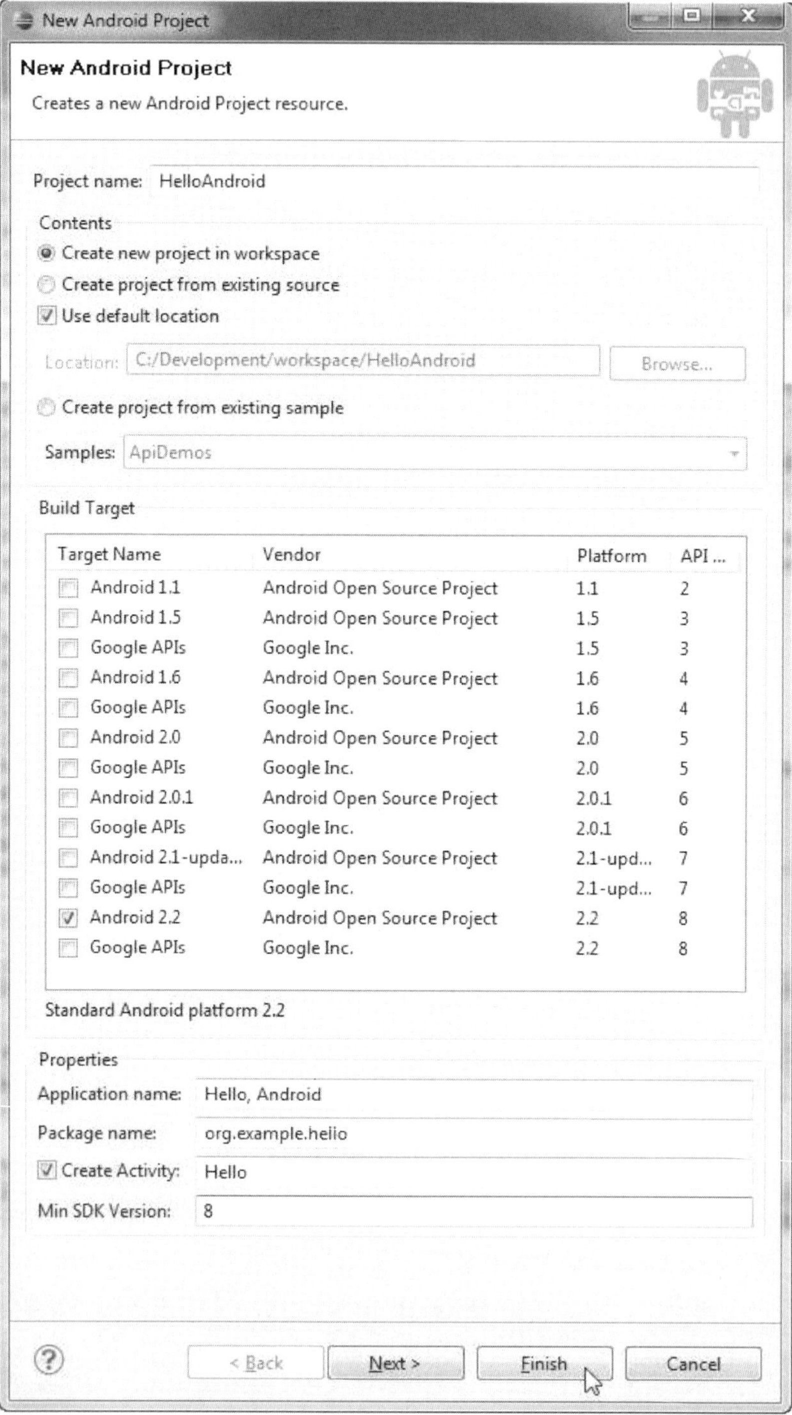

> **플러그인 따라잡기**
>
> 안드로이드 이클립스 플러그인은 진행중인 프로그램이라 안드로이드 SDK보다 더 자주 변경된다. 여러분이 내려 받은 버전은 내가 이 책을 쓰면서 사용한 버전과 다를 수 있지만, 뭐랄까 어떤 고유한 특질을 공유하고 있을 것이다. 매달 플러그인 사이트에 들러 새로운 기능이나 정정사항을 확인하는 것이 좋다.

그림 1.4

안드로이드 가상 기기(ADV) 오류

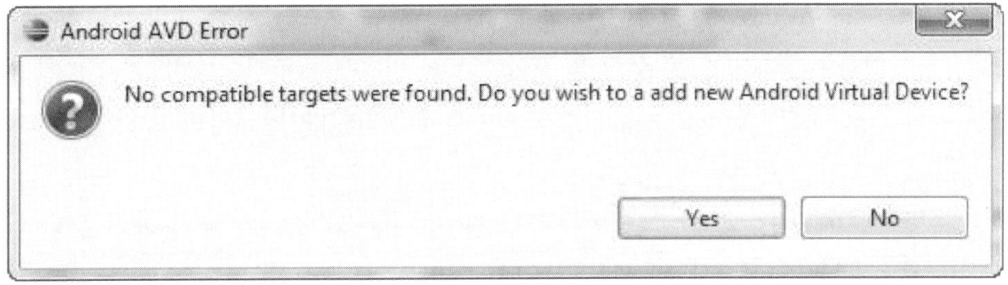

우리가 에뮬레이터에 어떤 종류의 가상 단말기로 실험할 것인지 지정하지 않았기 때문이다.

AVD 생성하기

이를 위해 이클립스나 안드로이드 avd 명령[6]을 이용하여 안드로이드 가상 기기(Android Virtual Device, AVD)를 생성할 필요가 있다. 이클립스를 이용하는 것이 편한데,

AVD 오류 메시지에서 Yes를 선택하여 AVD 관리자 페이지를 연다. 나중에 Window > Android SDK and AVD Manager를 선택하여 관리자를 열 수도 있다.

New… 버튼을 클릭한 후 새 AVD를 위한 칸을 아래와 같이 채우자.

---

[6] http://d.android.com/guide/developing/tools/avd.html

```
Name: em22
Target: Android 2.2 - API Level 8
SDCard: 64
Skin: Default (HVGA)
```

이는 이클립스에 안드로이드 2.2(프로요, FroYo) 펌웨어가 인스톨된 'em22'라 불리는 범용 기기를 준비하라고 지시한다. 64메가짜리 가상 SD카드(Secure Digital Card)가 할당되고 HVGA(320*480) 화면이 지원된다.

입력을 마치면 그림 1.5와 비슷한 화면을 보게 될 것이다. SDK의 업데이트가 계속되고 있기 때문에 여러분이 보는 화면은 이와 약간 다를 수 있다.

'Create AVD(AVD 생성하기)'를 클릭하여 가상 기기를 만들어보자. 몇 초 후에 기기가 생성되었다는 메시지를 볼 수 있을 것이다. OK 버튼을 클릭하여 AVD를 선택한 다음 시작 버튼을 클릭하고 Launch를 눌러 가상 기기를 활성화한다. 완료되면 AVD 관리자 화면을 닫는다.

컵케익 대 도넛 대 에클레어 대 프로요

에뮬레이터(또는 진짜 단말기)에서 돌아가는 안드로이드 버전은 여러분이 만드는 프로그램의 대상 플랫폼(Build Target)과 반드시 호환되어야 한다. 예를 들어 안드로이드 2.2(프로요, FroYo) 프로그램을 안드로이드 1.5(컵케익, Cupcake) 또는 그 이하 버전의 단말기에서 실행하면 제대로 돌아가지 않는다. 안드로이드 1.5 단말기는 1.5 또는 그 이전 버전용 프로그램만 돌릴 수 있기 때문이다. 한편, 안드로이드 2.2 단말기는 2.2와 2.1, 2.0.1, 2.0, 1.6, 1.5, 초기 버전들을 위한 프로그램을 모두 실행시킬 수 있다. 대부분의 단말기들이 업그레이드가 되면(만약 가능하다면) 이런 문제는 사라질 것이다.

그래서, 안드로이드 1.5만 타겟으로 하면 되지 않겠냐고? 불행히 1.5를 대상으로 만들어진 응용프로그램은 1.6 단말기의 크거나 작은 화면에서 제대로 보이지 않는 경우가 있다. 다행이라면 안드로이드의 모든 버전에 호환되도록 만드는 간단한 방법이 있다는 점이다. 자세한 내용은 **제13장 만들기는 한 번, 테스트는 모든 곳에서**를 보자.

그림 1.5

이클립스에서 AVD 생성하기

다시 해보자

유효한 AVD가 생기면 안드로이드 에뮬레이터 화면이 뜨고 안드로이드 운영체제가 시작될 것이다. 처음으로 구동될 때는 일이 분쯤 소요될 수 있으니 참을성을 가지자. 프로젝트를 오른쪽 클릭하여 Run As > Android Application을 다시 선택해야 할 것이다. 응용프로그램이 응답하지 않는다는 오류 메시지가 나타나면 계속 기다리겠다는 옵션을 선택하라. 보안관리 화면이 나올 경우는 지시에 따라 키를 해제한다.

이클립스는 프로그램의 복사본을 에뮬레이터에 보내 실행하도록 할 것이다. 응용프로그램의 화면이 나타나면 'Hello, Android' 프로그램이 돌아가고 있는 것이다(그림 1.6 참조). 이것이 다다! 첫 안드로이드 프로그램을 축하한다.

그림 1.6

'Hello, Android' 프로그램 실행하기

1.4 진짜 폰에서 구동하기

개발 중인 안드로이드 프로그램을 드로이드나 넥서스원 같은 진짜 기기에서 돌리는 것과 에뮬레이터에서 구동시키는 것에는 거의 차이가 없다. 폰 자체에서 USB 디버깅하기 기능을 활성화(Settings application을 시작하여 Applications > Development > USB Debugging을 선택한다)시키고 안드로이드 USB 장치 드라이브가 없으면 이를 설치한 다음(윈도우만 필요), 폰과 함께 제공되는 USB 케이블을 이용하여 폰을 컴퓨터에 연결한다[7].

에뮬레이터 화면이 열려 있다면 닫자. 폰이 연결되어 있으면 이클립스는 응용프로그램을 폰에 띄워서 돌리게 된다.

응용프로그램을 다른 사람이 사용할 수 있도록 배포하려면 필요한 단계들이 몇 가지 더 있다. 제14장 안드로이드 마켓에 배포하기에서 더 자세한 내용을 다룰 것이다.

소요시간 줄이기

에뮬레이터를 시작하는 건 번거로운 일이다. 이런 방식으로 한 번 생각해보자. 폰을 처음 켜면 여느 컴퓨터처럼 부팅이 필요하다. 에뮬레이터를 끄는 것은 폰을 끄거나 배터리를 빼는 것과 똑같다. 그러니까 끄지 말자!

이클립스가 돌아가는 동안 에뮬레이터 화면이 돌아가도록 내버려두자. 그러다가 안드로이드 프로그램을 시작하게 되면, 이클립스가 활성화된 에뮬레이터가 있다는 것을 확인하고 새로운 프로그램을 그냥 넘겨주기만 하면 된다.

1.5 빨리 넘겨보기 >>

이클립스 플러그인 덕분에 안드로이드 프로그램의 골격을 만드는 데는 몇 초밖에 걸리지 않는다. 제3장 사용자 인터페이스 만들기에서 실제 응용프로그램인 스도쿠 게임을 가지고 이 골

---

[7] 최신 단말기 드라이버와 설치 지침은 http://d.android.com/guide/developing/device.html을 보라.

격에 살을 붙이기 시작할 것이다. 이 예제는 안드로이드 API를 설명하기 위해 몇 개 장에서 사용될 것이다.

그 장으로 넘어가기 전에 다음 장부터 시작되는 제2장 주요 개념을 꼭 읽어보기 바란다. 액티비티나 라이프 사이클과 같은 기본 개념들을 일단 손에 쥐기만 하면 나머지는 이해하기가 훨씬 쉬워질 것이다.

이클립스를 이용하여 안드로이드 프로그램을 만드는 것은 선택 사항이긴 하지만 나는 강력하게 추천하는 바이다. 이전에 이클립스를 써본 적이 없다면, 시간을 조금 투자하여 이클립스 IDE 포켓 가이드(Eclipse IDE Pocket Guide)와 같은 짧은 참고자료를 찾아보기 바란다.

제 2 장

주요 개념

이제 안드로이드가 어떤 것인지 감을 잡았으니, 어떻게 작동하는 것인지 안을 들여다보자. 안드로이드의 한 부분은 리눅스 커널이나 OpenGL, SQL 데이터베이스와 같이 익숙한 것들로 채워져 있다. 나머지는 안드로이드의 응용프로그램 라이프 사이클와 같이 완전히 낯선 것들이다.

순조롭게 작동하는 안드로이드 응용프로그램을 만들기 위해서는 이러한 주요 개념을 충분히 이해해야 하므로, 만약 이 책에서 딱 한 장만 읽을 거라면 바로 이 장을 읽기 바란다.

2.1 큰 그림

먼저 안드로이드라는 오픈 소스 소프트웨어의 구조를 떠받치고 있는 주요 레이어와 컴포넌트 등 전반적인 시스템 구조를 살펴보도록 하자. 그림 2.1은 50만 분의 1 축적으로 줄인 안드로이드의 전경 이미지이다. 주의 깊게 공부하자. 내일 시험이 있을지도 모른다.

각 레이어는 그 하위 레이어가 제공하는 서비스를 사용한다. 안드로이드가 제공하는 레이어를 맨 아래쪽부터 조명해보겠다.

리눅스 커널

안드로이드는 리눅스 커널(Linux Kernel)이라는 탄탄하고 검증된 토대 위에 세워졌다.

그림 2.1

안드로이드 시스템 구조

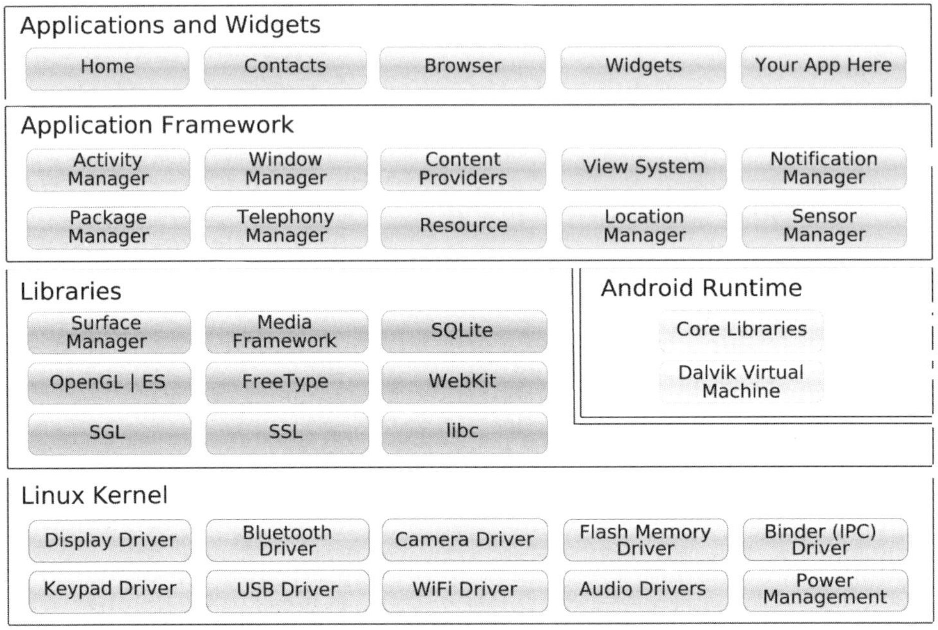

1991년에 리누스 토발즈(Linus Torvalds)에 의해 창조된 리눅스는 오늘날 손목시계에서부터 수퍼컴퓨터까지 쓰이지 않는 곳이 없다. 안드로이드가 미래의 다양한 플랫폼 위에 올라갈 수 있는 것은 리눅스가 안드로이드에 하드웨어 추상화 레이어를 제공하기 때문이다.

안드로이드는 내부적으로 메모리 관리와 프로세스 관리, 네트워킹, 그외 운영체제 서비스들에 리눅스를 사용하고 있다.

안드로이드폰 사용자는 리눅스를 볼 일이 없을 테고, 프로그램도 리눅스를 직접 호출하는 일은 없을 것이다. 하지만 여러분은 개발자로서 리눅스가 거기 있다는 사실을 알 필요가 있다.

개발할 때 쓰는 몇몇 유틸리티 프로그램들은 리눅스와 직접 상호작용을 한다. 예를 들어 adb 셸 명령[1]은 단말기를 제어하는 다른 명령어를 입력할 수 있도록 리눅스 셸을 열어 준다. 거기서 리눅스의 파일 시스템을 점검하고 활성화된 프로세스들을 확인하며 보안 규정들을 관

---

[1] http://d.android.com/guide/developing/tools/adb.html

리할 수 있다.

고유 라이브러리

커널 바로 위의 레이어는 안드로이드의 고유 라이브러리들을 담고 있다. 이들 공유 라이브러리들은 단말기 제조사에서 미리 설치해놓은 것들로, 모두 C 또는 C++로 만들어졌으며 단말기에서 사용하는 특정 하드웨어 구조에 적합하도록 컴파일되었다.

중요한 고유 라이브러리들을 살펴보면 다음과 같다.

- 표면 관리자(Surface Manager): 안드로이드도 비스타(Vista)나 컴피즈(Compiz)와 유사한 조합형 윈도우 관리자를 이용하고 있는데, 훨씬 간단한 모양이다. 스크린 버퍼에 직접 그리는 대신 그리기 명령들이 화면에 보이지 않는 비트맵들을 만든 다음 다른 비트맵들과 조합하여 사용자들이 보는 화면을 구성해낸다. 이로 인해 반투명 윈도우나 화려한 화면전환과 같이 재미있는 효과들이 가능해졌다.

- 2D와 3D 그래픽: 안드로이드에서는 2차원과 3차원 요소들이 하나의 사용자 인터페이스 안에서 조합될 수 있다. 이 라이브러리는 단말기에 3D 하드웨어가 있으면 이를 사용하고, 없으면 고속 랜더링 소프트웨어를 사용한다. 제4장 2D 그래픽 배우기와 제10장 OpenGL을 이용한 3D 그래픽을 참조하라.

- 미디어 코덱(Media codecs): 안드로이드는 AAC와 AVC(H.264), H.263, MP3, MPEG-4를 포함한 다양한 포맷으로 비디오를 재생하고 오디오를 녹음 또는 재생할 수 있다. 제5장 멀티미디어에서 예제를 확인하라.

- SQL 데이터베이스: 안드로이드는 경량급 SQLite 데이터베이스 엔진[2]을 탑재하고 있는데, 동일한 데이터베이스가 파이어폭스(Firefox)와 애플의 아이폰에서도 사용된다[3]. 여러분은 이를 응용프로그램의 영구적인 저장소로 이용할 수 있다. 제9장 SQL 활용하기에서 예제를 확인하라.

---

[2] http://www.sqlite.org

[3] 아이폰과 안드로이드 개발의 차이를 보려면 http://www.zdnet.com/blog/burnette/iphone-vs-android-development-day-1/682를 참조하라.

- 브라우저 엔진: 안드로이드는 HTML 콘텐트의 고속 처리를 위해 웹킷(WebKit) 라이브러리[4]를 사용한다. 동일한 엔진이 구글의 크롬 브라우저와 애플의 사파리, 애플의 아이폰, 노키아의 S60 플랫폼에도 사용된다. 제7장 연결된 세상을 참조하라.

이러한 라이브러리들은 독립된 응용프로그램이 아니다. 상위 레벨의 프로그램들이 이들을 호출하여 사용하게 된다. 안드로이드 1.5부터는 개발자가 고유개발도구상자(Native Development Toolkit, NDK)를 이용하여 자신만의 고유 라이브러리를 만들어 사용할 수 있다. 고유 개발은 이 책의 범위를 벗어나는 것이나, 관심만 있다면 온라인[5]으로 온갖 자료를 찾아 읽을 수 있을 것이다.

철수가 묻길…

달빅(Dalvik)이 뭔가요?

달빅은 구글의 댄 본스타인(Dan Bornstein)이 구상하고 만든 가상 머신(virtual machine, VM)이다. 코드를 **바이트코드**(bytecodes)라 불리는 기기 독립형 명령으로 컴파일한 다음 모바일 단말기 위에서 달빅 VM에 의해 실행시킨다.

바이트코드 포맷이 좀 특이하긴 하지만, 달빅은 기본적으로 저메모리 사양에 최적화된 자바 가상 머신의 일종이다. 달빅은 복수의 VM 인스턴스들이 동시에 구동되는 것을 허용하며 보안과 프로세스 구분을 위해 기저에 놓인 운영체제(리눅스)를 활용하고 있다.

본스타인은 그의 조상이 살았던 아이슬란드의 어촌 마을에서 이름을 따 달빅이라 명명했다.

안드로이드 런타임

달빅 가상 머신과 핵심 자바 라이브러리를 포함하는 안드로이드 런타임도 커널 위에 존재한다.

---

[4] http://www.webkit.org

[5] http://d.android.com/sdk/ndk

달빅 가상 머신은 구글이 모바일 기기에 최적화한 자바응용 툴이다. 안드로이드용으로 개발한 모든 코드는 자바로 쓰여지고 그 VM 위에서 돌아간다.

달빅은 두 가지 면에서 전통적인 자바와 다르다.

- 달빅 VM은 표준인 .class와 .jar 파일을 컴파일할 때 .dex 파일로 변환시켜 실행한다. .dex 파일은 class 파일보다 작고 효율적인데, 이는 안드로이드가 제한된 메모리와 배터리로 돌아가는 기기를 겨냥하고 있다는 점에서 매우 중요한 고려사항이다.

- 안드로이드가 제공하는 핵심 자바 라이브러리는 자바 표준 에디션(Java SE)과 다르고 자바 모바일 에디션(Java ME)과도 다르다. 그래도 상당 부분은 공통된다. 부록 A에서 안드로이드와 표준 자바 라이브러리를 비교한 내용을 볼 수 있다.

어플리케이션 프레임워크(Application Framework)

고유 라이브러리와 런타임 위에는 어플리케이션 프레임워크 레이어가 있다. 이 층은 응용프로그램을 만들 때 사용할 수 있는 상위 레벨의 구성요소들을 제공한다. 이 프레임워크는 안드로이드와 함께 기본으로 설치되지만 필요하다면 각자의 고유 컴포넌트들을 추가하여 확장할 수 있다.

프레임워크의 가장 중요한 요소들은 다음과 같다.

- 실행 관리자(Activity Manager): 응용프로그램의 라이프 사이클을 제어(이후 페이지에서 제2장 2절 살아있네! 참조)하고 사용자 네비게이션을 위한 공통 백스택(backstack)을 관리한다.

- 콘텐트 제공자(Content Providers): 이 오브젝트들은 연락처 정보와 같이 응용프로그램 간에 공유하는 데이터를 보호한다. 제2장 3절 콘텐트 제공자를 보라.

- 자원 관리자(Resource manager): 리소스는 프로그램에서 코드를 제외한 모든 것이다. 제2장 4절 리소스 사용하기를 보라.

- 위치 관리자(Location manager): 안드로이드폰은 항상 자신이 어디에 있는지를 알고 있다. 제8장 위치 찾기와 감지하기를 보라.

- 알림 관리자(Notification manager): 메시지 도착이나 약속, 접근 경보, 외계인 침공 등등의 사건들이 차분한 방식으로 사용자에게 전달될 수 있다.

응용프로그램과 위젯

안드로이드 구조도의 맨 상층에는 응용프로그램과 위젯 레이어가 있다. 이를 안드로이드라는 빙하의 꼭대기 부분이라고 생각하자. 최종 사용자는 부럽게도 수면 아래에서 돌아가는 이 모든 움직임들은 까맣게 모른 채, 오직 이 프로그램들만 보게 될 것이다. 어쨌거나 안드로이드 개발자로서 여러분은 더 잘 알아야 한다.

응용프로그램은 전체 화면을 할당 받을 수 있고, 사용자와 상호작용할 수 있는 프로그램을 말한다. 한편, 위젯은(때로 가젯, gadgets으로 불리는) 홈 화면 응용프로그램상의 작은 사각형 안에서만 구동된다.

대부분의 독자들이 응용프로그램을 만들 것이기 때문에 이 책의 대부분은 응용프로그램 개발을 다루고 있다. 위젯 개발은 제12장 집만한 데가 없어에서 다루고 있다.

안드로이드폰을 사면, 여기에는 아래와 같은 표준 시스템 응용프로그램이 미리 포함되어 있다.

- 전화 걸기

- 이메일

- 주소록

- 웹 브라우저

포용(Embrace)과 확장(Extend)

안드로이드가 가진 독특하고 강력한 특징 중의 하나는 모든 응용프로그램이 뻥틍하게 취급된다는 점이다. 무슨 뜻인가 하면, 시스템 응용프로그램이라도 여러분이 사용하는 것과 동일한 공개 API들을 써야 한다는 것이다. 심지어 여러분이 원한다면 표준 응용프로그램 대신 여러분이 만든 응용프로그램을 사용하라고 안드로이드에 지시할 수도 있다.

- 안드로이드 마켓

사용자들은 안드로이드 마켓을 이용하여 새로운 프로그램을 내려 받아 폰에서 구동시킬 수 있다. 안드로이드 마켓은 여러분이 등장할 곳이기도 하다. 이 책을 끝낼 때쯤이면 여러분도 안드로이드용 킬러앱을 만들 수 있을 것이다.

이제 안드로이드 응용프로그램의 라이프 사이클을 좀더 가까이 들여다보기로 하자. 여러분이 익숙하게 보던 것과는 좀 다를 것이다.

2.2 살아있네!(It's Alive!)

표준 리눅스나 윈도우를 쓰는 데스크탑에서 여러 응용프로그램들은 동시에 각자의 윈도우 안에서 돌아가며 보인다. 윈도우 중 하나에 키보드 포커스가 있다는 것만 빼면 모든 프로그램이 동등하다. 여러분은 윈도우들의 사이를 쉽게 옮겨갈 수 있으며, 사용자로서 윈도우를 이리저리 옮겨서 실행하고 있는 내용을 볼 수 있게 하거나, 필요치 않은 프로그램을 종료할 수 있다.

그러나 안드로이드는 그런 식으로 동작하지 않는다.

안드로이드에는 일반적으로 상태줄(status line)을 제외한 전체 화면을 차지하는 하나의 전경 응용프로그램이 있다. 사용자가 폰을 켰을 때 처음으로 보게 되는 응용프로그램이 Home 응용프로그램이다(그림 2.2를 보라).

사용자가 특정 응용프로그램을 선택하면 안드로이드가 이를 실행하고 전경에 배치한다. 사용자는 다른 응용프로그램이나 같은 프로그램의 다른 화면을 불러올 것이고, 이는 계속 반복될 것이다. 이러한 프로그램들과 화면들은 시스템의 실행 관리자(Activity Manager)에 의해 응용프로그램 스택(application stack)에 저장된다.

사용자는 어느 때고 백(Back) 버튼을 눌러 스택 상의 이전 화면으로 돌아갈 수 있다. 사용자 입장에서 보자면 웹 브라우저의 히스토리 기능과 비슷하게 작동한다. 백 버튼을 누르면 이전 페이지로 돌아간다.

그림 2.2

Home 응용프로그램

프로세스는 응용프로그램과 다르다

내부적으로 각 사용자 화면은 하나의 액티비티 클래스(activity class)로 표현될 수 있다(제2장 3절 액티비티를 보라). 각 액티비티는 각자의 라이프 사이클을 가지고 있다. 하나의 응용프로그램은 하나 또는 여러 개의 액티비티에 리눅스 프로세스를 더한 것이다. 그야말로 수월하게 들리지 않는가? 하지만 아직 안심하기는 이르다. 이제 여러분을 놀라게 해보겠다.

안드로이드에서는 프로세스가 죽어도 응용프로그램이 살아있을 수 있다. 다른 말로 하자면 액티비티의 라이프 사이클이 프로세스의 라이프 사이클과 연동되어 있지 않다. 액티비티 입장에서 보자면 프로세스는 일회용 용기에 불과하다. 이는 여러분이 지금까지 알고 있었던 어떤 시스템과도 다를 것이기 때문에 좀더 자세히 들여다보도록 하자.

그림 2.3

안드로이드 액티비티의 라이프 사이클

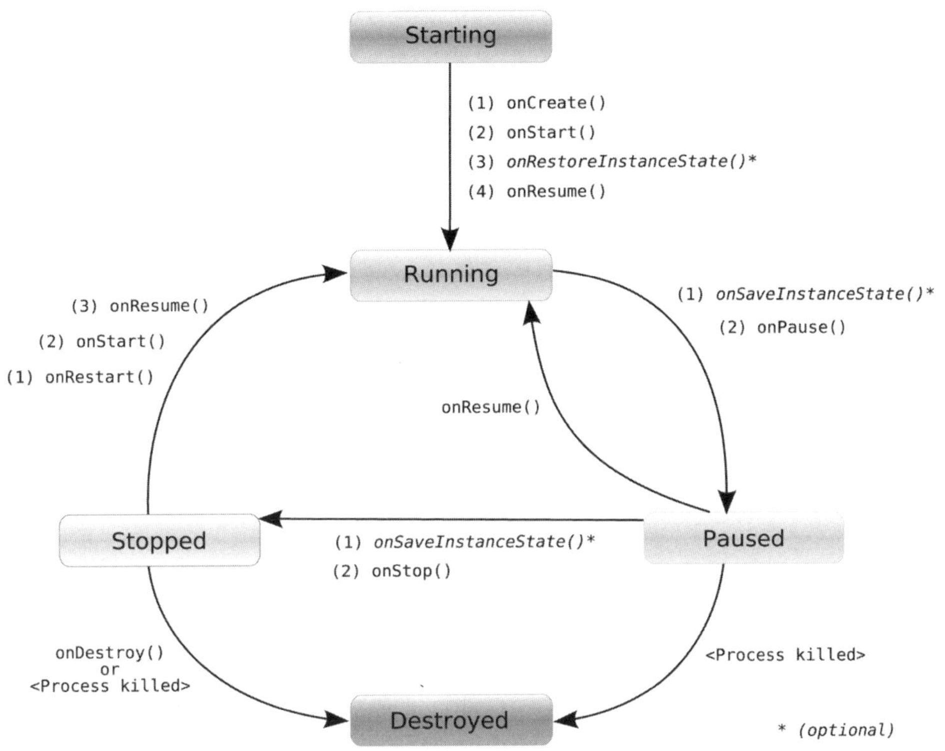

유명인사들의 라이프 사이클

안드로이드 프로그램의 각 액티비티는 생애를 통틀어 그림 2.3에 보이는 상태 중 하나에 있게 된다. 개발자인 여러분이 프로그램의 상태를 제어하는 것이 아니다. 모든 것은 시스템에 의해 관리된다. 그렇지만 상태가 바뀔 때마다 onXX( ) 메소드가 호출되므로 미리 눈치를 챌 수 있을 것이다.

이러한 메소드들을 액티비티 클래스에 정의해 놓으면, 안드로이드가 필요할 때 이를 호출하게 될 것이다.

- onCreate(Bundle): 액티비티가 처음 실행될 때 호출된다. 사용자 인터페이스를 만드는 것과 같은 일회성 초기화 작업에 사용할 수 있다. onCreate( )는 **null** 또는 **onSaveInstanceState( )** 메소드에 의해 미리 저장된 상태값을 매개 변수로 취한다.

- onStart( ): 액티비티가 곧 사용자에게 보여질 것임을 나타낸다.

- onResume( ): 액티비티가 사용자와 상호작용할 준비가 되었을 때 호출된다. 애니메이션이나 음악 재생을 시작하기 적합한 지점이다.

- onPause( ): 일반적으로 다른 액티비티가 구동되어 전경으로 진출하고 기존 액티비티가 배경으로 전환될 때 호출된다. 여기가 편집 중인 데이터베이스 기록과 같은, 프로그램의 지속 상태를 저장해야 하는 지점이다.

- onStop( ): 액티비티가 사용자에게 더 이상 보이지 않고 한동안 필요하지 않을 때 호출된다. 메모리가 부족하면 onStop( )가 절대 호출되지 않는다(시스템은 간단하게 프로세스를 종료해버린다).

- onRestart( ): 액티비티가 중단된 상태로부터 다시 사용자에게 보여지고 있다는 것을 나타낸다.

- onDestroy( ): 액티비티가 소멸되기 직전에 호출된다. 메모리가 부족하면 onDestroy( )가 절대 호출되지 않는다(시스템은 간단하게 프로세스를 종료해버린다).

- onSaveInstanceState(Bundle): 액티비티가 텍스트 영역에서의 커서 위치와 같은 인스턴스별 상태를 저장할 수 있도록 호출된다. 기본적인 설정으로도 모든 사용자 인터페이스 제어 상태가 자동으로 저장되므로 일반적으로는 이 메소드를 따로 정의할 필요가 없다.

- onRestoreInstanceState(Bundle): 기존의 onSaveInstanceState( ) 메소드가 저장한 상태가 다시 초기화될 때 호출된다. 기본적인 역할은 사용자 인터페이스 상태를 복원하는 것이다.

전경에서 구동되지 않는 액티비티들은 중단되거나 또는 이들을 수용하고 있는 리눅스 프로세스가 새 액티비티를 위한 공간을 만들기 위해 언제든지 없애버릴 수 있다. 이런 상황이 일상적으로 일어나므로 처음부터 이를 염두에 두고 응용프로그램을 기획하는 것이 중요하다. 때로는 액티비티가 호출하는 마지막 메소드가 onPause( )인 경우도 있으므로, 이때 다음 번을 위해 필요한 모든 데이터를 저장해야 한다.

안드로이드 프레임워크는 프로그램의 라이프 사이클 관리에 더해 응용프로그램을 만들 때

> **덮개 열기**
>
> 상태저장 코드가 제대로 작동하는지 테스트할 수 있는 간단한 방법이 있다. 현재 버전의 안드로이드에서 방향 바꾸기(가로보기와 세로보기 방향)를 하면 시스템이 인스턴스 상태 저장, 일시 중지, 정지, 소멸, 상태 저장된 액티비티의 새 인스턴스 생성 과정을 거치게 된다. 예를 들어, 티모바일(T-Mobile)의 G1 단말기에서 키보드 덮개를 열면 이 과정이 시작된다. 안드로이드 에뮬레이터에서는 Ctrl+F11을 누르거나 키패드에서 7 또는 9 키를 누르면 된다.

사용할 수 있는 수많은 구성요소들도 제공하고 있다. 다음에는 이를 살펴보도록 하자.

2.3 구성요소

안드로이드 SDK에는 모든 개발자들이 익숙해질 필요가 있는 객체가 몇 개 있다. 가장 중요한 것들이 액티비티와 인텐트, 서비스, 콘텐트 제공자이다. 이 책에서 몇 가지 예제들을 보게 될 것이므로, 여기서는 이들을 간단하게 소개만 하기로 한다.

액티비티

액티비티는 하나의 사용자 인터페이스 화면이다. 응용프로그램은 프로그램의 다양한 단계를 다루기 위해 하나 또는 여러 개의 액티비티를 정의할 수 있다. 제2장 2절 살아있네!에서 다루었던 것처럼, 각 액티비티가 각자의 상태를 저장하기 때문에 응용프로그램 라이프 사이클의 일부로 복원될 수 있다. 제3장 3절 시작 화면 만들기에서 예제를 확인하라.

인텐트

인텐트는 '사진 찍기'나 '집에 전화 걸기', '우주선 문 열기(open the pod bay doors. '2001 스페이스 오디세이' 에 나오는 문구. 애플 아이팟의 이름도 여기서 착안됐다-역주)' 와 같은 특정한 동작들을 묘사하기 위한 장치이다. 안드로이드에서는 거의 모든 것이 인텐트

(Intents)를 통하게 되므로 컴포넌트들을 대체하거나 재사용할 수 있는 충분한 기회가 있을 것이다. 제3장 5절 About 상자 적용하기에서 인텐트의 예제를 볼 수 있다.

예를 들어 '전자우편 보내기'를 위한 인텐트가 있다고 치자. 여러분이 만드는 응용프로그램에 전자우편을 보내는 기능이 필요하면 해당 인텐트를 불러내면 된다. 만약 새로운 전자우편 응용프로그램을 만들고 있다면, 해당 인텐트를 다루는 액티비티를 등록하여 표준 메일 프로그램을 대체할 수도 있다. 다음 번에 누군가 전자우편을 보낼 때, 표준 프로그램 대신 여러분이 만든 프로그램을 사용하게 될 것이다.

서비스

서비스는 유닉스 데몬과 비슷하게 사용자와의 직접적인 상호작용 없이 배경에서 돌아가는 작업을 뜻한다. 예를 들어 음악재생기를 생각해보자. 음악은 하나의 액티비티로 시작됐을 테지만 사용자가 다른 프로그램으로 이동했을 때에도 계속 재생되면 좋을 것이다. 그래서 실질적인 음악재생을 담당하는 코드는 서비스에 있어야 한다. 후에 다른 액티비티가 해당 서비스에 연동되어 음악 트랙을 바꾸거나 재생을 멈추도록 지시할 수도 있을 것이다. 안드로이드는 수많은 기본 서비스들과, 이에 편리하게 접근할 수 있는 API들을 제공하고 있다. 제12장 2절 동적 배경화면은 홈 화면 뒤에서 움직이는 그림을 그리는 데 서비스를 이용하고 있다.

콘텐트 제공자

콘텐트 제공자(Content Providers)는 읽고 쓸 수 있도록 전용 API에 쌓여 있는 일련의 데이터를 말한다. 이는 응용프로그램 간에 범용 데이터를 공유할 수 있는 최적의 방식이다. 예를 들어 구글은 주소록을 위한 콘텐트 제공자를 제공하고 있다. 거기 있는 이름, 주소, 전화번호 등과 같은 정보들은 원하는 응용프로그램 어디에서나 공유하여 쓸 수 있다. 제9장 5절 콘텐트 제공자 이용하기에서 예제를 볼 수 있다.

2.4 리소스 사용하기

리소스는 프로그램이 필요로 하는 크기가 작고 코드가 아닌 정보들, 예를 들면 나라별 텍스트 줄이나 비트맵과 같은 것이다. 프로그램 생성시 모든 리소스가 응용프로그램으로 컴파일된다. 이는 국제화와 다양한 기기 타입을 지원하는 데 유용하다(제3장 4절 대체 리소스 사용하기를 보라).

만들어진 리소스는 프로젝트 안의 res 디렉터리에 저장하도록 한다. 안드로이드의 리소스 컴파일러(aapt)[6]가 서브폴더와 파일 포맷에 따라 리소스들을 처리할 것이다. 예를 들어 PNG와 JPG 포맷의 비트맵은 res/drawable로 시작하는 디렉터리로 가게 되고, 화면 레이아웃을 정의하는 XML 파일들은 res/layout으로 시작하는 디렉터리로 가게 된다. 특정한 언어나 화면 방향, 픽셀 밀도 등을 설명하는 문구를 추가할 수 있다(제13장 5절 크고 작은 모든 화면들을 보라).

리소스 컴파일러는 리소스들을 압축하고 묶어서 R이라 명명된 클래스를 생성하는데, 여기에는 프로그램에서 해당 리소스들을 참조할 때 이용할 수 있는 식별자들도 포함되어 있다. 키 문자열을 이용하여 참조하는 표준 자바 리소스와는 약간 차이가 있다. 이 방식은 리소스 키를 저장할 필요가 없으므로 안드로이드는 모든 리소스들의 유효성을 보장하는 동시에 공간을 절약할 수 있었다. 이클립스도 플러그인에서 리소스들을 저장하고 참조하는 데 비슷한 방식을 이용하고 있다.

리소스에 접근하는 코드 예제를 제3장 사용자 인터페이스 만들기에서 만나보자.

2.5 안전과 보안

이전에 얘기했듯이 모든 응용프로그램은 각자의 리눅스 프로세스 안에서 돌아간다. 하드웨어는 한 프로세스가 다른 프로세스의 메모리에 접근하지 못하도록 차단한다. 더 나아가 모든 응용프로그램에는 특정한 사용자 ID가 부여되어 있다. 특정 프로그램이 생성하는 어떤

---

[6] http://d.android.com/guide/developing/tools/aapt.html

파일도 다른 응용프로그램에서 읽거나 쓸 수 없게 되어 있다.

게다가 특정한 주요 작업에는 접근이 제한되어 있어 이를 이용하려면 AndroidManifest. xml이라는 이름의 파일 안에서 개별적으로 허가를 요청해야만 한다. 응용프로그램이 설치되면 패키지 관리자가 증명서, 또는 필요하다면 사용자별 지시 메시지에 기반하여 접근을 허가하지 않게 된다. 여러분들에게 필요하게 될 가장 일반적인 허가증은 아래와 같다.

- INTERNET: 인터넷에 접속하기

- READ_CONTACTS: 사용자의 주소록 데이터 읽기(쓰기 안됨)

- WRITE_CONTACTS: 사용자의 주소록 데이터 쓰기(읽기 안됨)

- RECEIVE_SMS: 들어오는 SMS(텍스트) 메시지 보기

- ACCESS_COARSE_LOCATION: 기지국 또는 wifi 삼각측량 방식의 근사 위치 제공자 사용하기

- ACCESS_FINE_LOCATION: GPS와 같이 좀더 정확한 위치 제공자 사용하기

예를 들어, 들어오는 SMS 메시지를 보기 위해서는 manifest 파일 안에 이를 명시해야 한다.

```
<manifest xmlns:android="http://schemas.android.com/apk/res/android"
    package="com.google.android.app.myapp" >
    <uses-permission android:name="android.permission.RECEIVE_SMS" />
</manifest>
```

심지어 안드로이드는 시스템의 전 부분에 대한 접근을 제한할 수 있다. AndroidManifest. xml 안에 있는 XML 태그를 이용하여 누가 액티비티를 시작할 수 있는지, 누가 서비스를 시작하거나 서비스를 연결할 수 있는지, 누가 인텐트를 수신기에 제공할 수 있는지 또는 누가 콘텐트 제공자 안의 데이터에 접근할 수 있는지 일일이 제한할 수 있다. 이런 식의 제어는 이 책의 범위를 벗어나나, 더 많은 것을 배우고자 한다면 안드로이드의 보안 모델에 관한 온라인 도움말[7]을 읽어보도록 하자.

---

[7] http://d.android.com/guide/topics/security/security.html

2.6 빨리 넘겨보기 >>

이 책의 나머지 전체 부분에 걸쳐 이 장에서 소개된 모든 개념들이 사용될 것이다. 제3장 사용자 인터페이스 만들기에서 응용프로그램 예제를 정의하기 위해 액티비티와 라이프 사이클을 사용할 것이다. 제4장 2D 그래픽 배우기에서는 안드로이드 고유 라이브러리에 있는 그래픽 클래스들을 이용할 것이다. 미디어 코덱들은 제5장 멀티미디어에서, 콘텐트 제공자는 제9장 SQL 활용하기에서 다뤄질 것이다.

제 **2**부

안드로이드 기본기

제 3 장

사용자 인터페이스 만들기

우리는 제1장 시작하기에서 안드로이드 이클립스 플러그인을 사용하여 간단한 'Hello, Android' 프로그램을 몇분 만에 뚝딱 만들어냈다. 제2부에서는 보다 현실적인 예제로 스도쿠 게임을 만들 것이다. 스도쿠 게임에 기능들을 하나씩 덧붙여 가다보면, 안드로이드 프로그래밍의 다양한 측면을 배울 수 있다. 사용자 인터페이스부터 시작하자.

이 책에 사용된 모든 예제 코드들은 http://pragprog.com/titles/eband3에 올려져 있다. 만약 이 책을 PDF 버전으로 읽고 있다면, 코드줄 앞에 있는 작은 회색 네모꼴을 클릭하여 해당 파일을 곧바로 다운로드 할 수 있다.

3.1 스도쿠 예제 소개

스도쿠 게임은 매우 단순하기 때문에 안드로이드용 예제 프로그램으로 사용하기에 안성맞춤이다. 스도쿠는 여든 하나의 칸(가로로 아홉 줄, 세로로 아홉 줄)으로 나눠진 격자 구조 안에, 각 가로줄과 세로줄, 그리고 가로세로 각 세 줄씩 아홉 칸으로 이뤄진 상자들마다 1부터 9까지의 숫자가 한 번씩만 들어가도록 빈 칸을 채우는 게임이다. 게임을 시작할 때 일부 숫자들이 이미 칸을 채우고 있다. 도전자들은 그 나머지만 채우면 된다. 진짜 스도쿠 퍼즐에는 오직 하나의 정답이 있다.

보통은 연필과 종이로 스도쿠 게임을 하지만 컴퓨터화된 버전 역시 인기가 높다. 종이 버전에서 실수를 하려면 일찍 하는 게 좋은데, 실수가 발생하면 게임을 되짚어 그 동안 채운 숫자

> **스도쿠 이모저모**
>
> 많은 사람들이 스도쿠를 일본의 전통 게임으로 생각하지만 이는 사실이 아니다. 비슷한 퍼즐이 19세기 프랑스 잡지에 보이기도 하지만, 전문가들은 하워드 간즈(Howard Garns)라는 은퇴한 미국인 건축가가 현대적인 스도쿠를 발명했다고 믿고 있다. 당시 넘버플레이스(Number Place)라고 불렸던 이 게임은 1979년 미국의 델 매거진(Dell Magazines)에서 처음으로 선을 보였다.

들 대부분을 지워야 하기 때문이다. 안드로이드 버전에서는 성가신 지우개 찌꺼기를 일일이 쓸어내는 일 없이 마음대로 빈 칸에 숫자를 바꿔 넣을 수 있다.

안드로이드 스도쿠(그림 3.1 참조)도 끙끙거리며 퍼즐을 푸는 수고를 일부 덜어주기 위해 힌

그림 3.1

안드로이드용 스도쿠 예제 프로그램

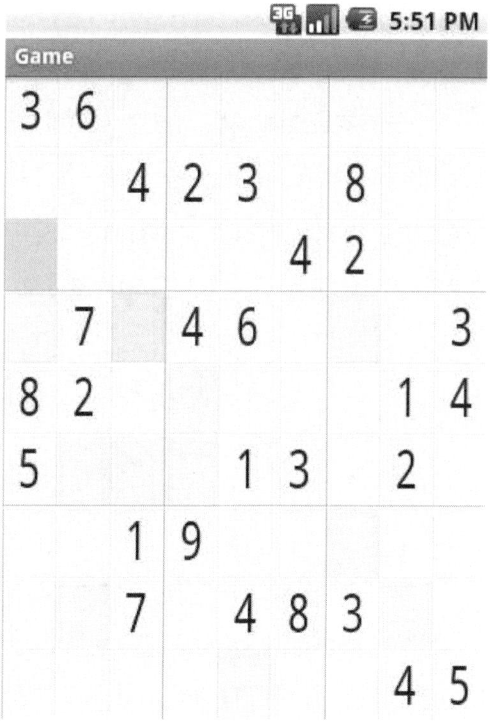

트를 제공한다. 극단적으로 가면 퍼즐을 대신 풀어줄 수도 있겠지만, 그렇게 되면 대체 무슨 재미가 있을까? 그래서 게임이 너무 쉬워지지 않도록 난이도와 힌트의 균형을 잘 잡아야 한다.

3.2 선언으로 만들기

사용자 인터페이스는 두 가지 방식으로 만들 수 있는데, 하나는 절차적(procedural) 방식이고 다른 하나는 선언적(declarative) 방식이다. 절차적이란 말은 간단하게 코드를 의미한다. 예를 들어 스윙(Swing) 프로그램을 만들려면 자바 코드를 써서 `JFrame`이나 `JButton`과 같은 모든 사용자 인터페이스 객체들을 만들고 조정해야 한다. 그래서 스윙은 절차적이다.

반대로 선언적 방식은 어떤 코드도 필요로 하지 않는다. 간단한 웹페이지를 만든다 치면, XML과 비슷한 마크업 언어인 HTML을 이용하는데, 이는 당신이 어쩌려는지 설명하는 대신 페이지에서 무엇을 보고 싶은지를 묘사해준다. HTML은 선언적이다.

안드로이드는 두 가지 방식 모두를 이용해 사용자 인터페이스를 만들 수 있게 함으로써 절차적 세계와 선언적 세계 모두에 양다리를 걸치고 있다. 여러분은 거의 완벽하게 자바 코드를 고수할 수도 있고 거의 완벽하게 XML 서술 방식을 고수할 수도 있다. 안드로이드의 어떤 사용자 인터페이스 컴포넌트에 대한 자료를 보더라도 똑같은 역할을 하는 자바 API와 그에 상응하는 선언적인 XML 속성들을 볼 수 있을 것이다.

어떤 것을 이용할 것인가? 어느 쪽이나 가능하지만 구글은 가능하면 선언적인 XML을 많이 사용하라고 충고한다. XML 코드는 대부분 자바 코드보다 짧고 이해하기 쉬우며 향후 버전에서 변경될 위험도 적다.

이제 스도쿠 시작 화면을 만드는 데 이런 정보들이 어떻게 사용되는지 알아보자.

3.3 시작 화면 만들기

이클립스 플러그인으로 만든 안드로이드 기본 프로그램부터 시작해보자. 제1장 2절 첫 프로그램 만들기에서 했던 대로 새로운 'Hello, Android' 프로젝트를 만드는데, 이번에는 아래와

같은 값을 사용한다.

```
Project name: Sudoku
Build Target: Android 2.2
Application name: Sudoku
Package name: org.example.sudoku
Create Activity: Sudoku
Min SDK Version: 8
```

물론 진짜 프로그램에서는 여러분이 원하는 고유 이름들을 넣을 것이다. 패키지명이 특히 중요하다. 시스템의 각 응용프로그램은 고유한 패키지명을 갖는다. 워낙 여러 곳에 쓰이다 보니 일단 한 번 패키지명이 정해지면 수정하기가 참 난감해진다.

나는 안드로이드 에뮬레이터 창을 항상 띄워놓고 변경사항이 있을 때마다 프로그램을 돌려 보는데, 시간은 몇 초 정도밖에 걸리지 않는다. 여러분이 지금 프로그램을 돌려보면 'Hello World, Sudoku' 라는 문구가 있는 검은 화면만 보일 것이다. 첫 주문은 이 화면을 게임의 시작 화면으로 변경하는 것인데, 새 게임을 시작할 수 있는 버튼과 이전 게임을 이어서 할 수 있는 버튼, 게임에 대한 정보를 가져오는 버튼, 나가기 버튼이 있어야 한다. 자, 무엇을 변경해야 할까?

제2장 주요 개념에서 봤듯이 안드로이드 응용프로그램은 사용자 인터페이스 화면을 정의하는 액티비티들의 느슨한 집합이다. 여러분이 스도쿠 프로젝트를 생성할 때 안드로이드 플러그인은 Sudoku.java 안에 단 하나의 액티비티를 만들어 놓았다.


```java
package org.example.sudoku;

import android.app.Activity;
import android.os.Bundle;

public class Sudoku extends Activity {
    /** Called when the activity is first created. */
    @Override
        public void onCreate(Bundle savedInstanceState) {
        super.onCreate(savedInstanceState);
        setContentView(R.layout.main);
    }
}
```

안드로이드가 액티비티를 초기화하기 위해 onCreate( ) 메소드를 호출했다. 그리고 setContentView( ) 호출로 인해 안드로이드 뷰 위젯(view widget)이 액티비티의 화면 내용을 채우게 된다.

우리는 절차적으로 사용자 인터페이스를 정의하기 위해 몇 줄의 자바 코드 또는 클래스 한두 개를 사용해왔다. 하지만 플러그인이 선언적인 길을 선택했기 때문에 우리도 그 길을 따라가게 될 것이다. 조금 전의 코드에서 R.layout.main은 리소스 식별자이고 res/layout 디렉터리에 있는 main.xml 파일을 참조한다(그림 3.2 참조). main.xml은 XML 방식으로 사용자 인터페이스를 선언하는데, 이 파일이 바로 우리가 수정해야 할 파일이다. 프로그램을 돌

그림 3.2

스도쿠 프로젝트의 초기 리소스들

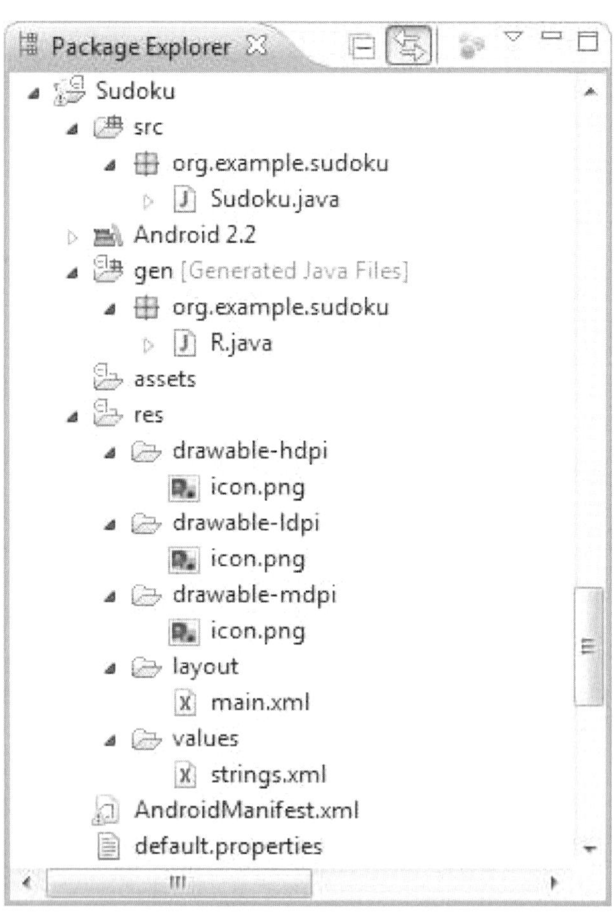

리면 안드로이드가 이 파일에 정의된 리소스를 해석(parse)하고 구체화(instantiate)하여 해당 액티비티의 출력화면으로 처리한다.

R 클래스가 안드로이드 이클립스 플러그인에 의해 자동으로 관리된다는 점을 꼭 주의하기 바란다. 파일을 res 디렉터리 어디에 갖다 놓아도 플러그인이 변경사항을 눈치채고 gen 디렉터리에 있는 R.java에 리소스 ID를 추가해놓을 것이다. 리소스 파일을 삭제하거나 변경해도 R.java가 동기화되어 움직일 것이다. 파일을 편집기로 가져오면 아래와 같은 형태로 보일 것이다.

Sudokuv0/gen/org/example/sudoku/R.java

```java
/* AUTO-GENERATED FILE.   DO NOT MODIFY.
 *
 * This class was automatically generated by the
 * aapt tool from the resource data it found. It
 * should not be modified by hand.
 */

package org.example.sudoku;

public final class R {
    public static final class attr {
    }
    public static final class drawable {
        public static final int icon=0x7f020000;
    }
    public static final class layout {
        public static final int main=0x7f030000;
    }
    public static final class string {
        public static final int app_name=0x7f040001;
        public static final int hello=0x7f040000;
    }
}
```

위의 재수없어 보이는 숫자들은 안드로이드 리소스 관리자가 패키지로 컴파일되어 있는 실제 데이터와 텍스트, 그 외 리소스들을 가져올 때 사용하는 정수들이다. 여러분이 그 값을 고민할 필요는 전혀 없다. 이들이 데이터를 담고 있는 객체가 아니라 데이터 그 자체를 참조하는 코드라는 점 정도만 기억하도록 하자. 객체들은 필요가 있을 때에만 표면에 떠오른다. 기본 안드로이드 프레임워크를 포함하여, 거의 모든 안드로이드 프로그램이 R 클래스를 갖는다는 점에 유의하자. 여러분이 사용할 수 있는 기본제공 리소스들을 모두 확인하려면 android.R에 관한 온라인 자료를 참조하라[1].

자, 이제 우리는 main.xml을 수정해야 된다는 걸 알았다. 무엇을 바꿔야 하는지 확인하기 위해 기존의 정의 내용을 해부해보자. 이클립스에서 main.xml을 더블 클릭하여 파일을 연다. 여러분이 이클립스를 어떻게 설정했는가에 따라 화면 레이아웃 편집기 또는 XML 편집기의 형태를 보게 될 것이다. 지금의 ADT 버전으로는 화면 레이아웃 편집기가 그닥 실용적이지 못하기 때문에 main.xml을 클릭하거나 맨 밑의 소스 탭을 클릭하여 XML 편집기를 보도록 하자. main.xml의 첫 줄은 아래와 같다.

```
<?xml version="1.0" encoding="utf-8"?>
```

모든 안드로이드 XML 파일이 이 줄로 시작한다. 내용은 이 파일이 UTF-8로 인코딩된 XML 포맷이라고 컴파일러에 알리는 것이다. UTF-8은 일반적인 ASCII 텍스트와 거의 동일한데, 일본어와 같은 비(非)ASCII 문자를 위한 ESC 코드를 포함하고 있다는 것만 다르다.

다음으로 <LinearLayout>에 대한 언급이 나온다.

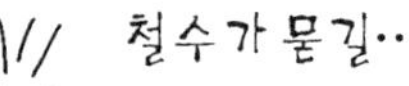

철수가 묻길…

왜 안드로이드는 XML을 쓰나요? 비효율적이지 않아요?

안드로이드는 제한된 메모리와 출력량을 가진 모바일 기기에 맞춰 최적화되었는데 엉뚱하게도 XML을 쓰고 있으니 이상하게 여겨질지도 모른다. 거두절미하고, XML은 인간이 읽을 수 있는 장황한 포맷이지, 간결하고 효율적이라 알려진 건 아니지 않은가?

여러분이 프로그래밍을 하는 와중에는 XML이 보이지만, 이클립스 플러그인이 안드로이드의 리소스 컴파일러인 aapt를 불러내면 XML이 처리되어 압축된 바이너리 포맷으로 만들어진다. 기기에 저장되는 것은 원래의 XML 텍스트가 아니라 그 처리된 포맷이다.

---

[1] http://d.android.com/reference/android/R.html

```
<LinearLayout
    xmlns:android="http://schemas.android.com/apk/res/android"
    android:orientation="vertical"
    android:layout_width="fill_parent"
    android:layout_height="fill_parent">
    <!-- ... -->
</LinearLayout>
```

레이아웃은 하나 또는 그 이상의 자식(child) 객체들을 담고 있는 틀이자, 화면에 나타나는 부모(parent) 객체의 사각형 안에 이들의 위치가 지정되는 하나의 규정이다. 가장 널리 쓰이는 안드로이드표 레이아웃을 모아 보았다.

- FrameLayout: 자식 객체들을 화면의 왼쪽 위에서부터 시작하도록 정렬한다. 탭이 달린 화면이나 이미지 교체기에 사용된다.

- LinearLayout: 자식 객체들을 가로 또는 세로로 일렬 배치한다. 가장 자주 쓰게 될 레이아웃이다.

- RelativeLayout: 자식 객체들을 서로 간 또는 부모 객체와의 상호관계 안에서 배치한다. 폼의 형태로 자주 쓰인다.

- TableLayout: 자식 객체들을 HTML의 테이블과 비슷하게 행과 열로 배치한다.

몇몇 매개변수는 모든 레이아웃에 공통적으로 쓰인다.

```
xmlns:android="http://schemas.android.com/apk/res/android"
```

안드로이드가 인식할 수 있도록 XML의 네임스페이스(namespace)를 정의한다. 파일의 첫 XML 태그에서 한 번만 정의하면 된다.

```
android:layout_width="fill_parent", android:layout_height="fill_parent"
```

부모 객체의 전체 폭과 높이(이 경우에는, 윈도우)를 확보한다. 쓸 수 있는 값은 fill_parent와 wrap_content이다.

<LinearLayout> 태그 안에는 하나의 자식 위젯이 있다.

```
<TextView
    android:layout_width="fill_parent"
    android:layout_height="wrap_content"
```

```
    android:text="@string/hello" />
```

이는 단순한 텍스트 라벨을 정의한다. 이것을 다른 텍스트들과 버튼들로 대체해보자. 첫 시
도는 아래와 같다.

Sudokuv1/res/layout/main1.xml

```xml
<?xml version="1.0" encoding="utf-8"?>
<LinearLayout
    xmlns:android="http://schemas.android.com/apk/res/android"
    android:orientation="vertical"
    android:layout_width="fill_parent"
    android:layout_height="fill_parent" >
    <TextView
        android:layout_width="fill_parent"
        android:layout_height="wrap_content"
        android:text="@string/main_title" />
    <Button
        android:layout_width="fill_parent"
        android:layout_height="wrap_content"
        android:text="@string/continue_label" />
    <Button
        android:layout_width="fill_parent"
        android:layout_height="wrap_content"
        android:text="@string/new_game_label" />
    <Button
        android:layout_width="fill_parent"
        android:layout_height="wrap_content"
        android:text="@string/about_label" />
    <Button
        android:layout_width="fill_parent"
        android:layout_height="wrap_content"
        android:text="@string/exit_label" />
</LinearLayout>
```

누락된 문법적 요소(DTD 또는 XML 스키마)가 있다는 경고가 나타나면 그냥 무시하도록 하
자. 우리는 레이아웃 파일에 영어 텍스트를 하드코딩하는 대신 @string/resid 구문(syntax)
을 이용하여 res/values/strings.xml 파일에 있는 문자열을 참조하도록 하였다. 배경이나
화면의 해상도나 방향 등의 매개변수에 따라 이런저런 리소스들의 버전이 다를 수도 있다.
지금 파일을 열고, 필요하면 맨 밑의 strings.xml 탭을 클릭하여 편집기를 전환한 후, 아래

와 같이 입력한다.


```xml
<?xml version="1.0" encoding="utf-8"?>
<resources>
    <string name="app_name">Sudoku</string>
    <string name="main_title">Android Sudoku</string>
    <string name="continue_label">Continue</string>
    <string name="new_game_label">New Game</string>
    <string name="about_label">About</string>
    <string name="exit_label">Exit</string>
</resources>
```

string.xml을 저장하면 이클립스가 프로젝트를 다시 구성하게 된다. 지금 프로그램을 실행해보면 그림 3.3과 유사한 화면이 보일 것이다.

주의: 책의 세 번째 판본을 내다보니 사람들이 어디서 어려움을 겪는지를 환히 알게 됐다. 바로 이 지점이다. 수정을 많이 했기 때문에 시작 화면 대신에 오류 메시지가 나타난다고 해도 놀라운 일이 아니다. 당황하지 마시라. 제3장 10절 디버깅 부분으로 건너뛰어 어떻게 문제를 진단하는지 조언을 얻어보자. 보통 로그캣(LogCat) 조회를 해보면 문제의 실마리가 보일 것이다. 때로는 상단 메뉴에서 Project > Clean을 선택하여 문제를 해결할 수 있다. 만약 계속 문제가 지속되면 이 책의 웹 포럼에 들어가보라. 흔쾌히 도움을 줄 누군가가 있을 것이다[2].

지금의 화면도 쓸만하긴 하지만, 몇 가지 성형 효과를 누릴 수도 있다. 제목 텍스트를 좀더 키워 중앙에 위치하도록 하고 버튼은 좀 줄이고 배경 색깔도 바꾸도록 하자. 아래 색깔 정의를 res/values/colors.xml에 넣도록 한다.


```xml
<?xml version="1.0" encoding="utf-8"?>
<resources>
    <color name="background">#3500ffff</color>
</resources>
```

---

[2] http://forums.pragprog.com/forums/152

그림 3.3

시작 화면의 첫 번째 버전

그리고 여기 새로운 레이아웃이 있다.

Sudokuv1/res/layout/main.xml

```xml
<?xml version="1.0" encoding="utf-8"?>
<LinearLayout
    xmlns:android="http://schemas.android.com/apk/res/android"
    android:background="@color/background"
    android:layout_height="fill_parent"
    android:layout_width="fill_parent"
    android:padding="30dip"
    android:orientation="horizontal" >
    <LinearLayout
        android:orientation="vertical"
        android:layout_height="wrap_content"
        android:layout_width="fill_parent"
```

```
            android:layout_gravity="center" >
            <TextView
                android:text="@string/main_title"
                android:layout_height="wrap_content"
                android:layout_width="wrap_content"
                android:layout_gravity="center"
                android:layout_marginBottom="25dip"
                android:textSize="24.5sp" />
            <Button
                android:id="@+id/continue_button"
                android:layout_width="fill_parent"
                android:layout_height="wrap_content"
                android:text="@string/continue_label" />
            <Button
                android:id="@+id/new_button"
                android:layout_width="fill_parent"
                android:layout_height="wrap_content"
                android:text="@string/new_game_label" />
            <Button
                android:id="@+id/about_button"
                android:layout_width="fill_parent"
                android:layout_height="wrap_content"
                android:text="@string/about_label" />
            <Button
                android:id="@+id/exit_button"
                android:layout_width="fill_parent"
                android:layout_height="wrap_content"
                android:text="@string/exit_label" />
        </LinearLayout>
</LinearLayout>
```

이 버전에서 새로운 구문인 @+if/resid가 소개되었다. 어딘가 다른 곳에서 정의된 리소스 ID를 참조하는 방식 말고, 새로운 리소스 ID를 정의하여 다른 것들이 참조할 수 있도록 하는 방법이다. 예를 들어, @+id/about_button은 About 버튼의 ID를 정의하는데, 나중에 이를 이용하여 그 버튼을 누를 때 어떤 액션이 일어나도록 만들 것이다.

그림 3.4에서 결과를 보자. 세로 방향(초상화 모드, portrait mode. 화면의 길이가 폭보다 클 때)에서는 이 새로운 화면이 훌륭해 보이지만 가로 방향(풍경 모드, landscape mode. 와이드 스크린)에서는 어떨까? 사용자는 키보드를 여닫거나 폰을 옆으로 돌려 마음대로 방향을 바꾸기 때문에 이 문제를 처리할 필요가 있다.

그림 3.4

새로운 레이아웃의 시작 화면

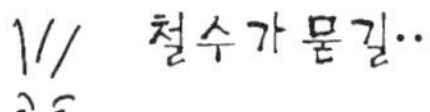

철수가 묻길…

Dip와 Sp라는 것이 뭐죠?

전통적으로 개발자들은 항상 픽셀 단위로 컴퓨터 인터페이스를 기획했다. 예를 들어, 가로 300 픽셀 짜리 바탕을 만들고, 줄 사이를 5 픽셀씩 띄우고, 아이콘 사이즈를 16×16 픽셀로 정의했다. 문제는 화면의 단위 인치 당 점의 개수(dpi, dots per inch)가 많으면 많을수록 해당 프로그램의 사용자 인터페이스가 점점 더 작게 보인다는 것이다. 어떤 지점을 넘어가면 읽을 수 없을 정도가 된다.

해상도-독립형 계량법이 이 문제를 해결하는 데 도움이 된다. 안드로이드는 아래의 모든 단위를 지원하고 있다.

- **px**(pixels): 화면 상의 점

- **in**(inches): 자로 잰 크기

- **mm**(millimeters): 자로 잰 크기

- **pt**(points): 1인치의 1/72

- **dp**(density-independent pixels): 화면의 밀도에 기반한 추상적 단위. 160dpi 화면에서 1dp = 1px

- dip: dp의 동의어. 구글 예제에서 자주 쓰인다.

- sp(scale-independent pixels): dp와 비슷하지만 사용자의 폰트사이즈 설정에 의해 판단된다.

화면 인터페이스를 현재와 미래의 모든 디스플레이 타입에 맞게 동작하도록 만들려면, 텍스트 크기에는 **sp** 단위를 사용하고 그 외 모든 것에는 **dip**를 권장한다. 비트맵 대신 벡터 그래픽을 쓰는 것도 고려해볼 수 있다(제4장 2D 그래픽 배우기를 보라).

3.4 대체 리소스 사용하기

시험 삼아 에뮬레이터를 가로방향으로 바꿔보자(Ctrl+F11 또는 키패드의 7번 또는 9번 키). 어이쿠! Exit 버튼이 화면 아래쪽에서 잘려 사라져 버렸다(그림 3.5 참조). 어떻게 고치면 될까?

레이아웃을 손 봐서 어느 방향에서나 제대로 보이도록 할 수도 있다. 하지만 불행하게도 이것이 항상 가능한 것도 아니고 때로는 화면이 이상하게 보이게 된다. 이럴 경우 가로 방향에 맞춘 별도의 레이아웃을 만들 필요가 생긴다. 우리가 채택할 접근방식이다.

아래의 레이아웃을 담고 있는 `res/layout-land/main.xml` (-land라는 꼬리표에 주목)라는 파일을 생성한다.

Sudokuv1/res/layout-land/main.xml

```xml
<?xml version="1.0" encoding="utf-8"?>
<LinearLayout
    xmlns:android="http://schemas.android.com/apk/res/android"
```

그림 3.5

가로 방향에서는 Exit 버튼이 보이지 않는다.

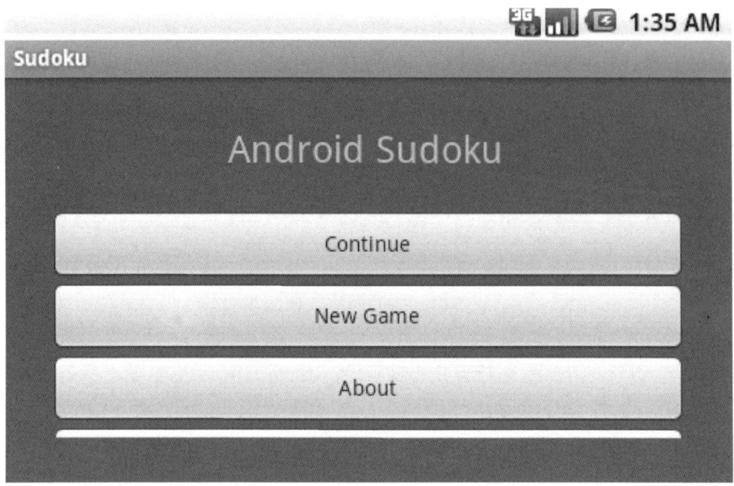


```
android:background="@color/background"
android:layout_height="fill_parent"
android:layout_width="fill_parent"
android:padding="15dip"
android:orientation="horizontal" >
<LinearLayout
    android:orientation="vertical"
    android:layout_height="wrap_content"
    android:layout_width="fill_parent"
    android:layout_gravity="center"
    android:paddingLeft="20dip"
    android:paddingRight="20dip" >
    <TextView
        android:text="@string/main_title"
        android:layout_height="wrap_content"
        android:layout_width="wrap_content"
        android:layout_gravity="center"
        android:layout_marginBottom="20dip"
        android:textSize="24.5sp" />
    <TableLayout
        android:layout_height="wrap_content"
        android:layout_width="wrap_content"
        android:layout_gravity="center"
        android:stretchColumns="*" >
```

```
    <TableRow>
        <Button
            android:id="@+id/continue_button"
            android:text="@string/continue_label" />
        <Button
            android:id="@+id/new_button"
            android:text="@string/new_game_label" />
    </TableRow>
    <TableRow>
        <Button
            android:id="@+id/about_button"
            android:text="@string/about_label" />
        <Button
            android:id="@+id/exit_button"
            android:text="@string/exit_label" />
    </TableRow>
    </TableLayout>
  </LinearLayout>
</LinearLayout>
```

이 파일은 버튼을 두 줄로 나타내기 위해 TableLayout을 이용했다. 이제 다시 프로그램을 실행시켜보자(그림 3.6 참조). 가로 방향에서도 모든 버튼이 보인다.

그림 3.6

가로 방향 전용 레이아웃을 이용하여 모든 버튼이 보이게 했다.

비단 레이아웃뿐만 아니라 모든 리소스의 대체 버전을 지정하는 용도로 리소스 꼬리표 (suffix)를 사용할 수 있다. 예를 들어, 개별 언어에 맞춰 번역된 텍스트 문구를 제공하는 용도로 사용할 수 있다. 안드로이드의 화면 밀도 지원 기능은 상당 부분 이 리소스 꼬리표에 의지하고 있다(제13장 5절 크고 작은 모든 화면들을 보라).

3.5 About 상자 적용하기

사용자가 About 버튼을 선택했을 때, 말하자면 버튼을 터치했거나(터치 스크린이 있는 경우) D패드(방향키 패드, directional pad) 또는 트랙볼을 이용하여 선택 버튼을 눌렀을 때, 스도쿠에 대한 정보가 담긴 윈도우가 나타나도록 해보자.

사용자는 텍스트를 스크롤 하다가 Back 버튼을 눌러서 윈도우를 닫을 수 있다.

몇 가지 방법으로 이 과제를 수행할 수 있다.

- 새로운 Activity를 정의하여 이를 실행한다.
- AlertDialog 클래스를 이용하여 이를 보여준다.
- 안드로이드의 Dialog 클래스의 하위클래스를 따서 이를 보여준다.

이 예제를 위해서 새 액티비티를 정의해보자. 스도쿠 액티비티와 같이 About 액티비티도 레이아웃 파일이 필요하다. 이를 res/layout/about.xml이라 이름 붙이자.

Sudokuv1/res/layout/about.xml

```xml
<?xml version="1.0" encoding="utf-8"?>
<ScrollView
    xmlns:android="http://schemas.android.com/apk/res/android"
    android:layout_width="fill_parent"
    android:layout_height="fill_parent"
    android:padding="10dip" >
    <TextView
        android:id="@+id/about_content"
        android:layout_width="wrap_content"
        android:layout_height="wrap_content"
        android:text="@string/about_text" />
```

```
</ScrollView>
```

이 레이아웃은 가로방향이나 세로방향 모두에서 정상적으로 보이기 때문에 한 가지 버전만으로도 충분하다.

이제 About 대화창의 제목과 내용 텍스트를 res/values/strings.xml에 추가한다.

Sudokuv1/res/values/strings.xml

```
    <string name="about_title">About Android Sudoku</string>
    <string name="about_text">\
Sudoku is a logic-based number placement puzzle.
Starting with a partially completed 9x9 grid, the
objective is to fill the grid so that each
row, each column, and each of the 3x3 boxes
(also called <i>blocks</i>) contains the digits
1 to 9 exactly once.
</string>
```

동일한 문자줄 리소스가 간단한 HTML 포맷을 포함하기도 하고 여러 줄에 걸쳐 나타나기도 한다는 점에 주목하자. 더 자세히 설명하자면, about_text에 있는 역슬래쉬(\)가 본문 첫 단어 앞에 공백이 발생하는 걸 막아주는 역할을 한다.

About 액티비티는 About.java에 정의되어야 한다. 우리가 해야 할 일은 onCreate( )을 덮어쓰고 setContentView( )를 불러오는 것 뿐이다. 이클립스에서 새 클래스를 생성하려면 상단 메뉴에서 File > New > Class를 선택하도록 한다. 아래와 같이 지정하도록 한다.

```
Source folder: Sudoku/src
Package: org.example.sudoku
Name: About
```

클래스를 아래와 같이 편집하자.

Sudokuv1/src/org/example/sudoku/About.java

```
package org.example.sudoku;

import android.app.Activity;
import android.os.Bundle;
```

```java
public class About extends Activity {
    @Override
    protected void onCreate(Bundle savedInstanceState) {
        super.onCreate(savedInstanceState);
        setContentView(R.layout.about);
    }
}
```

다음으로 이것들을 스도쿠 클래스에 있는 About 버튼에다 엮어야 한다. Sudoku.java에 필요할 몇 가지를 불러와 추가하는 것부터 시작하자.

Sudokuv1/src/org/example/sudoku/Sudoku.java

```java
import android.content.Intent;
import android.view.View;
import android.view.View.OnClickListener;
```

onCreate( ) 메소드에 findViewById( )를 불러오는 코드를 추가하여 리소스 ID에 따라 주어진 안드로이드 화면을 찾아가도록 하고, setOnClickListener( )를 불러오는 코드를 추가하여 사용자가 해당 화면을 터치하거나 클릭했을 경우 어떤 객체를 불러와야 하는지 안드로이드에 알려주도록 한다.

Sudokuv1/src/org/example/sudoku/Sudoku.java

```java
@Override
public void onCreate(Bundle savedInstanceState) {
    super.onCreate(savedInstanceState);
    setContentView(R.layout.main);

    // Set up click listeners for all the buttons
    View continueButton = findViewById(R.id.continue_button);
    continueButton.setOnClickListener(this);
    View newButton = findViewById(R.id.new_button);
    newButton.setOnClickListener(this);
    View aboutButton = findViewById(R.id.about_button);
    aboutButton.setOnClickListener(this);
    View exitButton = findViewById(R.id.exit_button);
    exitButton.setOnClickListener(this);
}
```

이 단계에서 모든 버튼들에 대해 같은 작업을 해준다. res/layout/main.xml에 있는 @+id/about_button을 보고 이클립스 플러그인이 R.java 파일 안에 만드는 R.id.about_button과 같은 상수들을 다시 떠올려보자.

setOnClickListener( ) 메소드는 OnClickListener 자바 인터페이스를 실행하는 객체를 넘겨 받아야 한다. this 변수를 이용하여 이를 전달하고 있는데, 현재 클래스(Sudoku)가 그 인터페이스를 실행하도록 하는 편이 낫다. 그러지 않으면 컴파일러 오류가 날 것이다. OnClickListner는 내부에 onClick( )라고 불리는 메소드를 가지고 있어서 이것도 역시 우리 클래스에 추가해줘야 한다[3].

Sudokuv1/src/org/example/sudoku/Sudoku.java

```java
public class Sudoku extends Activity implements OnClickListener {
    // ...
    public void onClick(View v) {
        switch (v.getId()) {
        case R.id.about_button:
            Intent i = new Intent(this, About.class);
            startActivity(i);
            break;
        // More buttons go here (if any) ...
        }
    }
}
```

안드로이드에서 액티비티를 시작하려면 먼저 인텐트 클래스의 인스턴스를 생성해야 한다. 여기에는 두 가지 종류의 인텐트가 있다. **공개**(public, named) 인텐트는 시스템에 등록된 것으로 어느 응용프로그램에서나 호출할 수 있는 것이고, **비공개**(private, anonymous) 인텐트는 단일 응용프로그램 안에서만 사용되는 것이다. 이 예제에서는 후자가 필요하다. 지금 프로그램을 돌려 About 버튼을 선택하면 오류 메시지가 뜰 것이다(그림 3.7을 보라). 무슨 일일까?

---

[3] 만약 자바 전문가라면 이러한 클릭을 처리하는데 왜 내부의 익명 클래스를 사용하지 않는지 의아해할 것이다. 물론 가능하다. 하지만 안드로이드 개발자들에 따르면 새로운 내부 클래스는 각자 1KB의 추가 메모리를 차지한다고 한다.

그림 3.7

구글 나와라, 문제가 발생했다!

우리가 중요한 단계를 하나 잊고 있었다. 모든 액티비티는 `AndroidManifest.xml` 안에서 선언되어야 한다는 점이다. 이를 위해 파일을 더블클릭하여 열고, 필요하다면 하단의 `AndroidManifest.xml` 탭을 선택하여 XML 모드로 전환한 다음, 첫 번째 액티비티 태그를 닫은 후 새 *<activity>* 태그를 추가한다.

```
<activity android:name=".About"
      android:label="@string/about_title" >
</activity>
```

이제 파일을 저장한 다음 프로그램을 실행하여 About 버튼을 선택하면 그림 3.8과 같은 화면을 볼 수 있을 것이다. 화면을 끄려면 Back 버튼(에뮬레이터의 [Esc] 버튼)을 누른다.

그럭저럭 괜찮아 보인다. 하지만 About 텍스트 뒤에 기존의 화면이 보이면 더 좋지 않을까?

그림 3.8

About 화면의 첫 번째 버전

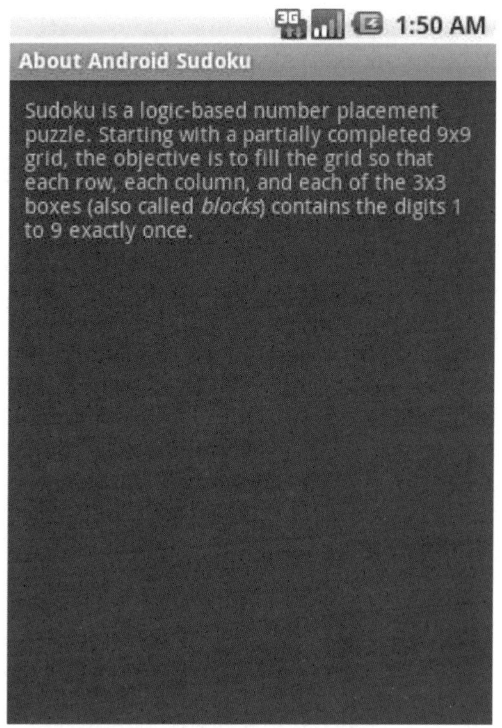

3.6 테마 적용하기

테마는 안드로이드 위젯의 룩앤필(look and feel) 위에 덮어쓰는 스타일의 모음을 뜻한다. 테마는 웹 페이지에 사용되는 CSS(Cascading Style Sheets)에서 영감을 얻은 것인데, 이것은 화면 상의 콘텐트와 그 표현 또는 스타일을 분리하는 역할을 한다. 안드로이드는 이름으로 참조할 수 있는 몇 가지 테마를 제공하고 있으나[4], 기존 테마의 서브 클래스를 따거나 기본값을 덮어쓰는 방식으로 자신만의 테마를 만들 수도 있다.

각자의 맞춤형 테마는 res/values/styles.xml에서 정의할 수 있는데, 이 예제에서는 이미

---

[4] 이들을 확인하려면 http://d.android.com/reference/android/R.style.html을 참조하라.

정의되어 있는 것을 쓰도록 하겠다. AndroidManifest.xml 편집기를 다시 열고 About 액티비티의 정의를 변경하여 테마 속성을 갖도록 만들자.


```xml
<activity android:name=".About"
     android:label="@string/about_title"
     android:theme="@android:style/Theme.Dialog" >
</activity>
```

스타일 이름 앞에 붙는 @android: 꼬리표는 여러분의 프로그램이 정의한 스타일이 아니라 안드로이드가 정의한 리소스를 참조한다는 의미이다.

프로그램을 다시 실행하면 About 상자가 그림 3.9처럼 보일 것이다.

그림 3.9

대화창 테마를 적용한 후의 About 화면

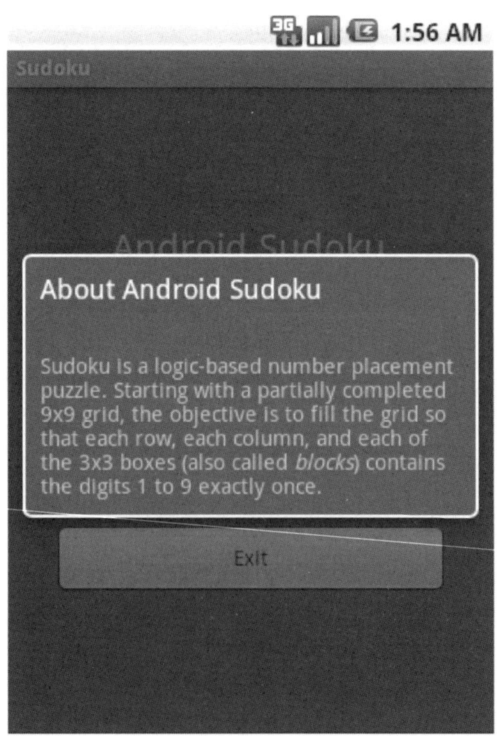

> **철수가 묻길…**
>
> **왜 HTML 보기를 사용하지 않나요?**
>
> 안드로이드는 WebView 클래스를 통해 웹 브라우저를 보기 화면에 직접 장착할 수 있도록 지원한다(제7장 2절 전망 좋은 웹을 보라). 그러면, 그냥 웹을 About 상자로 사용하면 되지 않을까?
>
> 사실 우리는 어느 방식이든 사용할 수 있다. WebView는 단순한 TextView에 비해 훨씬 정교한 화면 짜임새를 지원할 수 있지만 몇 가지 제약 사항도 가지고 있다(반투명 배경화면 사용 불가와 같은). 또한 WebView는 TextView보다 무거운 위젯이라 느리고 메모리도 많이 잡아 먹는다. 여러분이 응용프로그램을 만들 때는 필요에 따라 더 적합하다고 판단되는 것을 사용하면 된다.

많은 프로그램에서 메뉴와 옵션들이 사용되기 때문에 다음 두 절은 이들을 어떻게 정의하는지 살펴보도록 하겠다.

3.7 메뉴 추가하기

안드로이드는 두 종류의 메뉴를 지원한다. 첫째, 물리적인 메뉴 버튼을 눌렀을 때 나타나는 메뉴가 있다. 둘째, 손가락으로 화면을 누른 채 그대로 있으면(또는 트랙볼이나 D 패드 중앙의 센터 버튼을 누르고 그대로 있으면) 튀어 나오는 상황 메뉴가 있다.

사용자가 메뉴 키를 누르는 첫 번째 경우 그림 3.10과 같은 메뉴가 열린다. 먼저 나중에 사

그림 3.10

설정을 변경하기 위한 한 개의 아이템을 포함한 옵션 메뉴

용할 새로운 문자열을 정의할 필요가 있다.

Sudokuv1/res/values/strings.xml

```xml
<string name="settings_label">Settings...</string>
<string name="settings_title">Sudoku settings</string>
<string name="settings_shortcut">s</string>
<string name="music_title">Music</string>
<string name="music_summary">Play background music</string>
<string name="hints_title">Hints</string>
<string name="hints_summary">Show hints during play</string>
```

그 다음 res/menu/menu.xml 안의 XML을 이용하여 메뉴를 정의해보자.

Sudokuv1/res/menu/menu.xml

```xml
<?xml version="1.0" encoding="utf-8"?>
<menu xmlns:android="http://schemas.android.com/apk/res/android">
    <item android:id="@+id/settings"
        android:title="@string/settings_label"
        android:alphabeticShortcut="@string/settings_shortcut" />
</menu>
```

다음으로, 방금 정의한 메뉴가 뜰 수 있도록 스도쿠 클래스를 수정해야 한다. 이를 위해 몇 가지를 더 읽어와야 한다.

Sudokuv1/src/org/example/sudoku/Sudoku.java

```java
import android.view.Menu;
import android.view.MenuInflater;
import android.view.MenuItem;
```

그리고 Sudoku.onCreateOptionsMenu() 메소드를 덮어써보자.

Sudokuv1/src/org/example/sudoku/Sudoku.java

```java
@Override
public boolean onCreateOptionsMenu(Menu menu) {
    super.onCreateOptionsMenu(menu);
    MenuInflater inflater = getMenuInflater();
```

```
    inflater.inflate(R.menu.menu, menu);
    return true;
}
```

getMenuInflater( )는 MenuInflater라는 인스턴스를 리턴해주는데, 이는 XML로부터 메뉴 정의를 읽어와서 실제 화면으로 바꿔주는 역할을 한다. 사용자가 한 메뉴 아이템을 선택하면 onOptionsItemSelected( )가 호출된다. 아래는 이 메소드를 위한 정의이다.


```
@Override
public boolean onOptionsItemSelected(MenuItem item) {
    switch (item.getItemId()) {
    case R.id.settings:
        startActivity(new Intent(this, Prefs.class));
        return true;
    // More items go here (if any) ...
    }
    return false;
}
```

Prefs는 우리가 정의하려고 하는 클래스로, 우리가 가진 모든 설정들을 진열하여 사용자가 이를 변경할 수 있도록 한다.

3.8 설정 추가하기

안드로이드는 프로그램의 환경 설정 내용이 무엇이고 어떻게 보여줄 것인지를 거의 코드를 쓰지 않고도 깔끔하게 정의할 수 있도록 편의를 제공하고 있다. 환경 설정 내용은 res/xml/settings.xml이라 불리는 리소스 파일에 정의된다.


```
<?xml version="1.0" encoding="utf-8"?>
<PreferenceScreen
    xmlns:android="http://schemas.android.com/apk/res/android" >
    <CheckBoxPreference
```

```xml
        android:key="music"
        android:title="@string/music_title"
        android:summary="@string/music_summary"
        android:defaultValue="true" />
    <CheckBoxPreference
        android:key="hints"
        android:title="@string/hints_title"
        android:summary="@string/hints_summary"
        android:defaultValue="true" />
</PreferenceScreen>
```

스도쿠 프로그램에는 두 가지 설정이 있다. 하나는 배경음악에 대한 것이고 다른 하나는 힌트 표시에 관한 것이다. 핵심은 표면 아래, 안드로이드의 환경설정 데이터베이스에서 사용될 고정 문자열이다.

다음은 Prefs 클래스를 정의하고 이를 이용하여 PreferenceActivity를 확장하는 방법이다.

Sudokuv1/src/org/example/sudoku/Prefs.java

```java
package org.example.sudoku;

import android.os.Bundle;
import android.preference.PreferenceActivity;

public class Prefs extends PreferenceActivity {
    @Override
    protected void onCreate(Bundle savedInstanceState) {
        super.onCreate(savedInstanceState);
        addPreferencesFromResource(R.xml.settings);
    }
}
```

addPreferencesFromResource( ) 메소드가 XML로부터 설정 정의를 읽어들여 실행되고 있는 액티비티의 화면으로 올려 보낸다. 이 작업들은 모두 PreferenceActivity 클래스 안에서 이뤄진다.

Prefs 액티비티를 AndroidManifest.xml에 등록하는 것을 잊지 말자.

Sudokuv1/AndroidManifest.xml

```
<activity android:name=".Prefs"
        android:label="@string/settings_title" >
</activity>
```

이제 다시 스도쿠 프로그램을 돌려 메뉴 키를 누르고 설정(Settings…)을 선택한 다음, 스도쿠 설정 페이지(그림 3.11을 보라)가 나타나는 놀라운 광경을 보도록 하자. 설정값을 바꾸고 프로그램을 닫은 다음, 다시 프로그램을 돌려 바꾼 설정값이 그대로 유지되고 있는지 확인해보라.

설정 정보를 읽어들여 이를 처리하는 코드는 다른 장(제6장 로컬 데이터 저장하기)에서 논의될 것이다. 이제 새 게임(New Game) 버튼으로 넘어 가자.

그림 3.11

볼품이 없긴 하지만, 공짜로 얻은 화면이니까.

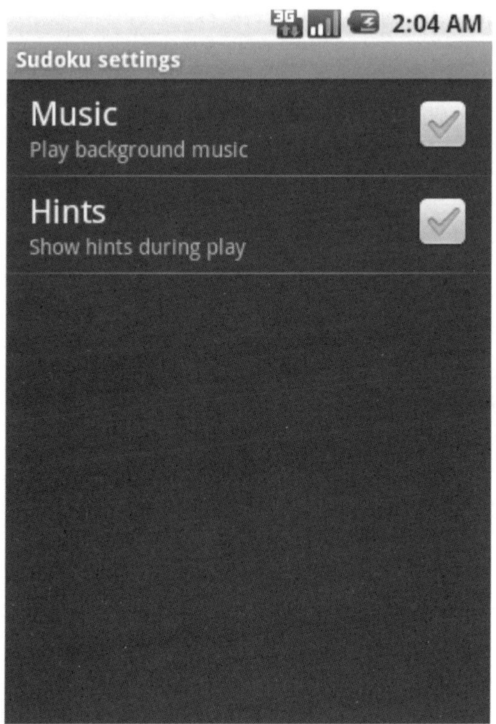

3.9 새 게임 시작하기

스도쿠 게임을 해보면 어떤 것은 쉬운 반면 어떤 것은 미치도록 어렵다는 것을 알 수 있다. 그래서 사용자가 새 게임을 선택했을 때 세 가지 레벨 중의 하나를 선택하는 대화창을 띄워 주고자 한다. 리스트에서 선택하는 기능은 안드로이드에서 매우 쉽게 구현된다. 먼저 res/values/strings.xml에 몇 줄을 추가하자.

Sudokuv1/res/values/strings.xml

```xml
<string name="new_game_title">Difficulty</string>
<string name="easy_label">Easy</string>
<string name="medium_label">Medium</string>
<string name="hard_label">Hard</string>
```

res/alues/arrays.xml에 리소스를 배열하여 난이도 리스트를 생성한다.

Sudokuv1/res/values/arrays.xml

```xml
<?xml version="1.0" encoding="utf-8"?>
<resources>
    <array name="difficulty">
        <item>@string/easy_label</item>
        <item>@string/medium_label</item>
        <item>@string/hard_label</item>
    </array>
</resources>
```

스도쿠 클래스에 몇 가지를 더 불러오자.

Sudokuv1/src/org/example/sudoku/Sudoku.java

```java
import android.app.AlertDialog;
import android.content.DialogInterface;
import android.util.Log;
```

New Game 버튼에 대한 클릭을 처리하기 위해 onClick( ) 메소드의 스위치(switch) 조건문에 코드를 추가한다.

```java
case R.id.new_button:
   openNewGameDialog();
   break;
```

openNewGameDialog( ) 메소드가 난이도 리스트를 위한 사용자 인터페이스의 생성을 관리
한다.


```java
private static final String TAG = "Sudoku" ;

private void openNewGameDialog() {
   new AlertDialog.Builder(this)
       .setTitle(R.string.new_game_title)
       .setItems(R.array.difficulty,
        new DialogInterface.OnClickListener() {
           public void onClick(DialogInterface dialoginterface,
                int i) {
              startGame(i);
          }
       })
       .show();
}

private void startGame(int i) {
   Log.d(TAG, "clicked on " + i);
   // Start game here...
}
```

setItems( ) 메소드는 아이템 리스트의 리소스 ID와 아이템 중 하나가 선택되었을 때 호출
되는 수신자(listener)라는 두 개의 매개변수를 가지고 있다.

프로그램을 돌려 New Game을 누르면, 그림 3.12의 대화상자가 뜰 것이다.

지금 실제로 프로그램을 시작할 것은 아니므로, 대신 우리는 난이도 레벨을 선택했을 경우
Log.d( ) 메소드에 태그 문자열과 출력할 메시지를 전달하여 디버그 메시지를 출력하도록
하자.

그림 3.12

난이도 선택 대화상자

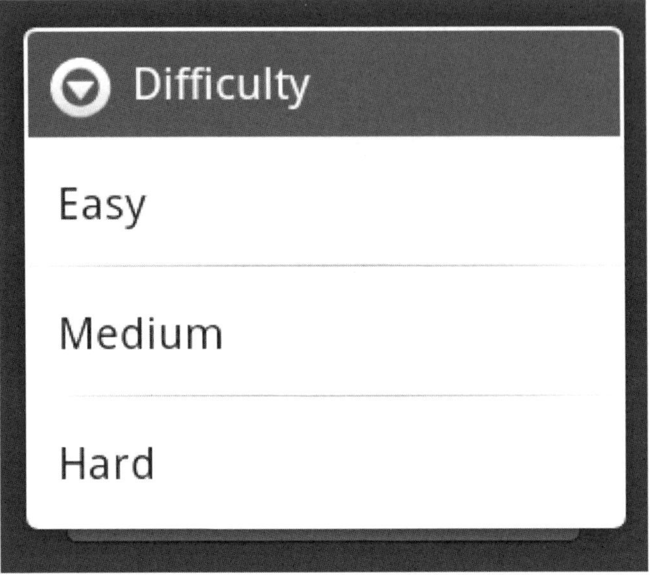

3.10 디버깅

안드로이드에도 다른 플랫폼에서 프로그램을 디버그하기 위해 사용하던 동일한 테크닉들이 적용된다. 여기에는 로그 메시지를 출력하는 것과 프로그램을 디버거(debugger)로 돌리는 것도 포함된다.

로그 메시지로 디버깅하기

Log 클래스는 안드로이드의 시스템 로그 메시지를 다양한 정밀도 레벨로 출력할 수 있도록 몇 개의 고정 메소드를 제공하고 있다.

- Log.e( ): 오류(Errors)

- Log.w( ): 경고(Warnings)

- Log.i( ): 정보(Information)

- Log.d( ): 디버깅(Debugging)

- Log.v( ): 전체(Verbose)

- Log.wtf( ): 심각한 이상(What a Terrible Failure)[5]

사용자가 이 로그를 볼 일은 절대 없겠지만, 여러분은 개발자로서 두 가지 방식으로 이를 볼 수 있다. 이클립스에서 Window > Show View > Other… > Android > LogCat(그림 3.13을 보라)을 선택하여 LogCat 조회를 연다. 정밀도나 메소드 호출할 때 지정했던 태그 기준으로 걸러 조회할 수 있다.

이클립스를 사용하지 않는다면 adb logcat 명령[6]을 돌려서 같은 결과를 볼 수 있다. 나는 이 명령을 별도의 창에서 시작하여 에뮬레이터가 돌아가는 내내 실행되도록 권장한다. 이 창이 다른 프로그램을 방해하는 일은 절대 없을 것이다.

개발을 진행하는 과정에서 안드로이드 로그가 얼마나 유용한지는 아무리 강조해도 지나치지 않다. 우리가 About 상자와 관련하여 봤던 오류(그림 3.7)를 기억하는가? 그 시점에서 LogCat 조회를 열었더라면 다음과 같은 메시지를 볼 수 있었을 것이다. "ActivityNot

그림 3.13

LogCat 조회에서의 디버깅 결과

---

[5] 안드로이드 2.2부터 제공

[6] http://d.android.com/guide/developing/tools/adb.html

FoundException: 정확한 액티비티 클래스를 찾을 수 없습니다…이 클래스를 Android Manifest.xml에 정의하셨나요?" 이보다 더 쉬울 수는 없다.

디버거로 디버깅하기

로그 메시지와 함께 이클립스의 디버거를 이용하여 구분점(breakpoints)을 지정하고, 한 조작마다 일일이 명령을 주어 프로그램의 상황을 조회할 수 있다. 먼저 android:debuggable="true" 옵션을 AndroidManifest.xml 파일에 추가하여 프로젝트를 디버깅할 수 있도록 만들자[7].

Sudokuv1/AndroidManifest.xml

```
<application android:icon="@drawable/icon"
      android:label="@string/app_name"
      android:debuggable="true" >
```

다음으로, 간단하게 프로젝트를 오른쪽 클릭한 다음 Debug As > Android Application을 선택한다.

3.11 게임 끝내기

이 게임은 사용자가 Back 키를 누르거나 Home 키를 눌러 다른 작업으로 옮겨갈 수 있기 때문에 실제로 Exit 버튼이 필요한 것은 아니다. 하지만 액티비티를 어떻게 종료할 수 있는지 보여주기 위해서 Exit 버튼을 추가했다.

아래 내용을 onClick() 메소드의 스위치 조건문에 추가하자.

Sudokuv1/src/org/example/sudoku/Sudoku.java

---

[7] 에뮬레이터를 사용하고 있다면 선택 사항이나 실제 디바이스에서는 꼭 필요하다. 코드를 대중에 배포하기 전에 이 옵션을 삭제해야 한다는 점은 기억하자.

```
case R.id.exit_button:
    finish();
    break;
```

Exit 버튼을 선택하면 finish() 메소드가 호출된다. 이 메소드는 액티비티를 종료하고 제어권을 안드로이드의 응용프로그램 스택에 있는 다음 액티비티(보통은 Home 화면)에 전달한다.

3.12 빨리 넘겨보기 >>

휴, 한 장에 담기에는 정말 많은 내용이다! 여러분은 맨땅에서 시작하여 인터페이스 구축을 위해 레이아웃 파일을 사용하는 법과 텍스트, 색깔, 그 외 것들을 위해 안드로이드 리소스를 사용하는 법까지 배웠다. 여러분은 버튼과 텍스트 영역과 같은 컨트롤을 추가했고, 프로그램의 외양을 바꾸기 위해 테마를 적용했으며, 심지어 덤으로 메뉴와 환경설정을 추가하기도 했다.

안드로이드는 복잡한 시스템이지만 시작하는 단계에서 이 모두를 알 필요는 없다. 도움이 필요해지면 여기에 사용된 모든 클래스와 메소드에 대해 더 깊이 있게 다루는 수백 페이지의 온라인 자료들을 참조할 수 있다.[8] 플래닛 안드로이드(Planet Android)도 각종 팁과 트릭을 얻기 좋은 곳이다.[9] 물론 당신이 막혔을 때는 언제든지 이 책의 토론 포럼에 들러보자.[10] 나와 다른 독자들이 기꺼이 도울 것이다.

제4장 2D 그래픽 배우기에서는 안드로이드의 그래픽 API를 사용하여 스도쿠 게임의 칸을 그려보자.

---

[8] 온라인 자료들을 보려면, 안드로이드 SDK가 설치된 디렉터리에서 docs라는 하위 디렉터리를 열거나 http://d.android.com/guide 를 참조하라.

[9] http://www.planetandroid.com

[10] http://forums.pragprog.com/forums/152

제 **4** 장

2D 그래픽 그리기

지금까지 우리는 안드로이드의 기본 컨셉과 철학에 이어 버튼과 대화상자를 포함한 간단한 사용자 인터페이스 만들기를 배웠다. 이 빌어먹을 안드로이드 어쩌구를 진짜로 시작하게 된 것이다. 하지만 뭔가가 빠졌다. 뭘까? 아, 맞다! 재미!

어느 응용프로그램에나 멋진 그래픽을 입히면 약간의 재미와 흥미가 추가된다. 안드로이드는 모바일 기기에서 사용할 수 있는 가장 강력한 그래픽 라이브러리 중 하나를 우리 손끝에 쥐여준다. 사실 하나가 아니라 둘인데, 하나는 2차원 그래픽이고 하나는 3차원 그래픽이다.[1]

이 장에서 우리는 2D 그래픽에 대해 배우고, 이를 스도쿠 예제의 게임 부분에 적용해볼 것이다. 제10장 OpenGL의 3D 그래픽에서 OpenGL ES 라이브러리를 사용하는 3D 그래픽을 다룰 계획이다.

4.1 기본기 배우기

안드로이드는 android.graphics 패키지 안에 완벽한 2차원 그래픽 라이브러리를 기본 제공하고 있다. Color와 Canvas와 같은 클래스에 대해 기본적인 이해만 하게 되면 금방 기운차게 그림을 그리게 될 것이다.

---

[1] 4차원 그래픽을 위한 함수들이 고려됐으나 시간 제약 때문에 중단되었다.

색깔(Color)

안드로이드에서 색깔은 네 가지 숫자로 표시되는데, 각각이 알파(alpha), 빨강, 초록, 파랑(ARGB)을 대표한다. 각 구성요소는 256가지 또는 8비트의 유효값을 가지고 있으며, 하나의 색깔은 전형적으로 32비트 정수로 만들어져 있다. 간단하게 말해, 안드로이드 코드는 Color 클래스의 인스턴스 대신에 정수를 사용하고 있다.

빨강, 초록, 파랑은 말만 들어도 아는데, 알파는 그렇지 않다. Alpha는 투명도를 재는 단위이다. 가장 낮은 값인 0은 색이 완전히 투명하다는 것을 나타낸다. A가 0이면 RGB 값이 얼마인지는 실제로 문제가 되지 않는다. 가장 큰 값인 255는 색깔이 완벽하게 불투명하다는 것을 나타낸다. 중간 정도의 값들은 반투명하거나 비쳐 보이는 색들에 사용된다. 이 색들은 전경의 물체 뒤에 있는 배경을 어느 정도 보이도록 해준다.

색깔을 만드는 데 아래와 같이 Color 클래스의 고정 상수를 이용할 수 있다.

```java
int color = Color.BLUE; // 불투명 파란색(solid blue)
```

만약 알파, 빨강, 초록, 파랑의 값들을 알고 있다면 아래와 같이 고정 조합 방식 중의 하나를 이용할 수 있다.

```java
// 반투명한 보라색(Translucent purple)
color = Color.argb(127, 255, 0, 255);
```

그러나 가능하다면, 사용할 색들을 모두 XML 리소스 파일 하나에 정의해놓는 것이 대체로 더 나을 것이다. 그러는 편이 나중에 한 곳에서 쉽게 이들을 변경할 수 있다.

```xml
<?xml version="1.0" encoding="utf-8"?>
<resources>
    <color name="mycolor">#7fff00ff</color>
</resources>
```

우리가 제3장에서 했던 것처럼 다른 XML 파일에 있는 색깔을 이름으로 참조하거나, 아래와 같이 자바 코드에서 이용할 수도 있다.

```java
color = getResources().getColor(R.color.mycolor);
```

getResources( ) 메소드가 실행되고 있는 액티비티에 ResourceManager를 리턴하고, getColor( ) 메소드가 리소스 관리자에게 주어진 리소스 ID의 색깔을 찾아내라고 요청한다.

칠하기(Paint)

안드로이드 기본제공 그래픽 라이브러리의 가장 중요한 클래스 중 하나가 Paint 클래스이다. 이 클래스는 비트맵과 텍스트, 기하학적 도형을 포함하여 모든 그래픽을 그릴 때 필요한 스타일, 칼라, 그 외 정보들을 확보하고 있다.

일반적으로 화면에 뭔가를 칠할 때는 불투명한 색을 의미한다. Paint.setColor( ) 메소드로 색깔을 지정할 수 있다.

예를 들어보자.

```
cPaint.setColor(Color.LTGRAY);
```

이 문자열은 옅은 회색으로 미리 정의된 컬러 값을 사용한다.

캔버스(Canvas)

Canvas 클래스는 그래픽을 그리는 바탕화면을 의미한다. 초기에 캔버스는 아무 내용이 없이 허공에 프로젝터를 쏜 것처럼 투명하고 텅 빈 공간으로 시작한다. Canvas 클래스 위의 메소드들을 이용하여 그 표면 위에 선이나 사각형, 원 또는 다른 임의의 그래픽을 그릴 수 있다.

안드로이드에서 출력화면은 보기(View)를 처리해주는 액티비티가 차지하는데, 이것이 순서를 바꿔 Canvas도 처리해준다. View.onDraw( ) 메소드를 덮어쓰는 방식으로 캔버스 위에 그림을 그릴 수 있다. onDraw( )에 대한 유일한 매개변수는 그림을 그릴 캔버스이다.

여기 GraphicsView라는 보기 화면을 포함하는 Graphics라고 불리는 예제 액티비티가 있다.

```
public class Graphics extends Activity {
    @Override
    public void onCreate(Bundle savedInstanceState) {
        super.onCreate(savedInstanceState);
```

```
        setContentView(new GraphicsView(this));
    }

    static public class GraphicsView extends View {
        public GraphicsView(Context context) {
            super(context);
        }
        @Override
        protected void onDraw(Canvas canvas) {
            // 그리기 명령은 여기에(Drawing commands go here)
        }
    }
```

다음 절에서 onDraw( ) 메소드에 그리기 명령어를 몇 가지 첨가해볼 것이다.

경로(Path)

Path 클래스는 선, 사각형, 곡선과 같은 벡터 그리기 명령어 조합을 가지고 있다. 아래에 원형 경로를 정의하는 예제가 있다.

```
circle = new Path();
circle.addCircle(150, 150, 100, Direction.CW);
```

이는 x=150, y=150인 위치에 반지름이 100 픽셀인 원을 정의하고 있다. 이제 경로를 정의했으니 이 경로를 원의 외곽과 이에 더해 외곽선 안쪽의 텍스트를 그리는 데 이용해보자.

```
private static final String QUOTE = "Now is the time for all " +
        "good men to come to the aid of their country." ;
    canvas.drawPath(circle, cPaint);
    canvas.drawTextOnPath(QUOTE, circle, 0, 20, tPaint);
```

결과는 그림 4.1과 같다. 원이 시계 방향으로 그려졌기 때문에(Direction.CW), 텍스트 역시 그 방향대로 그려졌다.

더 멋지게 만들고 싶다면 안드로이드가 제공하는 수많은 PathEffect 클래스들을 이용하여 경로에 불규칙적인 변동을 주거나, 경로를 따르는 모든 선의 마디를 곡선으로 부드럽게 처리하거나 마디마디 부러뜨리는 등의 효과를 적용할 수 있다.

그림 4.1

원둘레를 따라 텍스트 그리기

Drawable

안드로이드에서 Drawable 클래스는 오직 디스플레이 목적으로만 사용되는 비트맵이나 불투명 컬러와 같은 시각적인 요소들에 사용된다. drawable들과 다른 그래픽을 묶거나 사용자 인터페이스 위젯에서 이용할 수 있다(예를 들어, 버튼이나 화면 보기의 배경으로).

Drawable은 다양한 형태를 취하고 있다.

- Bitmap: PNG나 JPEG 이미지

- NinePatch: 늘어나는 PNG 이미지. 원래는 이미지를 아홉 조각으로 나눴던 데에서 이름이 유래되었다. 크기가 조절되는 비트맵 버튼의 배경으로 사용된다.

- Shape: Path에 기반한 벡터 그리기 명령. 대체 SVG의 일종이다.

- Layers: 자식 drawable을 담고 있는 컨테이너로, 특정한 깊이의 층(z-order)을 만들며

서로의 위에 그림을 그린다.

- States: 자식 drawable을 그 상태(비트 마스크, a bit mask)에 기반하여 보여주는 컨테이너. 버튼에 대해 다양한 선택과 포커스 상태를 설정하는 것으로 사용할 수 있다.

- Levels: 자식 drawable들 중 오직 하나만을 그 레벨(상수 범위)에 기반하여 보여주는 컨테이너. 이것은 배터리 또는 신호 강도 게이지에 사용할 수 있다.

- Scale: 현재의 레벨에 기반하여 크기를 조정하는 자식 drawable을 담고 있는 컨테이너. 확대축소가 가능한 사진보기가 하나의 용례이다.

Drawable은 종종 XML에서 정의된다. 여기 한 drawable이 특정 색깔로부터 다른 색으로 그라데이션되도록(이 경우는 흰색에서 회색으로) 정의되는 예제를 보도록 하자. 각도(angle)는 그라데이션의 방향(270도는 위에서 아래로를 의미한다)을 지정한다.

```xml
<?xml version="1.0" encoding="utf-8"?>
<shape xmlns:android="http://schemas.android.com/apk/res/android">
    <gradient
        android:startColor="#FFFFFF"
        android:endColor="#808080"
        android:angle="270" />
</shape>
```

이를 사용하기 위해 우리는 android:background= 속성을 가지고 XML 안에서 이를 참조할 수도 있고, 아니면 아래와 같이 view의 onCreate( ) 메소드 안에 있는 setBackgroundResource( ) 메소드를 호출할 수도 있다.

```
setBackgroundResource(R.drawable.background);
```

이로써 우리의 GraphicsView 예제는 그림 4.2에 보이는 것처럼 멋진 그라데이션 배경그림을 갖게 되었다.

Drawable들은 지향하고 있는 화면 밀도 별로 다른 디렉터리에 위치해야 한다(제3장 4절 대체 리소스 사용하기를 보라).

그림 4.2

XML에서 정의된 그라데이션 배경그림 사용하기

4.2 스도쿠에 그래픽 추가하기

우리가 배운 것을 스도쿠 예제에 적용해볼 시간이다. 제3장 마지막에 떨궈놨던 스도쿠 게임을 보면 시작 화면과 About 대화상자가 있고 새 게임을 시작할 수 있는 장치도 있다. 하지만 매우 중요한 부분 하나가 빠졌는데 바로 게임이다! 기본 제공되는 2D 그래픽 라이브러리를 이용하여 그 부분을 채워 보자.

게임 시작하기

먼저 게임을 시작하는 코드를 채워야 할 필요가 있다. startGame( )은 하나의 매개변수를 갖는데, 리스트에서 선택된 난이도의 인덱스이다. 여기 새로운 정의를 보자.

스도쿠 이모저모

미국에서 넘버 플레이스(Number Place)가 출판된 지 몇 년 후, 일본 출판업체인 니코리(Nikoli)가 이를 입수하여 훨씬 근사하게 들리는 스도쿠(일본어로 '숫자 하나'라는 뜻)라는 이름을 붙였다. 그때부터 스도쿠가 전 세계로 수출되었고 전설이 되었다. 슬프게도 간즈(Garns)는 자신의 발명품이 세계적인 센세이션이 되는 것을 보지 못하고 1989년 숨을 거뒀다.

Sudokuv2/src/org/example/sudoku/Sudoku.java

```java
private void startGame(int i) {
    Log.d(TAG, "clicked on " + i);
    Intent intent = new Intent(Sudoku.this, Game.class);
    intent.putExtra(Game.KEY_DIFFICULTY, i);
    startActivity(intent);
}
```

스도쿠의 게임 부분은 Game이라 불리는 별도의 액티비티가 될 것이기 때문에 이를 개시해줄 새로운 인텐트를 생성해야 한다. 그 인텐트 안에서 제공되는 extraData 영역에 난이도 숫자를 둔 다음 새로운 액티비티를 쏘아올릴 startActivity( ) 메소드를 호출한다.

extraData 영역은 인텐트로 연이어 전달될 키/값 쌍들의 지도이다. 키는 문자열이고 값은 아무 원시 타입이나 원시 타입들의 배열, Bundle, Serializable 또는 Parcelable의 하위 클래스 모두가 될 수 있다.

게임 클래스 정의하기

Game 액티비티의 개요가 여기 있다.

Sudokuv2/src/org/example/sudoku/Game.java

```java
package org.example.sudoku;

import android.app.Activity;
import android.app.Dialog;
import android.os.Bundle;
```

```java
import android.util.Log;
import android.view.Gravity;
import android.widget.Toast;

public class Game extends Activity {
  private static final String TAG = "Sudoku" ;

  public static final String KEY_DIFFICULTY =
      "org.example.sudoku.difficulty" ;
  public static final int DIFFICULTY_EASY = 0;
  public static final int DIFFICULTY_MEDIUM = 1;
  public static final int DIFFICULTY_HARD = 2;


  private int puzzle[] = new int[9 * 9];


  private PuzzleView puzzleView;

  @Override
  protected void onCreate(Bundle savedInstanceState) {
     super.onCreate(savedInstanceState);
     Log.d(TAG, "onCreate" );

     int diff = getIntent().getIntExtra(KEY_DIFFICULTY,
         DIFFICULTY_EASY);
     puzzle = getPuzzle(diff);
     calculateUsedTiles();

     puzzleView = new PuzzleView(this);
     setContentView(puzzleView);
     puzzleView.requestFocus();
  }
  // ...
}
```

onCreate( ) 메소드가 인텐트로부터 난이도 숫자를 가져와 플레이할 퍼즐을 선택한다. 그리고 PuzzleView 클래스의 인스턴스를 생성하여 PuzzleView를 보기 화면의 새로운 컨텐트로 설정한다. 이는 철저하게 맞춤화된 보기 화면이므로 XML보다는 코드를 사용하는 편이 더 편리하다.

제4장 4절 남은 이야기에서 정의된 calculateUsedTiles( ) 메소드는 9×9 격자구조의 칸 하나마다 스도쿠의 규칙을 사용하여 특정 숫자가 가로나 세로 또는 3×3 하위 격자구조에 있는지 파악하여 유효성을 검증한다.

> **대체 크기가 얼마란 거야?**
>
> 초보 안드로이드 개발자가 저지르는 가장 흔한 실수가 보기 화면의 폭과 너비를 그 생성자 안에서 사용하는 것이다. 보기 화면의 생성자가 호출될 때 안드로이드는 아직 그 화면이 얼마나 큰지 알 수가 없기 때문에 크기를 0으로 설정한다. 실제 크기는 화면 생성 후 아직 아무것도 그리지 않은 레이아웃 단계에서 계산된다. 값이 계산되었을 때 onSizeChanged( ) 메소드를 이용하거나 나중에 onDraw( ) 메소드 같은 데서 getWidth( )와 getHeight( ) 메소드를 이용할 수도 있다.

이것도 액티비티라서 AndroidManifest.xml에 등록할 필요가 있다.

Sudokuv2/AndroidManifest.xml

```xml
<activity android:name=".Game"
    android:label="@string/game_title" />
```

또한 몇 가지 문자열 리소스를 res/values/strings.xml에 추가해야 한다.

Sudokuv2/res/values/strings.xml

```xml
<string name="game_title">Game</string>
<string name="no_moves_label">No moves</string>
<string name="keypad_title">Keypad</string>
```

PuzzleView 클래스 정의하기

다음으로 PuzzleView 클래스를 정의해야 한다. XML 레이아웃을 이용하는 대신 이번에는 자바만으로 작업을 해보자.

아래에 그 개요가 있다.

Sudokuv2/src/org/example/sudoku/PuzzleView.java

```java
package org.example.sudoku;
```

```java
import android.content.Context;
import android.graphics.Canvas;
import android.graphics.Paint;
import android.graphics.Rect;
import android.graphics.Paint.FontMetrics;
import android.graphics.Paint.Style;
import android.util.Log;
import android.view.KeyEvent;
import android.view.MotionEvent;
import android.view.View;
import android.view.animation.AnimationUtils;

public class PuzzleView extends View {
    private static final String TAG = "Sudoku" ;
    private final Game game;
    public PuzzleView(Context context) {
        super(context);
        this.game = (Game) context;
        setFocusable(true);
        setFocusableInTouchMode(true);
    }
    // ...
}
```

생성자 함수에서 우리는 Game 클래스를 계속 참조하며 보기 화면에 사용자 입력이 가능하도록 옵션을 설정한다. PuzzleView 안에 onSizeChanged( ) 메소드를 실행할 필요가 있다. 이 것은 보기 화면이 만들어지고 안드로이드가 모든 것들의 크기를 계산하고 난 뒤에 호출된다.

Sudokuv2/src/org/example/sudoku/PuzzleView.java

```java
private float width;      // 한 칸의 폭(width of one tile)
private float height;     // 한 칸의 높이(height of one tile)
private int selX;         // 선택된 것의 X 인덱스(X index of selection)
private int selY;         // 선택된 것의 Y 인덱스(Y index of selection)
private final Rect selRect = new Rect();

@Override
protected void onSizeChanged(int w, int h, int oldw, int oldh) {
    width = w / 9f;
    height = h / 9f;
    getRect(selX, selY, selRect);
    Log.d(TAG, "onSizeChanged: width " + width + ", height "
            + height);
```

> **같은 일을 하는 다른 방법들**
>
> 이 책을 쓸 때 나는 각 칸마다 버튼을 써본다든가 XML에서 ImageView 클래스의 그리드(grid) 선언을 한다든가 하는 몇 가지 다른 접근을 해봤다. 수많은 시행착오 끝에 나는, 이 응용프로그램 에서는 전체 퍼즐을 하나의 보기화면으로 설정하고 그 안에 선과 숫자를 그리는 것이 가장 빠르 고 쉬운 방법이라는 것을 알아냈다.
>
> 그럼에도 불구하고 단점들이 있는데, 선택(selection)된 것들을 일일이 그려야 한다는 점과 키보 드와 터치 이벤트들을 일일이 명시적으로 처리해야 한다는 점 등이다. 프로그램을 개발할 때, 먼 저 표준 위젯과 보기 화면을 이용하고, 이것이 제대로 동작하지 않는 경우에만 맞춤형 그리기로 전환할 것을 권장한다.

```
    super.onSizeChanged(w, h, oldw, oldh);
}
private void getRect(int x, int y, Rect rect) {
    rect.set((int) (x * width), (int) (y * height), (int) (x
        * width + width), (int) (y * height + height));
}
```

화면에 보이는 각 칸의 크기(전체 보기화면의 폭과 높이의 1/9)를 onSizeChanged( )를 이용하 여 계산하였다. 부동 소수점(floating-point)으로 연산된 숫자라 때로는 픽셀 수가 분수로 나타날 수도 있다는 점을 유념하자. selRect는 나중에 선택 커서를 추적하는 데 사용할 사 각형이다.

이 시점에서 퍼즐을 위한 보기화면이 생성되었고 그 크기가 어떻게 되는지도 정해졌다. 다 음 단계는 게임판 위에 칸을 분리해주는 격자 선을 그릴 차례다.

게임판 그리기

안드로이드는 보기 화면의 조그만 부분이라도 업데이트가 필요하면 그때마다 onDraw( ) 메 소드를 호출한다. 간단하게 말하자면, onDraw( )는 전체 화면을 처음부터 새로 생성한다고 가정한다. 실제로는 캔버스의 사각형 잘라내기로 정의된, 화면상의 작은 부분에만 그리기를 실행할 것이지만 말이다. 안드로이드가 알아서 잘라내기 작업을 관리해줄 것이다.

새로 사용할 색깔 몇 개를 res/values/colors.xml에 정의하는 것으로 시작하자.

Sudokuv2/res/values/colors.xml

```xml
<color name="puzzle_background">#ffe6f0ff</color>
<color name="puzzle_hilite">#ffffffff</color>
<color name="puzzle_light">#64c6d4ef</color>
<color name="puzzle_dark">#6456648f</color>
<color name="puzzle_foreground">#ff000000</color>
<color name="puzzle_hint_0">#64ff0000</color>
<color name="puzzle_hint_1">#6400ff80</color>
<color name="puzzle_hint_2">#2000ff80</color>
<color name="puzzle_selected">#64ff8000</color>
```

onDraw( ) 메소드를 위한 기초적인 개요가 아래와 같다.

Sudokuv2/src/org/example/sudoku/PuzzleView.java

```java
@Override
protected void onDraw(Canvas canvas) {
    // 배경 그리기(Draw the background...)
    Paint background = new Paint();
    background.setColor(getResources().getColor(
        R.color.puzzle_background));
    canvas.drawRect(0, 0, getWidth(), getHeight(), background);

    // 게임판 그리기(Draw the board...)
    // 숫자 그리기(Draw the numbers...)
    // 힌트 그리기(Draw the hints...)
    // 선택 그리기(Draw the selection...)
}
```

첫 번째 매개변수는 그림을 그릴 바탕이 되는 Canvas이다. 이 코드에서 우리는 단순하게 puzzle_background 컬러를 이용하여 퍼즐의 배경을 그렸다.

이제 게임판에 격자 선을 그리는 코드를 추가해보자.

Sudokuv2/src/org/example/sudoku/PuzzleView.java

```java
// 게임판 그리기(Draw the board...)
// 격자 선의 색깔 정의하기(Define colors for the grid lines)
```

```java
Paint dark = new Paint();
dark.setColor(getResources().getColor(R.color.puzzle_dark));

Paint hilite = new Paint();
hilite.setColor(getResources().getColor(R.color.puzzle_hilite));

Paint light = new Paint();
light.setColor(getResources().getColor(R.color.puzzle_light));

// 세부적인 격자 선 그리기(Draw the minor grid lines)
for (int i = 0; i < 9; i++) {
    canvas.drawLine(0, i * height, getWidth(), i * height,
            light);
    canvas.drawLine(0, i * height + 1, getWidth(), i * height
            + 1, hilite);
    canvas.drawLine(i * width, 0, i * width, getHeight(),
            light);
    canvas.drawLine(i * width + 1, 0, i * width + 1,
            getHeight(), hilite);
}

// 큰 격자 선 그리기(Draw the major grid lines)
for (int i = 0; i < 9; i++) {
    if (i % 3 != 0)
        continue;
    canvas.drawLine(0, i * height, getWidth(), i * height,
            dark);
    canvas.drawLine(0, i * height + 1, getWidth(), i * height
            + 1, hilite);
    canvas.drawLine(i * width, 0, i * width, getHeight(), dark);
    canvas.drawLine(i * width + 1, 0, i * width + 1,
            getHeight(), hilite);
}
```

이 코드는 격자 선에 세 가지 다른 색을 쓰고 있는데, 각 칸 사이에는 밝은 색을, 3×3 블록 사이에는 어두운 색을, 각 칸의 모서리 부분에는 하이라이트 색을 줘서 약간의 깊이가 있어 보이도록 처리했다. 나중에 그려지는 선이 이전에 그려진 선 위에 겹쳐지기 때문에, 선이 그려지는 순서도 중요하다. 화면이 어떻게 보이는지 그림 4.3에서 확인할 수 있다. 다음으로 이 선 안에 들어갈 숫자들이 필요하다.

그림 4.3

올록볼록한 효과를 위해 밝기가 다른 세 가지의 회색을 이용하여 격자선 그리기

숫자 그리기

다음의 코드는 각 칸 위에다 퍼즐 숫자를 그린다. 여기서 각 숫자의 위치와 크기를 잘 잡아서 정확하게 각 칸의 중앙에 위치시키는 것이 좀 까다로운 부분이다.

> Sudokuv2/src/org/example/sudoku/PuzzleView.java

```java
// 숫자 그리기(Draw the numbers...)
// 숫자에 쓸 색깔과 스타일 정의하기(Define color and style for numbers)
Paint foreground = new Paint(Paint.ANTI_ALIAS_FLAG);
foreground.setColor(getResources().getColor(
        R.color.puzzle_foreground));
foreground.setStyle(Style.FILL);
foreground.setTextSize(height * 0.75f);
foreground.setTextScaleX(width / height);
```

```java
foreground.setTextAlign(Paint.Align.CENTER);

// 숫자를 칸의 중앙에 그리기(Draw the number in the center of the tile)
FontMetrics fm = foreground.getFontMetrics();
// X축 중앙 정렬:정렬 사용(X를 중앙으로)(Centering in X: use alignment (and X at midpoint))
float x = width / 2;
// Y축 중앙 정렬:폰트의 위 아래 높이를 먼저 측정(Centering in Y: measure ascent/descent first)
float y = height / 2 - (fm.ascent + fm.descent) / 2;
for (int i = 0; i < 9; i++) {
    for (int j = 0; j < 9; j++) {
        canvas.drawText(this.game.getTileString(i, j), i
                * width + x, j * height + y, foreground);
    }
}
```

어떤 숫자를 표시해야 하는지 확인하기 위해 **getTileString( )** 메소드(제4장 4절 남은 이야기에서 정의)를 호출한다. 숫자의 크기를 계산하기 위해 폰트 높이를 칸 높이의 3/4으로 설정하고 가로폭도 동일하게 설정한다. 여기에 절대적인 픽셀값이나 폰트 크기를 사용할 수 없는데, 프로그램이 어떤 해상도에서도 작동할 수 있도록 하기 위함이다.

각 숫자의 위치를 결정하기 위해서는 이를 X축과 Y축 모두에서 중앙에 위치시켜야 한다. X축은 쉽다. 단순히 타일의 너비를 2로 나누면 된다. 하지만 Y축에서는 시작 포지션을 약간 아래쪽으로 조정하여, 칸의 중간 지점이 숫자의 베이스라인이 아닌 중간지점에 맞춰지도록 해야 한다. 그래픽 라이브러리의 **FontMetrics** 클래스를 이용하여 숫자가 차지하는 세로 공간 전체를 계산한 다음 이를 둘로 나눠 조정값을 찾아낸다. 그 결과를 그림 4.4에서 확인할 수 있다.

이런 식으로 퍼즐의 주어진 숫자(고정자들)들을 표시한다. 다음 단계로 모든 빈 공간에 사용자가 추측값을 입력할 수 있도록 해보자.

4.3 입력 처리하기

안드로이드 프로그래밍이 아이폰 프로그래밍과 다른 점이라면, 기기의 다채로운 모양과 크기, 그리고 다양한 입력 방식을 지원해야 한다는 점이다. 입력 방식은 키보드, D 패드, 터치

그림 4.4

타일 안 중간에 숫자 맞추기

스크린, 트랙볼 또는 이들의 조합 형태로 나타난다.

그렇기 때문에 좋은 안드로이드 프로그램은 모든 화면 해상도를 지원할 수 있도록 준비되어야 하는 것처럼, 입력 장치 역시 가능한 것이라면 뭐든지 지원할 수 있도록 준비되어야 한다.

선택 정의하기와 업데이트하기

먼저 현재 선택된 칸이 어떤 것인지 사용자가 알 수 있도록 작은 커서를 적용해볼 것이다. 선택된 칸이 사용자가 숫자를 입력했을 때 수정되는 칸이다. 아래 코드가 onDraw( )에 선택된 것을 그릴 것이다.

그림 4.5

선택 그리기와 이동하기

Sudokuv2/src/org/example/sudoku/PuzzleView.java

```java
// 선택된 것 그리기(Draw the selection...)
Log.d(TAG, "selRect=" + selRect);
Paint selected = new Paint();
selected.setColor(getResources().getColor(
      R.color.puzzle_selected));
canvas.drawRect(selRect, selected);
```

선택된 칸에 알파값이 적용된 색깔을 입히기 위해 onSizeChanged( )에서 먼저 계산해두었던 선택 사각형을 사용한다.

다음으로 onKeyDown( ) 메소드를 덮어쓰는 형태로 선택된 칸을 이동하는 방법을 살펴보자.

Sudokuv2/src/org/example/sudoku/PuzzleView.java

```java
@Override
public boolean onKeyDown(int keyCode, KeyEvent event) {
    Log.d(TAG, "onKeyDown: keycode=" + keyCode + ", event="
          + event);
    switch (keyCode) {
    case KeyEvent.KEYCODE_DPAD_UP:
        select(selX, selY - 1);
        break;
    case KeyEvent.KEYCODE_DPAD_DOWN:
```

```
        select(selX, selY + 1);
        break;
    case KeyEvent.KEYCODE_DPAD_LEFT:
        select(selX - 1, selY);
        break;
    case KeyEvent.KEYCODE_DPAD_RIGHT:
        select(selX + 1, selY);
        break;
    default:
        return super.onKeyDown(keyCode, event);
    }
    return true;
}
```

만약 사용자가 방향키 패드(D패드)를 가지고 위, 아래, 왼쪽, 오른쪽 버튼을 누르면 select()를 호출하여 선택 커서를 해당 방향으로 이동시킨다.

트랙볼은 어떨까? onTrackballEvent() 메소드를 덮어쓸 수도 있지만, 트랙볼 이벤트를 직접 처리하는 게 아니면 안드로이드가 D패드의 이벤트라고 해석해버리는 것으로 밝혀졌다. 그러므로 이 예제에서는 빼고 가도록 하자.

Select() 메소드 안에서 선택 칸의 새로운 X, Y 좌표를 계산한 후, 다시 getRect() 메소드를 이용하여 새로운 선택 사각형을 계산해낸다.

Sudokuv2/src/org/example/sudoku/PuzzleView.java

```
private void select(int x, int y) {
    invalidate(selRect);
    selX = Math.min(Math.max(x, 0), 8);
    selY = Math.min(Math.max(y, 0), 8);
    getRect(selX, selY, selRect);
    invalidate(selRect);
}
```

Invalidate()를 두 번 호출하는 점에 유의하자. 첫 번째 호출은 안드로이드에 이전 선택 사각형으로 덮였던 영역(그림 4.5의 왼쪽 이미지)을 새로 그려야 한다고 알려준다. 두 번째 invalidate() 호출은 새로운 선택 영역(그림에서 오른쪽 이미지)도 새로 그려야 한다고 알려준다. 여기서 실제로 그리는 것은 아무 것도 없다.

이것이 중요한 포인트다. onDraw( ) 메소드 안에서가 아니면 절대 그리기 함수를 호출해서는 안 된다. 대신에 사각형들에 침 바른 표시를 하는 데 invalidate( ) 메소드를 이용한다. 그러면 화면 관리자가 미래 어느 시점에 이 침 발린 사각형들을 묶어서 여러분 대신 onDraw( )를 다시 호출할 것이다. 침 발린 사각형들은 잘린 영역이 돼서 화면 업데이트가 이 영역만 변경하는 식으로 최적화한다.

이제 사용자에게 선택된 칸에 새로운 숫자를 입력할 수 있는 방법을 제공해보자.

숫자 입력하기

키보드 입력을 제어할 수 있도록 onKeyDown( ) 메소드에 0에서부터 9까지의(0 또는 스페이스 키는 숫자 삭제를 의미한다) 숫자들을 위한 케이스들을 추가하도록 하자.

Sudokuv2/src/org/example/sudoku/PuzzleView.java

```java
case KeyEvent.KEYCODE_0:
case KeyEvent.KEYCODE_SPACE:        setSelectedTile(0); break;
case KeyEvent.KEYCODE_1:            setSelectedTile(1); break;
case KeyEvent.KEYCODE_2:            setSelectedTile(2); break;
case KeyEvent.KEYCODE_3:            setSelectedTile(3); break;
case KeyEvent.KEYCODE_4:            setSelectedTile(4); break;
case KeyEvent.KEYCODE_5:            setSelectedTile(5); break;
case KeyEvent.KEYCODE_6:            setSelectedTile(6); break;
case KeyEvent.KEYCODE_7:            setSelectedTile(7); break;
case KeyEvent.KEYCODE_8:            setSelectedTile(8); break;
case KeyEvent.KEYCODE_9:            setSelectedTile(9); break;
case KeyEvent.KEYCODE_ENTER:
case KeyEvent.KEYCODE_DPAD_CENTER:
    game.showKeypadOrError(selX, selY);
    break;
```

D패드를 지원하기 위해 onKeyDown( )에서 Enter 키나 D패드의 중앙 버튼을 확인하고 사용자가 입력할 숫자를 선택할 수 있는 키패드를 화면에 띄우도록 한다.

터치 스크린을 위해서는 onTouchEvent( ) 메소드를 덮어쓰고 나중에 정의될 동일한 키패드를 보여주도록 한다.

> **새로 고침 최적화하기**
>
> 나는 이 예제의 초기 버전에서 커서가 움직일 때마다 전체 화면을 무효 처리하도록 했다. 그랬더니 키를 누를 때마다 전체 퍼즐을 새로 그리느라 눈에 띌 정도의 지연 현상이 생겼다. 수정할 최소한의 사각형 영역만 무효 처리하도록 코드를 수정하고 나니 실행 속도가 훨씬 빨라졌다.

Sudokuv2/src/org/example/sudoku/PuzzleView.java

```java
@Override
public boolean onTouchEvent(MotionEvent event) {
    if (event.getAction() != MotionEvent.ACTION_DOWN)
        return super.onTouchEvent(event);

    select((int) (event.getX() / width),
            (int) (event.getY() / height));
    game.showKeypadOrError(selX, selY);
    Log.d(TAG, "onTouchEvent: x " + selX + ", y " + selY);
    return true;
}
```

궁극적으로 보자면, 모든 길은 칸의 숫자를 변경하기 위해 setSelectedTile( )을 호출하는 것으로 통한다.

Sudokuv2/src/org/example/sudoku/PuzzleView.java

```java
public void setSelectedTile(int tile) {
    if (game.setTileIfValid(selX, selY, tile)) {
        invalidate();// 힌트 변경(may change hints)
    } else {
        // 유효하지 않은 숫자(Number is not valid for this tile)
        Log.d(TAG, "setSelectedTile: invalid: " + tile);
    }
}
```

showKeypadOrError( )와 setTileIfValid( ) 메소드는 제4장 4절 남은 이야기에서 정의될 것이다.

매개변수 없이 invalidate( )를 호출한다는 점에 유의하자. 이는 조금 전에 얘기했던 내용

에 반해 전체 화면을 침 바른 상태로 표시한다. 그렇긴 해도, 새로운 숫자가 추가되거나 삭제될 경우 힌트가 변경될 수 있기 때문에 이 경우에는 필요한 조치이다. 힌트 적용은 다음 장에서 다룬다.

힌트 추가하기

전체 퍼즐을 풀어주지 않으면서 사용자를 도와줄 수 있는 방법은 없을까? 얼마나 많은 경우의 수가 있는가에 따라 각 칸의 배경을 다른 색깔로 칠해주면 어떨까? 선택 칸을 그리기 전에 이를 onDraw( )에 추가하도록 하자.

Sudokuv2/src/org/example/sudoku/PuzzleView.java

```java
// 힌트 그리기(Draw the hints...)
// 남은 경우의 수에 따라 힌트 칼라 고르기(Pick a hint color based on #moves left)
Paint hint = new Paint();
int c[] = { getResources().getColor(R.color.puzzle_hint_0),
     getResources().getColor(R.color.puzzle_hint_1),
     getResources().getColor(R.color.puzzle_hint_2), };
Rect r = new Rect();
for (int i = 0; i < 9; i++) {
   for (int j = 0; j < 9; j++) {
      int movesleft = 9 - game.getUsedTiles(i, j).length;
      if (movesleft < c.length) {
         getRect(i, j, r);
         hint.setColor(c[movesleft]);
         canvas.drawRect(r, hint);
      }
   }
}
```

우리는 가능한 숫자의 수가 0, 1, 2인 경우를 사용하였다. 가능한 숫자의 수가 0인 경우는 사용자가 무언가를 잘못 했기 때문에 뒤로 물러야 한다는 것을 의미한다.

결과가 그림 4.6처럼 보일 것이다. 당신은 사용자가 저지른 실수를 짚어낼 수 있는가?[2]

---

[2] 맨 밑줄 중간 블록의 숫자 두 개가 잘못되었다.

그림 4.6

퍼즐 칸이 얼마나 많은 유효값을 가지고 있는지에 따라 강조되었다.

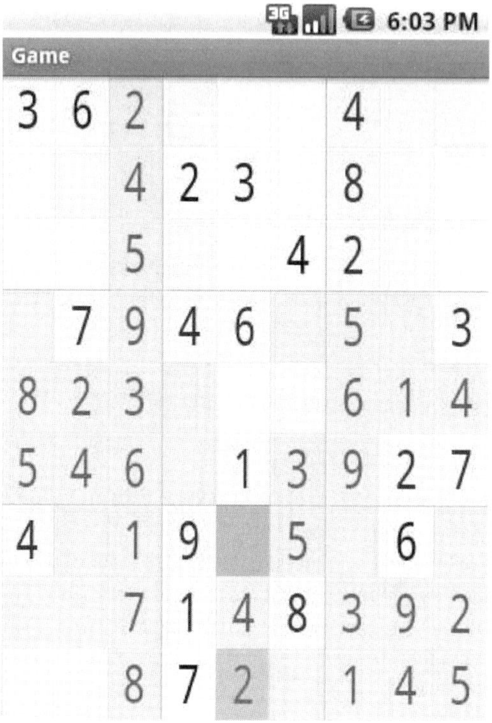

흔들기

사용자가 이미 3×3 블록 안에 있는 숫자처럼 명백하게 유효하지 않은 숫자를 입력하려 한다면 어떻게 할까? 단순히 재미를 위해, 이럴 때 화면이 앞뒤로 흔들리도록 만들어보자. 먼저 setSelectedTile( )에 유효하지 않은 숫자의 경우에 호출 하나를 추가하도록 하자.

Sudokuv2/src/org/example/sudoku/PuzzleView.java

```
Log.d(TAG, "setSelectedTile: invalid: " + tile);
startAnimation(AnimationUtils.loadAnimation(game,
        R.anim.shake));
```

이 코드는 res/anim/shake.xml 안에 정의된 R.anim.shake를 호출해서 구동시키는데, 이는 1,000 밀리세컨드(1초) 동안 양쪽으로 10 픽셀만큼 스크린을 흔든다.

Sudokuv2/res/anim/shake.xml

```xml
<?xml version="1.0" encoding="utf-8"?>
<translate
    xmlns:android="http://schemas.android.com/apk/res/android"
    android:fromXDelta="0"
    android:toXDelta="10"
    android:duration="1000"
    android:interpolator="@anim/cycle_7" />
```

애니메이션을 구동시키는 회수와 빠르기, 가속의 정도 등은 XML 안에 정의된 애니메이션 삽입자(interpolator)에 의해 제어된다.

Sudokuv2/res/anim/cycle_7.xml

```xml
<?xml version="1.0" encoding="utf-8"?>
<cycleInterpolator
    xmlns:android="http://schemas.android.com/apk/res/android"
    android:cycles="7" />
```

위 특정 코드는 애니메이션을 일곱 번 재생시킬 것이다.

4.4 남은 이야기

이제 뒤로 돌아가 Keypad 클래스부터 시작해서 몇 가지 느슨한 매듭들을 죄어보자. 이 조각들은 프로그램을 컴파일하고 구동하는 데 필요한 것들이라 그래픽과는 무관하다. 필요하다면 제4장 5절 개선하기로 건너뛰어도 좋다.

키패드 만들기

키패드는 키보드가 없는 폰에서 매우 편리하다. 키패드는 퍼즐 위에 1부터 9까지 숫자가 쓰여진 격자구조를 보여준다. 키패드 대화상자의 목적은 오로지 사용자가 선택한 숫자를 전달해주는 데 있다.

아래에 res/layout/keypad.xml 에서 가져온 사용자 인터페이스 레이아웃이 있다.

Sudokuv2/res/layout/keypad.xml

```xml
<?xml version="1.0" encoding="utf-8"?>
<TableLayout
    xmlns:android="http://schemas.android.com/apk/res/android"
    android:id="@+id/keypad"
    android:orientation="vertical"
    android:layout_width="wrap_content"
    android:layout_height="wrap_content"
    android:stretchColumns="*" >
    <TableRow>
        <Button android:id="@+id/keypad_1"
            android:text="1" >
        </Button>
        <Button android:id="@+id/keypad_2"
            android:text="2" >
        </Button>
        <Button android:id="@+id/keypad_3"
            android:text="3" >
        </Button>
    </TableRow>
    <TableRow>
        <Button android:id="@+id/keypad_4"
            android:text="4" >
        </Button>
        <Button android:id="@+id/keypad_5"
            android:text="5" >
        </Button>
        <Button android:id="@+id/keypad_6"
            android:text="6" >
        </Button>
    </TableRow>
    <TableRow>
        <Button android:id="@+id/keypad_7"
            android:text="7" >
        </Button>
        <Button android:id="@+id/keypad_8"
            android:text="8" >
        </Button>
        <Button android:id="@+id/keypad_9"
            android:text="9" >
        </Button>
    </TableRow>
</TableLayout>
```

다음으로 Keypad 클래스를 정의하도록 하자.

여기 그 개요가 있다.

Sudokuv2/src/org/example/sudoku/Keypad.java

```java
package org.example.sudoku;

import android.app.Dialog;
import android.content.Context;
import android.os.Bundle;
import android.view.KeyEvent;
import android.view.View;

public class Keypad extends Dialog {

    protected static final String TAG = "Sudoku" ;

    private final View keys[] = new View[9];
    private View keypad;

    private final int useds[];
    private final PuzzleView puzzleView;

    public Keypad(Context context, int useds[], PuzzleView puzzleView) {
        super(context);
        this.useds = useds;
        this.puzzleView = puzzleView;
    }

    @Override
    protected void onCreate(Bundle savedInstanceState) {
        super.onCreate(savedInstanceState);

        setTitle(R.string.keypad_title);
        setContentView(R.layout.keypad);
        findViews();
        for (int element : useds) {
            if (element != 0)
                keys[element - 1].setVisibility(View.INVISIBLE);
        }
        setListeners();
    }

    // ...
}
```

그림 4.7

유효하지 않은 값은 키패드 보기 화면에서 숨겨진다.

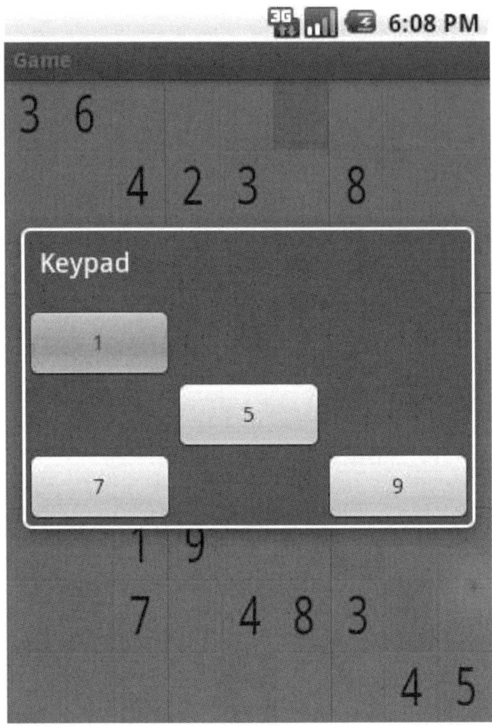

만약 특정 숫자가 유효하지 않다면(예를 들어, 똑같은 숫자가 같은 줄에 있는 경우) 격자구조 안에 있는 숫자를 보이지 않게 처리하여 사용자가 선택할 수 없도록 만든다(그림 4.7 참조).

findViews() 메소드가 모든 키패드 키를 위한 보기 화면과 메인 키패드 창을 불러오고 저장한다.

Sudokuv2/src/org/example/sudoku/Keypad.java

```java
private void findViews() {
    keypad = findViewById(R.id.keypad);
    keys[0] = findViewById(R.id.keypad_1);
    keys[1] = findViewById(R.id.keypad_2);
    keys[2] = findViewById(R.id.keypad_3);
    keys[3] = findViewById(R.id.keypad_4);
    keys[4] = findViewById(R.id.keypad_5);
```

```java
    keys[5] = findViewById(R.id.keypad_6);
    keys[6] = findViewById(R.id.keypad_7);
    keys[7] = findViewById(R.id.keypad_8);
    keys[8] = findViewById(R.id.keypad_9);
}
```

setListeners()가 모든 키패드의 키들을 돌면서 각 키에 상응하는 수신자(listener)를 설
치한다. 또한 메인 키패드 창을 위한 수신자도 설치한다.

Sudokuv2/src/org/example/sudoku/Keypad.java

```java
private void setListeners() {
    for (int i = 0; i < keys.length; i++) {
        final int t = i + 1;
        keys[i].setOnClickListener(new View.OnClickListener(){
            public void onClick(View v) {
                returnResult(t);
            }});
    }
    keypad.setOnClickListener(new View.OnClickListener(){
        public void onClick(View v) {
            returnResult(0);
        }});
}
```

사용자가 키패드에서 하나의 버튼을 선택하면 그에 해당하는 숫자와 함께 returnResult()
메소드가 호출된다. 만약 사용자가 버튼이 없는 공간을 선택하면 0와 함께 retrunResult()
가 호출되고 해당 칸은 지워지게 된다.

사용자가 키보드를 이용하여 숫자를 입력하는 경우는 onKeyDown()이 호출된다.

Sudokuv2/src/org/example/sudoku/Keypad.java

```java
@Override
public boolean onKeyDown(int keyCode, KeyEvent event) {
    int tile = 0;
    switch (keyCode) {
    case KeyEvent.KEYCODE_0:
    case KeyEvent.KEYCODE_SPACE: tile = 0; break;
    case KeyEvent.KEYCODE_1:      tile = 1; break;
    case KeyEvent.KEYCODE_2:      tile = 2; break;
```

```
    case KeyEvent.KEYCODE_3:        tile = 3; break;
    case KeyEvent.KEYCODE_4:        tile = 4; break;
    case KeyEvent.KEYCODE_5:        tile = 5; break;
    case KeyEvent.KEYCODE_6:        tile = 6; break;
    case KeyEvent.KEYCODE_7:        tile = 7; break;
    case KeyEvent.KEYCODE_8:        tile = 8; break;
    case KeyEvent.KEYCODE_9:        tile = 9; break;
    default:
        return super.onKeyDown(keyCode, event);
    }
    if (isValid(tile)) {
        returnResult(tile);
    }
    return true;
}
```

만약 숫자가 해당 칸에 유효하면 returnResult( );가 호출되고 그렇지 않으면 키누름이 무시된다.

isValid( ) 메소드가 해당 위치에 주어진 숫자가 유효한지를 확인하기 위해 점검을 한다.

Sudokuv2/src/org/example/sudoku/Keypad.java

```
private boolean isValid(int tile) {
    for (int t : useds) {
        if (tile == t)
            return false;
    }
    return true;
}
```

만약 useds 배열이 나타나면 이는 현재 행과 열 또는 블록에 똑같은 숫자가 이미 있어서 유효하지 않다는 것을 말한다.

returnResult( ) 메소드가 호출되어 호출하는 액티비티에 선택된 숫자를 리턴해준다.

Sudokuv2/src/org/example/sudoku/Keypad.java

```
private void returnResult(int tile) {
    puzzleView.setSelectedTile(tile);
    dismiss();
}
```

퍼즐의 현재 칸을 바꾸기 위해서는 PuzzleView.setSelectedTile( ) 메소드가 호출된다. Dismiss 호출은 Keypad 대화상자를 종료한다.

이제 액티비티를 갖게 됐으니 Game 클래스 안에서 이를 호출하여 결과를 살펴보도록 하자.

Sudokuv2/src/org/example/sudoku/Game.java

```java
protected void showKeypadOrError(int x, int y) {
    int tiles[] = getUsedTiles(x, y);
    if (tiles.length == 9) {
        Toast toast = Toast.makeText(this,
                R.string.no_moves_label, Toast.LENGTH_SHORT);
        toast.setGravity(Gravity.CENTER, 0, 0);
        toast.show( );
    } else {
        Log.d(TAG, "showKeypad: used=" + toPuzzleString(tiles));
        Dialog v = new Keypad(this, tiles, puzzleView);
        v.show( );
    }
}
```

어떤 숫자들이 가능한지 결정하기 위해, extraData 영역에서 이제껏 사용된 숫자들을 모두 담고 있는 문자열을 Keypad에 전달한다.

게임 로직 적용하기

Game.java의 나머지 코드는 게임 로직을 포함하여 게임 그 자체에 관한 것이며, 특히 규칙에 따라 어떤 것이 유효한 경우이고 어떤 것이 유효하지 않은 경우인지를 판단하는 데 집중되어 있다. setTileIfValid( ) 메소드가 그 핵심 부분이다. x, y 좌표와 칸에 쓸 새로운 값이 주어지면, 이 메소드가 주어진 값이 유효할 때에 한해 칸을 변경한다.

Sudokuv2/src/org/example/sudoku/Game.java

```java
protected boolean setTileIfValid(int x, int y, int value) {
    int tiles[] = getUsedTiles(x, y);
    if (value != 0) {
        for (int tile : tiles) {
            if (tile == value)
```

```
                return false;
        }
    }
    setTile(x, y, value);
    calculateUsedTiles();
    return true;
}
```

유효한 경우를 탐지해내기 위해 격자구조 안에 있는 모든 칸에 대한 배열을 만들었다. 이 배열은 각 위치마다, 현재 그 위치에서 볼 수 있는 숫자가 채워진 칸의 리스트를 유지하고 있다. 만약 한 숫자가 리스트에 나타나면 현재 칸에는 그 숫자가 유효하지 않은 것이다. getUsedTiles( ) 메소드가 주어진 칸 위치에 맞는 리스트를 갱신한다.

Sudokuv2/src/org/example/sudoku/Game.java

```
private final int used[][][] = new int[9][9][];

protected int[] getUsedTiles(int x, int y) {
    return used[x][y];
}
```

사용된 칸의 배열은 계산해내는 데 사뭇 비용이 많이 들어서, 우리는 이 배열을 캐쉬한 다음, 필요할 때만 calculateUsedTiles( )를 호출하여 다시 계산하도록 하자.

Sudokuv2/src/org/example/sudoku/Game.java

```
private void calculateUsedTiles() {
    for (int x = 0; x < 9; x++) {
        for (int y = 0; y < 9; y++) {
            used[x][y] = calculateUsedTiles(x, y);
            // Log.d(TAG, "used[" + x + "][" + y + "] = "
            // + toPuzzleString(used[x][y]));
        }
    }
}
```

calculateUsedTiles( )는 9×9 격자틀 안의 모든 위치에서 단순히 calculateUsedTiles(x, y)를 호출하는 역할을 한다.

Sudokuv2/src/org/example/sudoku/Game.java

```java
private int[] calculateUsedTiles(int x, int y) {
    int c[] = new int[9];
    // 가로방향(horizontal)
    for (int i = 0; i < 9; i++) {
        if (i == y)
            continue;
        int t = getTile(x, i);
        if (t != 0)
            c[t - 1] = t;
    }
    // 세로방향(vertical)
    for (int i = 0; i < 9; i++) {
        if (i == x)
            continue;
        int t = getTile(i, y);
        if (t != 0)
            c[t - 1] = t;
    }
    // 같은 셀 블록(same cell block)
    int startx = (x / 3) * 3;
    int starty = (y / 3) * 3;
    for (int i = startx; i < startx + 3; i++) {
        for (int j = starty; j < starty + 3; j++) {
            if (i == x && j == y)
                continue;
            int t = getTile(i, j);
            if (t != 0)
                c[t - 1] = t;
        }
    }
    //압축(compress)
    int nused = 0;
    for (int t : c) {
        if (t != 0)
            nused++;
    }
    int c1[] = new int[nused];
    nused = 0;
    for (int t : c) {
```

```java
        if (t != 0)
            c1[nused++] = t;
    }
    return c1;
}
```

0이 아홉 개 있는 배열로 시작하자. 4번째 줄에서 현재 칸과 같은 가로줄에 있는 칸들을 확인하고 채워진 칸이 있으면 그 숫자를 배열에 추가해 넣는다.

12번째 줄에서 현재 칸과 같은 세로줄에 있는 칸들에 대해서도 같은 작업을 하고, 20번째 줄에서는 같은 3 × 3 블록에 있는 칸들에 대해서도 같은 작업을 해준다.

마지막 단계로, 32번째 줄에서부터 시작하여 값을 리턴하기 전에 배열에서 0을 빼낸다. 이는 array.length가 현재 위치에서 얼마나 많은 사용된 칸들이 있는지를 재빨리 대답할 수 있도록 하기 위해서이다.

사소한 것들

여기 기능 적용을 매듭짓는 몇 가지 다른 유틸리티 함수와 변수들이 있다. easyPuzzle, mediumPuzzle, hardPuzzle은 각각 초급, 중급, 고급 난이도 레벨에 상응하여 하드코딩될 스도쿠 퍼즐들이다.

Sudokuv2/src/org/example/sudoku/Game.java

```java
private final String easyPuzzle =
    "360000000004230800000004200" +
    "070460003820000014500013020" +
    "001900000007048300000000045" ;
private final String mediumPuzzle =
    "650000070000506000014000005" +
    "007009000002314700000700800" +
    "500000630000201000030000097" ;
private final String hardPuzzle =
    "009000000080605020501078000" +
    "000000700706040102004000000" +
    "000720903090301080000000600" ;
```

getPuzzle( )은 단순하게 난이도 레벨을 가져와 하나의 퍼즐을 리턴해준다.

```java
private int[] getPuzzle(int diff) {
    String puz;
    // TODO: Continue last game
    switch (diff) {
    case DIFFICULTY_HARD:
        puz = hardPuzzle;
        break;
    case DIFFICULTY_MEDIUM:
        puz = mediumPuzzle;
        break;
    case DIFFICULTY_EASY:
    default:
        puz = easyPuzzle;
        break;
    }
    return fromPuzzleString(puz);
}
```

나중에 getPuzzle( )을 변경하여 이어하기 기능을 적용할 것이다. toPuzzleString( )은 정수들의 배열로부터 문자열로 퍼즐을 변환한다. fromPuzzleString( )은 그 반대의 역할을 한다.


```java
static private String toPuzzleString(int[] puz) {
    StringBuilder buf = new StringBuilder();
    for (int element : puz) {
        buf.append(element);
    }
    return buf.toString();
}

static protected int[] fromPuzzleString(String string) {
    int[] puz = new int[string.length()];
    for (int i = 0; i < puz.length; i++) {
        puz[i] = string.charAt(i) - '0' ;
    }
    return puz;
}
```

getTile( ) 메소드는 x, y 위치를 가지고 현재 그 칸을 차지하고 있는 숫자를 리턴해준다. 만약 이 값이 0이면, 이는 그 칸이 비어 있다는 것을 의미한다.

Sudokuv2/src/org/example/sudoku/Game.java

```java
private int getTile(int x, int y) {
    return puzzle[y * 9 + x];
}

private void setTile(int x, int y, int value) {
    puzzle[y * 9 + x] = value;
}
```

getTileString( )은 칸을 보여줄 때 사용된다. 이 메소드는 그 칸의 값을 가진 문자열이나 칸이 비어있을 경우 빈 문자열을 리턴한다.

Sudokuv2/src/org/example/sudoku/Game.java

```java
protected String getTileString(int x, int y) {
    int v = getTile(x, y);
    if (v == 0)
        return "" ;
    else
        return String.valueOf(v);
}
```

이 모든 조각들이 한 곳에 모이면 가지고 놀 수 있는 스도쿠 게임이 된다. 한번 실행시켜서 제대로 돌아가는지 검증해보자. 제대로 돌아간다 하더라도 어느 코드건 개선의 여지는 있는 법이다.

4.5 개선하기

이 장에서 제시된 코드들이 스도쿠 게임에서는 그럭저럭 성능를 내고 있지만, 더 복잡한 프로그램들이 기기로부터 마지막 한 방울의 성능까지 쥐어짜내려면 훨씬 조심스럽게 코드를 짜야 할 필요가 있다. 특히 **onDraw( )** 메소드가 성능에 매우 민감한 코드라서 가능한 한 적

게 쓰는 것이 최선이다.

이 메소드의 속도를 개선할 수 있는 몇 가지 아이디어들이 있다.

- 가능하면 onDraw( ) 메소드 내에서 객체를 할당하는 경우를 피하도록 한다.

- 색깔 상수와 같은 것들은 다른 곳에서 미리 인출해 놓는다(예를 들어, 보기 화면의 생성자).

- Paint 객체들을 먼저 생성하고 onDraw( )에서는 이미 생성되어있는 인스턴스를 이용하도록 하자.

- getWidth( )가 리턴해주는 폭의 값처럼 여러 번 사용되는 것은 메소드의 시작 부분에서 값을 검색한 다음 로컬 카피로부터 접근하도록 한다.

독자들을 위한 추가 연습으로 스도쿠 게임을 그래픽적으로 더 풍부하게 만들 수 있는 방법을 생각해보도록 권장한다. 예를 들어, 사용자가 퍼즐을 풀었을 때 폭죽 효과를 추가할 수도 있고, 배나 화이트(Vanna White, 미국의 유명한 퍼즐 맞추기 쇼인 'Wheel of Fortune'의 진행자로, 퍼즐판을 돌리는 역할을 했다-역주)가 하는 것처럼 칸들이 빙글빙글 돌도록 만들 수도 있다. 퍼즐 뒤에 움직이는 배경을 두는 것도 재미있을 것이다. 상상력을 마구 발휘해보자. 만약 최고의 제품을 만들고자 한다면, 이러한 손질이 고만고만한 제품에 특별함을 부여할 수 있다는 점을 기억하자.

제5장 멀티미디어에서는 약간의 분위기 있는 음악으로 프로그램을 개선해보고, 제6장 로컬데이터 저장하기에서는 퍼즐의 상태를 기억하는 법을 보고 마침내 이를 Continue 버튼에 적용해볼 것이다.

4.6 빨리 넘겨보기 >>

이 장에서 우리는 안드로이드가 가진 그래픽 능력의 겉을 살짝 핥아보았다. 기본 제공되는 2D 라이브러리가 상당히 방대하므로, 실제로 프로그램을 만들 때 안드로이드 이클립스 플러그인이 제공하는 도구들과 자동 완성 기능, 자바독(Javadoc)의 혜택을 충분히 누리길 바란다. 필요하다면 온라인 자료[3]들을 통해 android.grahics 패키지에 대한 더 자세한 내용들을 볼 수 있다.

만약 프로그램에 더 고급 그래픽이 필요하다면 제10장 OpenGL을 이용한 3D 그래픽을 조금 먼저 읽어도 좋다. 그 장에서 OpenGL ES 표준을 기반으로 하는 안드로이드의 3D 그래픽 라이브러리를 어떻게 사용하는가에 대한 정보를 얻을 수 있을 것이다. 그렇지 않다면 다음 장으로 넘어가 안드로이드 오디오와 비디오의 놀라운 세계를 접해보도록 하자.

---

[3] http://d.android.com/reference/android/graphics/package-summary.html

제 **5** 장

멀티미디어

사람들의 그림자가 아이팟의 박자에 맞춰 미친 듯이 춤을 추던 애플의 텔레비전 광고를 기억하는가? 아마 당신의 제품도 그런 효과를 내주었으면 하고 바랄 것이다.[1] 음악, 음향효과, 비디오가 있으면, 텍스트와 그래픽만 있는 제품보다 훨씬 더 사용자의 시선을 끌어 그들을 매혹하기가 쉽다.

이 장은 여러분의 안드로이드 응용프로그램에 멀티미디어를 추가하는 법을 가르쳐줄 것이다. 사용자들이 교회 복도에서 마구 뛰어다니도록 만들지는 못하겠지만, 제대로만 한다면 적어도 사용자들을 웃게 만들 수는 있을 것이다.

5.1 오디오 재생하기

폭풍이 몰아치는 어두운 밤이었다… 첫 번째 슛이 있고, 연이어 공이 공중을 날았다… 스테이트 (State)가 일 초를 남기고 3점 슛을 성공시키자 관중들은 열광의 도가니에 빠졌다…

오디오 자극은 주변에 골고루 스며들어 감정의 속도를 조정한다. 사용자의 머리 속으로 파고들 수 있는 또 하나의 방법으로 사운드를 고려해보자. 사용자에게 특정 정보를 전달하기

---

[1] 물론, 8세 이상의 정상적인 사람이라면 그렇게 춤을 출 수는 없지만… 아마도 우리 아이들이 내 옷 속에 도마뱀을 집어넣었을 때 빼고는… 흠, 얘기가 딴 데로 샜다.

그림 5.1

안드로이드가 재생할 수 있는 압축 포맷으로 음향 효과 저장하기

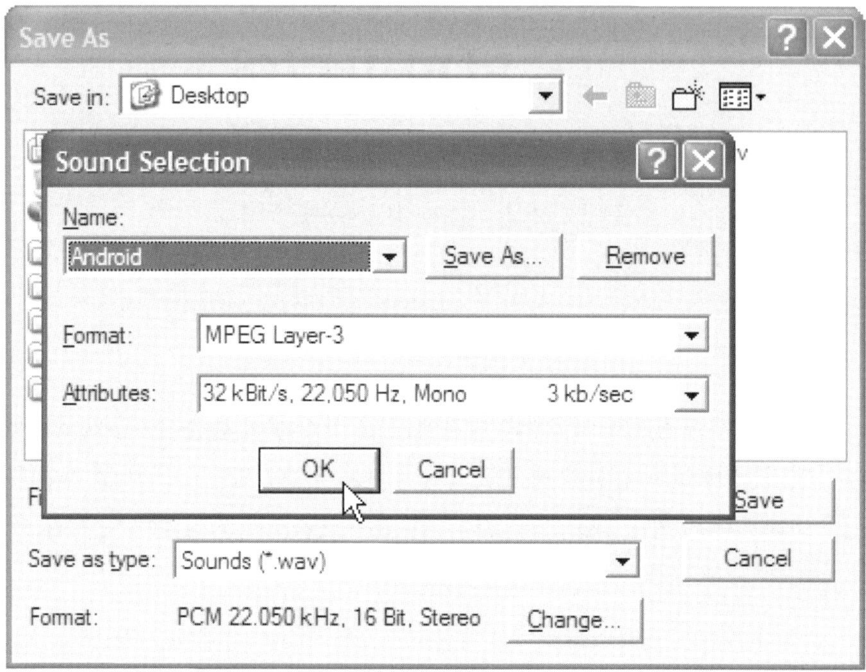

위해 화면에 그래픽을 사용했던 것처럼, 이를 지원하고 강화하는 방안으로 오디오를 사용할 수 있다.

안드로이드는 `android.media` 패키지 안에 있는 `MediaPlayer` 클래스[2]를 통해 사운드와 음악 출력을 지원하고 있다. 키보드나 D패드의 키를 눌렀을 때 사운드를 재생하는 간단한 예제로 이를 시험해보자.

아래 변수들을 새 안드로이드 프로젝트 대화상자에 입력하여 'Hello, Android' 프로젝트를 생성하는 것으로 시작하자.

```
Project name: Audio
Build Target: Android 2.2
```

---

[2] http://d.android.com/guide/topics/media

```
Application name: Audio
Package name: org.example.audio
Create Activity: Audio
Min SDK Version: 8
```

다음으로 재생할 사운드가 필요하다. 이 예제를 위해 윈도우 사운드 리코더 프로그램 (Windows Sound Recorder. 윈도우 XP에서 Start > Programs > Accessories > Entertainment > Sound Recorder)과 싸구려 헤드셋으로 몇 개를 만들어봤다. 사운드 레벨을 제대로 맞춰서 하나씩 녹음한 다음, 메뉴에서 File > Save As…를 선택하고 Change… 버튼을 누른 다음 안드로이드가 인식할 수 있는 포맷을 선택했다(그림 5.1 참조). 이 책의 웹사이트에서 예제를 위한 사운드 파일과 소스 코드들을 얻을 수 있다.

해당 사운드 파일들을 프로젝트의 res/raw 디렉터리로 복사해오자. 제2장 4절 리소스 사용하기에서 봤던 대로, 간단히 파일을 res 디렉터리에 복사해 넣기만 하면 안드로이드 이클립스 플러그인이 알아서 R클래스에 자바 기호로 정의해준다. 이 작업을 끝내면 프로젝트가 그림 5.2처럼 보일 것이다.

이제 Audio 액티비티를 채울 시간이다. 먼저 MediaPlayer 클래스의 인스턴스를 유지하기 위해 mp라 불리는 항목을 정의해보자. 이 프로그램에서는 한 번에 하나의 MediaPlayer만 활성화되도록 할 것이다.

Audio/src/org/example/audio/Audio.java

```java
package org.example.audio;

import android.app.Activity;
import android.media.AudioManager;
import android.media.MediaPlayer;
import android.os.Bundle;
import android.view.KeyEvent;

public class Audio extends Activity {
    private MediaPlayer mp;

    @Override
    public void onCreate(Bundle savedInstanceState) {
        super.onCreate(savedInstanceState);
        setContentView(R.layout.main);
```

그림 5.2

res/raw 디렉터리에 오디오 파일 복사해 넣기

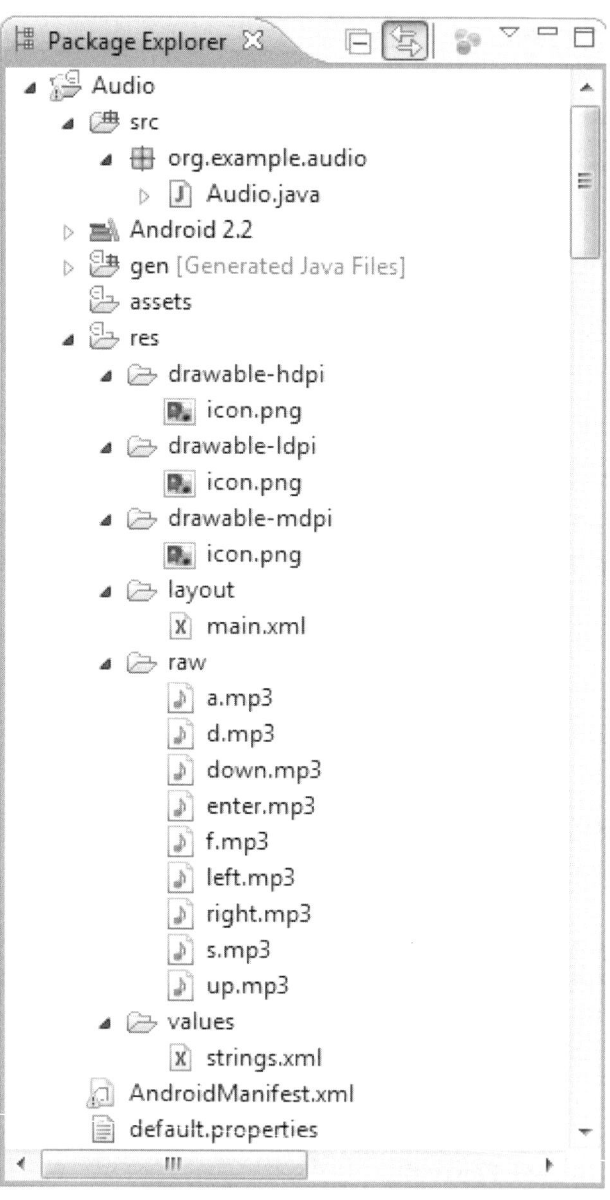

```
        setVolumeControlStream(AudioManager.STREAM_MUSIC);
    }
}
```

setVolumeControlStream( ) 메소드는 응용프로그램이 실행되는 동안 사용자가 볼륨 조절 키를 눌렀을 때, 벨소리가 아니라 음악이나 다른 미디어의 볼륨을 조절하라고 안드로이드에 지시한다.

다음으로 키 누름 신호를 가로채서 적당한 사운드가 재생되도록 할 필요가 있다. Activity. onKeyDown( ) 메소드를 덮어쓰는 방식으로 이를 처리한다.

`Audio/src/org/example/audio/Audio.java`

```
Line   1   @Override
       -   public boolean onKeyDown(int keyCode, KeyEvent event) {
       -       int resId;
       -       switch (keyCode) {
       5       case KeyEvent.KEYCODE_DPAD_UP:
       -           resId = R.raw.up;
       -           break;
       -       case KeyEvent.KEYCODE_DPAD_DOWN:
       -           resId = R.raw.down;
      10           break;
       -       case KeyEvent.KEYCODE_DPAD_LEFT:
       -           resId = R.raw.left;
       -           break;
       -       case KeyEvent.KEYCODE_DPAD_RIGHT:
      15           resId = R.raw.right;
       -           break;
       -       case KeyEvent.KEYCODE_DPAD_CENTER:
       -       case KeyEvent.KEYCODE_ENTER:
       -           resId = R.raw.enter;
      20           break;
       -       case KeyEvent.KEYCODE_A:
       -           resId = R.raw.a;
       -           break;
       -       case KeyEvent.KEYCODE_S:
      25           resId = R.raw.s;
       -           break;
       -       case KeyEvent.KEYCODE_D:
       -           resId = R.raw.d;
       -           break;
```

```
30        case KeyEvent.KEYCODE_F:
              resId = R.raw.f;
              break;
          default:
              return super.onKeyDown(keyCode, event);
35        }

          // 이전 MediaPlayer의 리소스를 모두 반납(Release any resources from previous MediaPlayer)
          if (mp != null) {
              mp.release();
40        }

          // 이 사운드를 재생하기 위해 새 MediaPlayer 생성(Create a new MediaPlayer to play this sound)
          mp = MediaPlayer.create(this, resId);
          mp.start();
45
          // 이 키가 처리되었음을 지시(Indicate this key was handled)
          return true;
      }
```

뭔가 잘못됐을 때

멀티미디어 프로그래밍을 많이 해보면 곧 안드로이드의 MediaPlayer가 변덕스러운 괴물이 될 수 있다는 걸 알게 된다. 안드로이드 최신 버전에 있는 것은 그나마 이전 버전들에 비해 많이 개선되었다고는 해도 여전히 조그만 자극에도 충돌을 일으킬 수 있다. 주요 원인은 MediaPlayer의 많은 부분이 얇게 자바 층으로 덮인 고유 어플리케이션이라는 데 있다. 고유 플레이어 코드는 성능 부분에서는 최적화되었지만 에러 체크는 충분히 하지 않은 듯하다.

다행히 충돌이 발생했을 때 안드로이드의 강력한 리눅스 프로세스 보호기가 갑자기 종료되면서 발생할 수 있는 피해를 방지한다. 에뮬레이터(실제 기기에서 돌릴 때에는 폰)와 다른 응용프로그램들은 정상적으로 작동할 것이다. 사용자에게는 응용프로그램이 갑자기 꺼지는 것으로 보이는데, 오류 메시지가 담긴 대화상자가 뜰 수도 있다.

어쨌든 개발을 진행하면서 무엇이 잘못됐는지 진단하는 데 도움이 되는 정보를 상당히 많이 얻을 수 있을 것이다. 메시지와 로그추적 데이터가 안드로이드 시스템 로그에 출력되는데, 이클립스의 로그캣 보기 화면이나 adb logcat 명령어를 써서 조회할 수 있다('제3장 10절 로그 메시지로 디버깅하기'를 보라).

메소드의 첫 번째 부분은 사용자가 누른 키에 따라 리소스를 선택한다. 그리고 39번째 줄에서 release( ) 메소드를 불러 재생하고 있던 사운드를 일체 정지시키고 기존의 Media Player에 관여되었던 모든 리소스들을 반납한다. 만약 이 작업을 잊게 되면 프로그램이 충돌할 것이다(이전 페이지의 박스 참조).

철수가 묻길…

안드로이드는 어떤 오디오 포맷을 지원하나요?

음, 종이 위에서 지원되는 것이 있고, 에뮬레이터에서 지원되는 것도 있고, 실질적인 기기에서 지원되는 것이 있다. 종이 위에서만 보자면, 안드로이드는 아래의 파일 형태들을 지원한다(새로운 버전이 배포되면 바뀔 수 있다).

- WAV(비압축 PCM)
- AAC(애플 아이팟 포맷. 비보호)
- MP3(MPEG-3)
- WMA(Windows media audio)
- AMR(음성 코덱. Speech codec)
- OGG(Ogg Vorbis)*
- MIDI(악기)

사실상, 나는 OGG, WAV, MP3 포맷만이 에뮬레이터에서 제대로 돌아가는 걸 봤기 때문에 응용 프로그램 개발을 위해 이 세 가지만을 권장한다. 안드로이드의 고유 오디오 포맷은 44.1kHz에 16비트 스테레오이다. 그렇지만 그런 비율로 WAV 파일을 만들면 용량이 엄청나므로 OGG나 MP3 파일(음성에는 모노, 음악에는 스테레오)만 이용하는 것이 좋을 것이다. 게임의 음향효과와 같은 짧은 클립에는 OGG 파일이 최적인 것 같다.

8kHz와 같이 흔치 않은 비율은 피하는 편이 좋은데, 리샘플링하는 작업이 이러한 비율의 소리를 끔찍하게 만들기 때문이다. 최상의 결과를 내려면 11kHz나 22kHz, 44.1kHz의 샘플링 비율을 사용하기 바란다. 비록 폰은 아주 작은 스피커를 가지고 있지만 많은 사용자들이 헤드폰을 이용할 것이므로(아이팟과 같이), 오디오를 고품질로 유지해야 한다는 점을 기억하자.

---

*. http://www.vorbis.com

43번째 줄에서 create( ) 메소드를 이용하여, 선택된 사운드 리소스를 사용하는 새로운 MediaPlayer를 생성하고, start( ) 메소드를 호출하여 이를 재생하기 시작한다. Start( ) 메소드는 비동기식이라 사운드의 길이에 상관없이 즉시 리턴한다. 원한다면 setOnComp letionListener( )를 이용하여 사운드 클릭이 끝날 때 알림 메시지를 받을 수 있다.

지금 프로그램을 실행시키고 키를 하나 눌러보면(예를 들어 Enter 키나 D패드의 가운데 키) 사운드가 들릴 것이다. 아무것도 안 들린다면 볼륨 조절장치를 점검하거나(웃지 마시라), LogCat 보기 화면에서 디버깅 메시지를 살펴 보자. 프로그램을 키보드나 D패드, 트랙볼이 없는 폰에서 실행시켰다면 Menu 키를 누른 채 잠시 유지하여 소프트 키보드가 나타나도록 해보자.

때론 오디오 출력이 고르지 못하거나 지연될 수도 있다는 점을 유의하자. 다른 포맷(MP3 대신에 OGG와 같은)과 낮은 비트 레이트로도 테스트를 해보자. 또한 동시다발적인 스트림을 지원하는 SoundPool 클래스를 이용하는 방법도 살펴보자. 1.0 배포본에서는 버그 투성이에다 문서화도 제대로 되지 않았으나 1.5에서는 안정화된 것으로 보인다.

철수가 묻길…

안드로이드에서는 어떤 종류의 비디오를 볼 수 있나요?

공식적으로 지원되는 것은 아래와 같다.

- MP4(MPEG-4 low bit rate)
- H.263(3GP)
- H.264(AVC)

안드로이드 1.5 기준으로 H.263이 권장 비디오 포맷인데, 모든 하드웨어 플랫폼이 이를 지원하고 있고 인코딩과 디코딩하기가 상대적으로 효율적이기 때문이다. 이 포맷은 아이폰과 같은 다른 기기들과도 호환이 가능하다. QuickTime Pro*와 같은 프로그램을 이용하여 비디오 포맷을 변환할 수 있다. 공간을 절약하기 위해 가능하면 가장 낮은 해상도과 비트 레이트를 이용하되 품질에 문제가 있을 정도로 낮게는 설정하지 말자.

---

* http://www.apple.com/quicktime/pro

다음으로 딱 한 줄의 코드를 이용하여 동영상을 재생하는 트릭을 보도록 하자.

5.2 비디오 재생하기

비디오는 단순히 순차적으로 보여지는 한 뭉치의 그림들에 불과한 것이 아니다. 비디오는 사운드이기도 하고, 이 사운드는 이미지들과 밀접하게 동기화되어야 한다.

안드로이드의 MediaPlayer 클래스는 단순 오디오를 처리하는 것과 같은 방법으로 비디오도 처리한다. 유일한 차이점은 플레이어가 이미지를 그리는 데 사용할 수 있도록 Surface를 하나 생성할 필요가 있다는 점뿐이다. 재생을 제어하는 데는 start( )와 stop( ) 메소드를 이용한다.

여기서 MediaPlayer 예제를 다시 보여주지는 않을 예정인데, 더 간단하게 응용프로그램에 비디오를 연동하는 방법이 있기 때문이다. 이는 바로 VideoView 클래스다. 이를 보기 위해 아래의 매개변수들을 이용하여 Video라는 이름의 새 안드로이드 프로젝트를 생성한다.

```
Project name: Video
Build Target: Android 2.2
Application name: Video
Package name: org.example.video
Create Activity: Video
Min SDK Version: 8
```

레이아웃(res/layout/main.xml)을 아래와 같이 변경한다.

Videov1/res/layout/main.xml

```xml
<?xml version="1.0" encoding="utf-8"?>
<FrameLayout
    xmlns:android="http://schemas.android.com/apk/res/android"
    android:layout_width="fill_parent"
    android:layout_height="fill_parent" >
    <VideoView
        android:id="@+id/video"
        android:layout_height="wrap_content"
        android:layout_width="wrap_content"
```

```
        android:layout_gravity="center" />
</FrameLayout>
```

Video.java를 열어 onCreate( ) 메소드를 아래와 같이 변경한다.

Videov1/src/org/example/video/Video.java

```java
package org.example.video;

import android.app.Activity;
import android.os.Bundle;
import android.widget.VideoView;

public class Video extends Activity {
    @Override
    public void onCreate(Bundle savedInstanceState) {
        super.onCreate(savedInstanceState);

        // 리소스에서 가져와 보기 화면 채우기(Fill view from resource)
        setContentView(R.layout.main);
        VideoView video = (VideoView) findViewById(R.id.video);

        // 비디오 불러와 시작하기(Load and start the movie)
        video.setVideoPath("/data/samplevideo.3gp");
        video.start();
    }
}
```

setVideoPath( ) 메소드가 파일을 열고 프로그램과 사이즈를 비교하는 한편, 가로 비율을 저장하고 재생을 시작한다.

이제 재생할 무언가를 불러올 필요가 있다. 이를 위해 아래의 명령을 실행시키자.

```
C:\> adb push c:\code\samplevideo.3gp /data/samplevideo.3gp
1649 KB/s (369870 bytes in 0.219s)
```

이 책의 다운로드 패키지에서 samplevideo.3gp 파일을 내려 받거나, 아니면 직접 하나를 만들어도 좋다. 여기서 사용되는 디렉터리(/data)는 그저 예를 들기 위한 목적일 뿐, 미디어 파일용으로 사용되지는 않을 것이다.

이 디렉터리가 실제 기기에서는 보호되고 있기 때문에 파일은 에뮬레이터 상에서만 실행된다.

그림 5.3

VideoView를 이용한 간단한 비디오 연동

안드로이드는 당신이 해당 파일에 어떤 확장자를 붙이는지 상관하지 않는다는 점에 유의하자. 이클립스의 파일 탐색(File Explorer) 보기 화면에서도 파일을 업로드하거나 다운로드할 수 있지만, 이처럼 간단한 작업을 할 때 나는 명령어가 더 편리한 것 같다.

한 가지 더 있다. 비디오가 제목줄과 상태줄까지 포함하여 전체 화면을 이용하게 하려면 AndroidManifest.xml에서 적합한 테마를 지정하기만 하면 된다.

Videov1/AndroidManifest.xml

```xml
<?xml version="1.0" encoding="utf-8"?>
<manifest xmlns:android="http://schemas.android.com/apk/res/android"
    package="org.example.video"
    android:versionCode="1"
    android:versionName="1.0" >
  <application android:icon="@drawable/icon"
      android:label="@string/app_name" >
    <activity android:name=".Video"
```

```
        android:label="@string/app_name"
        android:theme="@android:style/Theme.NoTitleBar.Fullscreen" >
    <intent-filter>
        <action android:name="android.intent.action.MAIN" />
        <category android:name="android.intent.category.LAUNCHER" />
    </intent-filter>
    </activity>
</application>
    <uses-sdk android:minSdkVersion="3" android:targetSdkVersion="8" />
</manifest>
```

모든 작업이 끝나 프로그램을 실행시켜보면 비디오 클립을 보고 들을 수 있을 것이다(그림 5.3 참조). 비디오가 세로방향과 가로방향 모두에서 제대로 돌아가는지 화면을 돌려서 확인해보자. 이야! 고맙다, 즉석 비디오.

이제 분위기 있는 음악으로 스도쿠 샘플에 광을 좀 내보자.

5.3 스도쿠에 사운드 추가하기

여기서 우리는 지금까지 배운 것들을 가져와 우리가 만든 스도쿠 게임에 배경 음악을 추가할 예정이다. 배경 화면에서 노래 한 곡이 사용되고 실제 게임 중에 또 한 곡이 재생될 것이다. 이 작업은 음악 재생하는 법뿐만 아니라 라이프 사이클에 관한 몇 가지 중요한 사항들도 보여줄 것이다.

메인 화면에 음악을 추가하려면 스도쿠 클래스에 있는 메소드 두 개를 덮어쓰기만 하면 된다.

Sudokuv3/src/org/example/sudoku/Sudoku.java

```java
@Override
protected void onResume() {
    super.onResume();
    Music.play(this, R.raw.main);
}

@Override
protected void onPause() {
    super.onPause();
```

```
    Music.stop(this);
}
```

제2장 2절 살아있네! 부분을 떠올려보면, 액티비티가 사용자와 상호작용할 준비가 완료됐을 때 onResume( ) 메소드가 호출되었다. 이곳이 음악을 시작하기에 좋은 곳이라 Music.play( ) 호출을 여기에 집어넣었다. Music 클래스가 곧바로 정의될 것이다.

 철수가 묻길…

화면을 돌리면 왜 비디오가 다시 시작되나요?

안드로이드는 기본적으로 프로그램이 화면 회전에 대해서는 전혀 모르고 있다고 가정한다. 있을지도 모르는 리소스 변경을 처리하기 위해 안드로이드는 액티비티를 종료하고 처음부터 다시 생성한다. 이는 onCreate( )이 다시 호출된다는 것이고, 비디오가 다시 시작된다는 것을 의미한다(현재 예제 프로그램이 만들어진 것처럼).

모든 응용프로그램의 90 퍼센트에서는 이런 반응이 문제가 없기 때문에, 대부분의 개발자들은 여기에 대해서 걱정할 필요가 없다. 이는 심지어 응용프로그램의 라이프 사이클과 상태저장/복구 코드('제2장 2절의 살아있네!' 를 보라)를 테스트할 수 있는 유용한 방법이다. 그렇지만 좀더 똑똑하게 화면 전환을 최적화할 수 있는 몇 가지 방법이 있다.

가장 간단한 방법은 액티비티 안에 onRetainNonConfigurationInstance( )를 적용하여 onDestroy( )와 onCreate( )를 호출하면서 포착된 일부 데이터를 저장하는 것이다. 다음에 들어올 때는 액티비티의 새로운 인스턴스 안에서 getLastNonConfigurationInstance( )를 이용하여 그 정보를 복구하면 된다. 현재 인텐트에 대한 참조로부터 실행되고 있는 스레드까지, 어떤 것이든 포착할 수 있다.

좀더 복잡한 방식은 AndroidManifest.xml 안에서 android:configChanges= 특성을 이용하여 안드로이드에 어떤 변경사항을 처리해야 하는지 지시해주는 방식이다. 예를 들어, keyboardHidden/orientation으로 설정을 하면 사용자가 키보드 덮개를 열어도 액티비티를 종료하고 새로 생성하지 않을 것이다. 대신에 안드로이드는 onConfigurationChanged (configuration)을 호출하고 프로그램이 자신의 동작에 대해 알고 있다고 가정할 것이다.*

---

*. http://d.android.com/reference/android/app/Activity.html#ConfigurationChanges 에서 더 자세한 내용을 볼 수 있다.

철수가 묻길…

음악 추가하는 데 Background Service를 이용하면 안 되나요?

안드로이드 Service 클래스에 대해서는 많이 다루지 않았지만, 여러분들은 이미 웹에 올려진 몇 몇 음악 재생 예제들에서 사용된 것을 보았을 것이다. 기본적으로, Service는 배경에서 구동되는 프로세스를 시작하는 방법인데, 이 프로세스는 현재 액티비티가 종료된 후에도 구동될 수 있다. 서비스는 리눅스 데몬과 완전히 똑같지는 않지만 비슷하다. 만약 범용 음악 재생기를 만들어 메일을 읽거나 웹 브라우징을 하는 동안에도 실행되기를 원한다면, 맞다, Service가 제격이다. 그러나 프로그램이 끝날 때 음악도 끝나게 되는 대부분의 경우에는 Service 클래스를 사용할 필요가 없다.

R.raw.main은 res/raw/main.mp3를 참조한다. 이러한 사운드 파일은 이 책의 웹사이트에서 내려 받을 수 있는 예제들 중 Sudokuv3 프로젝트 안에서 찾아볼 수 있다.

onPause( ) 메소드는 onResume( )과 한 쌍이다. 안드로이드는 새로운 액티비티를 재개하기 전에 현재 액티비티를 중지하는데, 스도쿠에서도 새 게임을 시작할 때 Sudoku 액티비티가 중지되고 Game 액티비티가 시작된다. 사용자가 Back이나 Home 키를 눌렀을 때도 역시 onPause( )가 호출된다. 이 모든 경우에 우리의 타이틀 음악이 정지되어야 하므로 onPause( ) 안의 Music.stop( )이 호출된다.

이제 Game 액티비티에서도 음악과 관련하여 비슷한 작업을 해보자.

Sudokuv3/src/org/example/sudoku/Game.java

```java
@Override
protected void onResume() {
    super.onResume();
    Music.play(this, R.raw.game);
}

@Override
protected void onPause() {
    super.onPause();
    Music.stop(this);
}
```

> **스도쿠 이모저모**
>
> 수많은 스도쿠 변형게임들이 존재하지만 어느 것도 오리지널의 인기를 얻지는 못했다. 어떤 것은 16진법 숫자에다 16×16 격자 구조를 사용한다. 가타이 파이브(Gattai 5) 또는 사무라이 스도쿠(Samurai Sudoku)라 불리는 어떤 것은 모서리 부분에서 겹치게 되는 다섯 개의 9×9 격자구조를 사용하기도 한다.

이것을 이전의 Sudoku 클래스와 비교해보면 R.raw.game(res/raw/game.mp3)라는 다른 사운드 리소스를 참조하고 있음을 알 수 있다.

음악 퍼즐의 마지막 조각은 Music 클래스인데, 현재 음악을 재생하는 데 사용되는 Media Player 클래스를 관리하는 역할을 한다.

Sudokuv3/src/org/example/sudoku/Music.java

```
Line  1  package org.example.sudoku;

         import android.content.Context;
         import android.media.MediaPlayer;

      5  public class Music {
             private static MediaPlayer mp = null;

             /** 예전 노래를 중지하고 새 노래 시작(Stop old song and start new one)*/
     10      public static void play(Context context, int resource) {
                 stop(context);
                 mp = MediaPlayer.create(context, resource);
                 mp.setLooping(true);
                 mp.start();
     15      }

             /** 음악 중단하기(Stop the music) */
             public static void stop(Context context) {
                 if (mp != null) {
     20              mp.stop();
                     mp.release();
                     mp = null;
                 }
             }
     25  }
```

Play( ) 메소드는 먼저 현재 재생중인 음악이 무엇이든 이를 중지하기 위해 stop( ) 메소드를 호출한다. 다음으로 MediaPlayer.create( )를 이용하여 새로운 MediaPlayer 인스턴스를 생성하여 콘텍스트(context)와 리소스 ID를 넘겨준다.

플레이어를 만든 다음에는 음악이 반복되어 재생되도록 옵션을 설정하고 플레이를 시작한다. start( ) 메소드가 즉시 나타난다.

18번째 줄부터 시작되는 stop( ) 메소드는 간단하다. 실제로 처리할 MediaPlayer가 있는지 살펴보는, 약간의 방어적인 확인작업을 거친 후 stop( )과 release( ) 메소드를 호출한다. MediaPlayer.stop( ) 메소드는 희한하게도 음악을 정지시킨다. release( ) 메소드는 플레이어에 연관된 시스템 리소스들을 자유롭게 풀어준다. 이들은 고유 리소스들이기 때문에 일반적인 자바의 GC(Garbage Collection. 특정 프로그램이 점유하고 있던 공간 중 더 이상 사용하지 않는 메모리 영역을 운영체제로 반납하는 작업-역주) 작업이 이들을 요구할 때까지 내버려둘 수가 없다. release( )를 빼먹으면 프로그램이 갑자기 작동하지 않는 일이 생길 것이다(물론 이런 일이 나한테 발생한 적은 없다. 내 말은, 당신이 꼭 기억하고 있어야 한다는 것이다).

이제 재미있는 부분이다. 지금까지의 변경사항들이 적용된 스도쿠를 실행해보자. 서로 다른 액티비티로 전환을 한다든가 게임의 여기저기에서 Back 버튼과 Home 버튼을 눌러본다든가, 이미 프로그램이 실행되고 있을 때 또 프로그램을 실행시킨다든가, 화면을 돌린다든가 등등, 상상해볼 수 있는 모든 형태로 스트레스 테스트를 해보자. 적절하게 라이프 사이클을 관리하는 것은 때로 고통스럽지만, 사용자들은 그 수고로움에 감사해할 것이다.

5.4 빨리 넘겨보기 >>

이 장에서 우리는 안드로이드 SDK를 이용하여 오디오와 비디오를 재생하는 법을 다루었다. 대부분의 프로그램이 녹화 기능을 필요로 하지 않기 때문에 이를 논하지는 않았지만, 어쩌다가 그 기능이 필요하게 되면 온라인 참고자료[3]에서 MediaRecorder 클래스를 찾아보도록 하라.

---

[3] http://d.android.com/reference/android/media/MediaRecorder.html

제6장 로컬 데이터 저장하기에서는 호출 사이사이에 안드로이드 프로그램이 데이터를 저장할 수 있는 몇 가지 간단한 방법에 대해 배울 것이다. 만약 이 부분이 필요하지 않다면 제7장 연결된 세상으로 건너뛰어 네트워크 접근에 대해 배우도록 한다.

제 **6** 장

로컬 데이터 저장하기

지금까지 우리는 프로그램을 닫을 때 데이터를 보관할 필요가 없는 응용프로그램을 만드는 데 집중했었다. 이들은 시작해서 실행되다가 그곳에 존재했다는 흔적도 남기지 않고 사라져 버린다. 그렇지만 대부분의 실제 프로그램은 단순한 폰트 크기 설정이든, 아니면 지난 번 사무실 회식 때의 민망한 사진이나 다음 주의 식사 계획 같은 것이든 간에 지속적인 상태를 요구한다. 그것이 무엇이든 간에, 안드로이드는 다음에 필요할 때를 위해 이를 모바일 기기 안에 영구적으로 저장하고, 다른 프로그램의 우발적이거나 악의적인 접근으로부터 이를 보호한다.

응용프로그램은 데이터의 크기나 구조, 라이프 사이클, 다른 프로그램과의 공유 여부 등에 따라 몇 가지 다른 기법으로 데이터를 저장할 수 있다. 이 장에서 우리는 로컬 데이터를 저장하는 세 가지 간단한 방법을 살펴볼 것인데, 환경설정 API와 인스턴스 상태 번들, 플래시 메모리 파일이 그것들이다. 제9장 SQL 활용하기에서는 기본 탑재된 SQLite 데이터베이스 엔진을 사용하는 고급 기법을 면밀히 들여다볼 것이다.

6.1 스도쿠에 옵션 추가하기

제3장 7절 메뉴 추가하기에서 우리는 onCreateOptionsMenu( ) 메소드를 이용하여 아이템이 하나 들어있는 메뉴를 스도쿠 메인 화면에 추가하였다. Menu 키를 누르고 Settings… 아이템을 선택하면 코드가 Prefs 액티비티를 시작하여 게임의 옵션을 변경할 수 있도록 한다.

> **스도쿠 이모저모**
>
> 전통적인 스도쿠에는 6,670,903,752,021,072,936,960개의 해답 격자틀이 있다. 단순한 회전
> 이나 대칭 또는 명칭만 다른 것 등의 복제본을 제외하면 '고작' 5,472,730,538개의 해답이 남
> 는다.

Prefs는 PreferenceActivity를 확장시키기 때문에 설정값은 프로그램의 환경설정 영역에 저장되어 있으나, 지금까지는 이를 건드리지 않았다. 이제 이들을 적용해보자.

먼저 Prefs 클래스를 수정하여 두 가지 옵션의 현재 값을 조회하는 getter 메소드 두 개를 추가하도록 하자. 아래와 같이 새로 정의했다.

Sudokuv4/src/org/example/sudoku/Prefs.java

```java
package org.example.sudoku;

import android.content.Context;
import android.os.Bundle;
import android.preference.PreferenceActivity;
import android.preference.PreferenceManager;

public class Prefs extends PreferenceActivity {
    // 옵션의 이름과 기본값(Option names and default values)
    private static final String OPT_MUSIC = "music" ;
    private static final boolean OPT_MUSIC_DEF = true;
    private static final String OPT_HINTS = "hints" ;
    private static final boolean OPT_HINTS_DEF = true;

    @Override
    protected void onCreate(Bundle savedInstanceState) {
        super.onCreate(savedInstanceState);
        addPreferencesFromResource(R.xml.settings);
    }

    /** 음악 옵션의 현재값 가져오기(Get the current value of the music option) */
    public static boolean getMusic(Context context) {
        return PreferenceManager.getDefaultSharedPreferences(context)
                .getBoolean(OPT_MUSIC, OPT_MUSIC_DEF);
    }
```

```
    /** 힌트 옵션의 현재값 가져오기(Get the current value of the hints option) */
    public static boolean getHints(Context context) {
        return PreferenceManager.getDefaultSharedPreferences(context)
              .getBoolean(OPT_HINTS, OPT_HINTS_DEF);
    }
}
```

옵션 키들(음악과 힌트)이 `res/xml/settings.xml`에서 사용되는 키들과 일치한다는 점에 조심해야 한다.

`Music.play()`가 음악 환경설정을 확인할 수 있도록 수정해야 한다.

Sudokuv4/src/org/example/sudoku/Music.java

```
public static void play(Context context, int resource) {
    stop(context);

    // 환경설정에서 사용안함 처리되지 않았으면 음악 시작(Start music only if not disabled in preferences)
    if (Prefs.getMusic(context)) {
        mp = MediaPlayer.create(context, resource);
        mp.setLooping(true);
        mp.start();
    }
}
```

그리고 `PuzzleView.onDraw()` 역시도 힌트 환경설정을 확인할 수 있도록 수정해야 한다.

Sudokuv4/src/org/example/sudoku/PuzzleView.java

```
if (Prefs.getHints(getContext())) {
    // 힌트 그리기(Draw the hints...)
}
```

만약 `getHints()`가 참을 반환하면 그림 4.6에서 보이는 것처럼 강조된 힌트를 그린다. 아니면 그냥 그 부분을 건너뛴다.

다음으로 단순한 옵션 이외의 것들을 저장하기 위해 환경설정 API를 쓰는 방법을 살펴 보자.

6.2 이전 게임 이어하기

언제 어느 때라도 사용자는 스도쿠 게임을 그만두고 다른 일을 하러 갈 수 있다. 상사가 들어 오거나, 전화를 받거나, 중요한 약속의 알림 메시지를 받았을 수도 있다. 이유가 뭐든 간에, 우리는 사용자가 다음에 돌아와서 하던 게임을 계속 할 수 있었으면 한다.

먼저 퍼즐의 현재 상태를 어딘가에 저장할 필요가 있다. 환경설정 API가 옵션 설정 이외의 많은 곳에 쓰일 수 있는데, 프로그램에 쓰이는 정보의 작고 독립된 조각이면 어떤 것이든 저 장할 수 있다. 이 경우에는 각 칸마다 하나씩 해서 여든 한 자의 글자로 된 문자열로 퍼즐의 상태를 저장할 수 있다.

Game 클래스에서, 하나는 퍼즐의 데이터 키로, 다른 하나는 새 게임 대신에 이전 게임을 이 어 할 것인지를 물어보는 플래그로 쓸 두 개의 상수를 정의하는 것으로 시작해보자.

<code>Sudokuv4/src/org/example/sudoku/Game.java</code>

```java
private static final String PREF_PUZZLE = "puzzle" ;
protected static final int DIFFICULTY_CONTINUE = -1;
```

다음으로 게임이 중지될 때마다 현재 퍼즐을 저장해야 할 필요가 있다. 제2장 2절 '살아있 네!' 에서 onPause()와 다른 라이프 사이클 메소드에 관한 설명을 찾아보도록 하라.

<code>Sudokuv4/src/org/example/sudoku/Game.java</code>

```java
@Override
protected void onPause() {
    super.onPause();
    Log.d(TAG, "onPause" );
    Music.stop(this);

    // 현재 퍼즐 저장하기(Save the current puzzle)
    getPreferences(MODE_PRIVATE).edit().putString(PREF_PUZZLE,
        toPuzzleString(puzzle)).commit();
}
```

이제 퍼즐은 저장되었지만 저장된 데이터를 어떻게 읽어올 수 있을까? 게임이 시작될 때 getPuzzle() 메소드가 호출되고 난이도 레벨이 전달된다는 것을 기억하자. 우리는 이를 이어하기에도 사용할 수 있다.

Sudokuv4/src/org/example/sudoku/Game.java

```java
private int[] getPuzzle(int diff) {
    String puz;
    switch (diff) {
    case DIFFICULTY_CONTINUE:
        puz = getPreferences(MODE_PRIVATE).getString(PREF_PUZZLE,
                easyPuzzle);
        break;
        // ...
    }
    return fromPuzzleString(puz);
}
```

우리가 할 일은 DIFFICULTY_CONTINUE를 점검하는 것밖에 없다. 이것이 설정되어 있으면 새 퍼즐을 시작하는 대신 환경설정에 집어넣었던 것을 읽어온다.

다음으로, 메인 화면(그림 3.4 참조)에 있는 Continue 버튼이 실제로 뭔가 일을 하도록 만들어보자. 아래가 작업을 해야 할 곳이다.

Sudokuv4/src/org/example/sudoku/Sudoku.java

```java
public void onClick(View v) {
    switch (v.getId()) {
    case R.id.continue_button:
        startGame(Game.DIFFICULTY_CONTINUE);
        break;
        // ...
    }
}
```

Continue 버튼이 눌러졌을 때 startGame()을 호출하여 DIFFICULTY_CONTINUE를 넘겨줄 수 있도록 Sudoku.onClick() 안에 케이스를 하나 추가하였다. startGame()이 난이도를 Game 액티비티에 전달하고 Game.onCreate()이 Intent.getIntExtra()를 호출하여 난이도를 읽어온 다음 이를 getPuzzle()에 넘겨준다(이를 위한 코드는 제4장 2절 게임 시작하기에서 참조하면 된다).

한 가지 더 해야 할 일이 있다. 액티비티가 꺼졌다 다시 돌아왔을 때 저장된 게임을 복구하는 것이다(다른 액티비티를 시작했다가 Game 액티비티로 다시 돌아왔을 때처럼). 아래처럼 **Game. onCreate( )** 메소드를 수정하여 이 작업을 처리할 수 있도록 할 것이다.

Sudokuv4/src/org/example/sudoku/Game.java

```java
@Override
protected void onCreate(Bundle savedInstanceState) {
    // ...
    // 액티비티가 다시 시작되면, 이어하기는 다음 번에 하라(If the activity is restarted, do a
       continue next time)
    getIntent().putExtra(KEY_DIFFICULTY, DIFFICULTY_CONTINUE);
}
```

이것으로 환경설정은 상당 부분 다루었다. 다음은 인스턴스 상태를 저장하는 법을 보도록 하자.

6.3 현재 위치 기억하기

스도쿠가 실행되고 있을 때 화면 방향을 바꿔보면 프로그램이 어디에 커서가 있었는지를 잊어버린다는 걸 눈치챌 것이다. 이는 우리가 맞춤화된 PuzzleView 보기 화면을 사용하고 있기 때문이다. 일반 안드로이드 보기 화면은 보기 상태를 자동으로 저장하지만, 우리 것은 자체적으로 만든 것이라 공짜로 그 기능을 사용할 수가 없다.

영속(persistent) 상태와 달리 인스턴스 상태는 영구적이지 않다. 인스턴스 상태는 안드로이드의 응용프로그램 스택 상의 **Bundle** 클래스에 살고 있다. 이는 커서 위치와 같이 작은 용량의 정보에 사용되도록 기획되었다.

이를 적용하기 위해 아래와 같은 작업을 해야 한다.

Sudokuv4/src/org/example/sudoku/PuzzleView.java

```java
Line 1   import android.os.Bundle;
         import android.os.Parcelable;
```

```java
    public class PuzzleView extends View {
5       private static final String SELX = "selX" ;
        private static final String SELY = "selY" ;
        private static final String VIEW_STATE = "viewState" ;
        private static final int ID = 42;

10      public PuzzleView(Context context) {
            // ...
            setId(ID);
        }

15      @Override
        protected Parcelable onSaveInstanceState() {
            Parcelable p = super.onSaveInstanceState();
            Log.d(TAG, "onSaveInstanceState" );
            Bundle bundle = new Bundle();
20          bundle.putInt(SELX, selX);
            bundle.putInt(SELY, selY);
            bundle.putParcelable(VIEW_STATE, p);
            return bundle;
        }
25      @Override
        protected void onRestoreInstanceState(Parcelable state) {
            Log.d(TAG, "onRestoreInstanceState" );
            Bundle bundle = (Bundle) state;
            select(bundle.getInt(SELX), bundle.getInt(SELY));
30          super.onRestoreInstanceState(bundle.getParcelable(VIEW_STATE));
            return;
        }
        // ...
    }
```

5번째 줄에서 커서 위치를 저장하고 복구하는 키를 위해 몇 개의 상수를 정의했다. 맞춤화된 x, y 좌표에다 그 아래 놓인 View 클래스가 필요로 하는 모든 상태도 모두 저장할 필요가 있다.

안드로이드는 Activity.onSaveInstanceState( ) 처리의 일환으로 보기 계층을 따라 내려가 ID를 가지고 있는 모든 보기 화면마다 View.onSaveInstanceState( )를 호출한다. onRestoreInstanceState( )에 대해서도 같은 작업이 일어난다. 일반적으로는 이 ID는 XML에서 나오지만, 이 경우는 PuzzleView가 코드에서 생성되기 때문에 우리가 일일이 설정을 해줘야 한다. 8번째 줄에서 임의의 숫자(양수이기만 하면 어떤 숫자든 상관없음)를 만들어 넣은 다음, setId( )를 이용하여 이를 12번째 줄에 할당한다.

onSaveInstanceState( ) 메소드가 16번째 줄에 정의되어 있다. 수퍼클래스를 호출하여 이 메소드의 상태를 가져와 우리 것과 함께 Bundle로 저장한다. 수퍼클래스를 호출하는 데 실패하면 런타임 오류가 발생할 것이다.

그 뒤에 onRestoreInstanceState( )(26번째 줄)을 호출하여 저장된 정보를 꺼낸다. 우리의 x, y 위치를 Bundle에서 꺼낸 다음 수퍼클래스를 호출하여 필요한 건 뭐든지 가져가게 한다. 이렇게 수정을 해주면 다른 안드로이드 보기 화면과 똑같이 PuzzleView가 커서를 기억하게 된다.

다음으로 평범하고 오래된 파일 방식으로 데이터 저장하기를 해보자.

6.4 내부 파일 시스템 접근하기

안드로이드는 내부에 리눅스를 돌리고 있기 때문에, 루트 디렉터리를 포함하여 진짜 파일 시스템이 모두 그 안에 장착되어 있다. 해당 파일들은 기기에 설치된 비휘발성 플래쉬 메모리에 저장되어 있기 때문에 폰이 꺼져도 사라지지 않는다.

Java.io 패키지에서 제공되는 일반적인 파일 I/O 루틴들은 모두 프로그램에 사용할 수 있는데, 특정 프로세스가 제한된 권한을 가지고 있음을 알려주는 효력 정지 요청서가 있어서, 다른 응용프로그램의 데이터를 엉망으로 만드는 일이 생기지 않는다. 사실, 주로 접근이 허용된 것은 설치할 때 생성된 패키지 비공개 디렉터리이다(/data/data/packagename).

Context 클래스 상에서(그리고 여러분의 각 액티비티에 의해 확장된 Activity 클래스 상에서) 몇 가지 도우미 메소드들이 제공되어 데이터를 읽고 쓸 수 있게 해준다. 자주 필요한 것들을 정리해보았다.

deleteFile( )	비공개 파일을 삭제한다. 성공하면 참을, 아니면 거짓을 반환한다.
fileList( )	응용프로그램의 비공개 영역에 있는 모든 파일의 목록을 문자열로 반환한다.
openFileInput( )	읽기를 위해 비공개 파일을 연다. java.io.FileInputStream을 반환한다.

> **우리는 한 가족**
>
> **제2장 5절 안전과 보안**을 되짚어 보면, 일반적으로 각 응용프로그램은 설치 시점에 각자의 사용자 ID를 갖는다. 이는 해당 응용프로그램의 비공개 디렉토리를 읽고 쓸 수 있도록 허락된 유일한 사용자 ID이다. 그러나 만약 두 개의 응용프로그램이 동일한 디지털 인증서에 의해 사인*이 되었다면 안드로이드는 그들이 같은 개발자로부터 왔다고 가정하고 동일한 사용자 ID를 부여한다.
>
> 이는 두 개의 응용프로그램이 선택하기만 하면 모든 종류의 데이터를 서로 공유할 수 있도록 한다. 하지만 다른 한 편으로, 이 둘이 각자의 길을 방해하지 않으려면 특별한 주의를 요구한다는 것을 의미한다.
>
> ---
>
> *. http://d.android.com/guide/topics/security/security.html#signing

openFileOutput()　　쓰기를 위해 비공개 파일을 연다. `java.io.FileOutputStream`을 반환한다.

그렇지만 이 내부 메모리가 제한되어 있기 때문에, 저장하려면 어떤 데이터이든지 최대 1 ～ 2 메가 바이트 정도로 작게 유지하고, 공간이 없는 경우에는 쓰기를 할 때 I/O 오류들을 조심해서 다루어야 한다.

다행스럽게도 이용할 수 있는 스토리지가 내부 메모리만 있는 것은 아니다.

6.5 SD 카드 접근하기

일부 안드로이드 기기는 보통 SD(Secure Digital) 카드로 대표되는 추가 플래시 메모리를 위한 슬롯을 제공한다. 이 메모리 카드는 내부에 장착된 메모리보다 훨씬 커서 용량이 큰 음악이나 비디오 파일을 저장하기에 이상적이다. 코드를 저장할 수는 없지만, 모든 응용프로그램이 여기서 파일을 읽고 쓸 수 있다.

제5장 2절 비디오 재생하기에서 우리는 예제 비디오 파일을 가상 기기의 /data 디렉터리에 올려 놓았다. 대용량 파일을 내부 파일 시스템이 아닌 다른 곳에 저장하기로 하면 위의 위치

는 잘못된 파일 저장 장소가 된다. 이제 더 나은 방안을 보여주도록 하겠다.

첫 번째 단계는 에뮬레이터에 플러그인할 수 있도록 가상 SD 카드를 생성해서 초기화하는 일이다. 다행히 우리는 벌써 이 일을 끝냈다. 제1장 3절 AVD 생성하기를 떠올려보면 'em22'라는 가상 기기를 생성하고 64MB짜리 가상 SD 카드를 부여한 일이 기억날 것이다. 크기는 원하는 대로 만들 수 있지만 너무 작게 만들면 에뮬레이터가 충돌을 일으킬 수 있고, 너무 크게 만들면 컴퓨터의 디스크 드라이브 공간을 낭비하게 된다.

다음으로 예제 비디오를 SD 카드로 복사해보자.

```
C:\> adb push c:\code\samplevideo.3gp /sdcard/samplevideo.3gp
1468 KB/s (369870 bytes in 0.246s)
```

그리고 Video 클래스의 onCreate( ) 메소드를 수정하여 /data 디렉터리 대신에 SD 카드로부터 동영상을 재생하도록 한다.

> Videov2/src/org/example/video/Video.java

```
// 동영상을 불러 시작하기(Load and start the movie)
video.setVideoPath("/sdcard/samplevideo.3gp" );
video.start( );
```

이제 프로그램을 실행해보자. 비디오가 정상적으로 재생될 것이다.

주의: 안드로이드 1.6부터는 응용프로그램에서 SD 카드에 쓰기를 하려면 manifest 파일에서 WRITE_EXTERNAL_STORAGE 승인을 요청해야 한다. 카드로부터 읽는 것에는 별도의 승인이 필요없다.

안드로이드 2.2부터는 응용프로그램이 외부 파일 시스템상의 디렉터리에 둔 영구적인 파일을 가져올 때 Context.getExternalFilesDir( ) 메소드를 이용할 수 있다. 응용프로그램이 삭제되면 안드로이드가 해당 파일들을 삭제할 것이다.

6.6 빨리 넘겨보기 >>

이 장에서 우리는 안드로이드 플랫폼에서 로컬 데이터를 저장하는 몇 가지 기본적인 방법을 배웠다. 시작 단계에서는 이것으로 충분하겠지만 전화목록이나 요리법 같이 구조화된 데이터를 위해서는 좀더 진보적인 방법이 필요하다. 안드로이드에 기본 장착된 SQLite 데이터베이스를 사용하는 법과 콘텐트 제공자를 이용하여 응용프로그램 간에 정보를 공유하는 법을 제9장 SQL 활용하기에서 볼 수 있다. 제13장 6절 SD 카드에 설치하기를 보면 외부 스토리지에 응용프로그램을 설치하기에 관한 지침이 있을 것이다.

이로써 제2부가 끝났다. 여러분은 스도쿠 예제의 도움을 받아 사용자 인터페이스, 2D 그래픽, 오디오, 비디오, 간단한 데이터 저장 등 안드로이드 프로그래밍의 기초를 모두 배웠다.

이제 스도쿠는 남겨두고 기초를 뛰어넘어 나아갈 때다.

제**3**부

기초를 넘어서

제 **7** 장

연결된 세상

우리는 앞으로 몇 장에 걸쳐 네트워크 접근과 위치 기반 서비스들과 같이 좀더 진보된 주제들을 다룰 것이다. 이런 기능들 없이도 유용한 응용프로그램을 많이 만들 수 있지만, 안드로이드의 기초 기능들을 넘어가보면, 최소한의 노력으로 훨씬 많은 기능성을 부여하여 응용프로그램에 가치를 더하는 데 많은 도움을 받을 수 있을 것이다.

당신은 휴대폰으로 무얼 하는가? 통화하기는 별개로, 점점 더 많은 사람들이 폰을 모바일 인터넷 기기로 사용하고 있다. 전문가들은 몇 년 안에 모바일 폰이 데스크탑 컴퓨터를 제치고 인터넷에 접근하는 넘버 원 방식이 될 것이라 예측한다.[1] 지구상의 일부 지역은 이미 이 지점에 다다랐다.[2]

안드로이드는 모바일 인터넷이라는 새롭게 연결된 세상에 대비해 잘 무장되어 있다. 먼저, 안드로이드는 WebKit 오픈 소스 프로젝트[3]에 기반하여 완전한 기능을 갖춘 웹 브라우저를 제공한다. 이는 구글의 크롬이나 애플의 아이폰, 사파리 데스크탑 브라우저에서 쓰는 것과 같은 엔진이지만 방식이 좀 다르다. 안드로이드는 응용프로그램 안에서 브라우저를 하나의 컴포넌트처럼 쓸 수 있도록 해준다.

두 번째로, 안드로이드는 프로그램이 TCP/IP 소켓과 같은 표준 네트워크 서비스에 접근할 수 있도록 한다. 이로써 구글, 야후, 아마존 그 외 인터넷상의 많은 소스들로부터 인터넷 서

---

[1] http://archive.mobilecomputingnews.com/2010/0205.html

[2] http://www.comscore.com/press/release.asp?press=1742

[3] http://webkit.org

비스를 소비할 수 있게 된다.

우리는 이 장에서 위의 기능들과 더 많은 것을 네 개의 예제 프로그램을 통해 배울 것이다.

- BrowserIntent: 안드로이드 인텐트를 사용하여 외부 브라우저 열기

- BrowserView: 응용프로그램에 브라우저를 직접 장착하는 법

- LocalBrowser: 장착된 WebView 안에 있는 자바 스크립트와 안드로이드 프로그램에 있는 자바 코드가 어떻게 상호 대화하는지 설명

- Translate: 재미를 주기 위한 목적으로 데이터 묶기, 스레드, 웹 서비스 사용하기

7.1 인텐트로 브라우징하기

안드로이드의 네트워킹 API로 할 수 있는 가장 간단한 일은 브라우저를 열어 원하는 웹 페이지를 띄우는 것이다. 프로그램에서 홈페이지로의 링크를 제공하거나 주문시스템 등의 서버 기반 응용프로그램에 접근하는 방식으로 이를 구현할 수 있다. 안드로이드에서는 딱 코드 세 줄이면 된다.

이를 시험하기 위해 URL을 입력할 수 있는 편집 필드와, 누르면 해당 URL로 브라우저를 열어주는 Go 버튼이 있는 BrowserIntent라는 이름의 새로운 예제를 만들어보자.

그림 7.1

안드로이드 인텐트를 사용하여 브라우저 열기

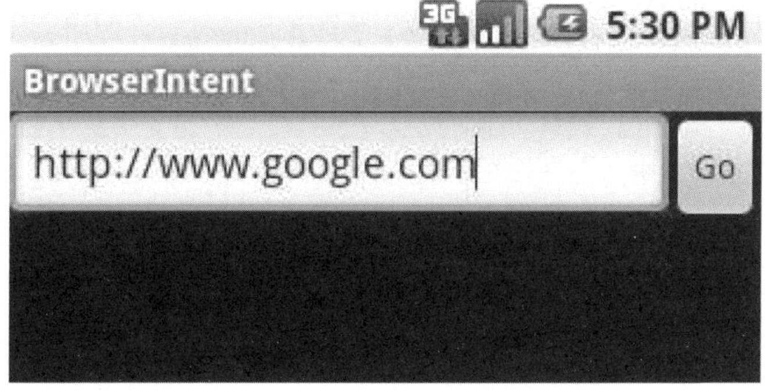

```
Project name: BrowserIntent
Build Target: Android 2.2
Application name: BrowserIntent
Package name: org.example.browserintent
Create Activity: BrowserIntent
Min SDK Version: 8
```

기본 프로그램을 만들고 나면 아래와 같이 보이도록 레이아웃 파일(res/layout/main.xml)
을 바꿔보자.

BrowserIntent/res/layout/main.xml

```xml
<?xml version="1.0" encoding="utf-8"?>
<LinearLayout
    xmlns:android="http://schemas.android.com/apk/res/android"
    android:orientation="horizontal"
    android:layout_width="fill_parent"
    android:layout_height="fill_parent" >
    <EditText
        android:id="@+id/url_field"
        android:layout_width="wrap_content"
        android:layout_height="wrap_content"
        android:layout_weight="1.0"
        android:lines="1"
        android:inputType="textUri"
        android:imeOptions="actionGo" />
    <Button
        android:id="@+id/go_button"
        android:layout_width="wrap_content"
        android:layout_height="wrap_content"
        android:text="@string/go_button" />
</LinearLayout>
```

여기서 우리의 두 컨트롤, EditText 컨트롤과 Button이 정의된다.

EditText에서 android:layout_weight="1.0"으로 설정하여 텍스트 영역이 버튼 왼쪽으로
가로 공간을 모두 차지하도록 하고, android:lines="1"로 설정하여 컨트롤의 높이를 세로
줄 하나만큼 되게 한다. 이 설정은 사용자가 입력할 수 있는 텍스트의 양에는 전혀 영향을 주
지 않고 단지 보여지는 방식에만 영향을 끼친다는 점에 주의하자.

안드로이드 1.5에서 소프트 키보드와 다른 대체 입력 방식들에 대한 지원이 시작되었다.

android:InputType="textUrl"과 android:imeOptions="actiónGo"를 위한 옵션들이 어떻게 소프트 키보드가 나타나는가에 대한 힌트이다. 이들은 웹 주소를 입력할 때 편리하도록 ".com"과 "/" 버튼과 웹페이지를 열어주는 Go 버튼이 있는 소프트 키보드로 표준 키보드를 대체하라고 안드로이드에 지시한다.[4]

언제나처럼, 사람이 읽을 수 있는 텍스트는 res/values/strings.xml 리소스 파일에 들어가야 한다.

BrowserIntent/res/values/strings.xml

```xml
<?xml version="1.0" encoding="utf-8"?>
<resources>
    <string name="app_name">BrowserIntent</string>
    <string name="go_button">Go</string>
</resources>
```

다음으로 BrowserIntent 클래스에 있는 onCreate( ) 메소드를 채워 넣어야 한다. 이곳이 바로 사용자 인터페이스를 구축하여 모든 이용 행태들을 낚아 올릴 곳이다. 아래 코드를 일일이 타이핑하고 싶지 않다면 이 책의 웹사이트에 완전한 소스 코드가 있으니 이를 이용해도 된다.[5]

BrowserIntent/src/org/example/browserintent/BrowserIntent.java

```java
package org.example.browserintent;

import android.app.Activity;
import android.content.Intent;
import android.net.Uri;
import android.os.Bundle;
import android.view.KeyEvent;
import android.view.View;
import android.view.View.OnClickListener;
```

---

[4] 입력 옵션에 대해서 더 많은 정보가 필요하다면 http://d.android.com/reference/android/widget/TextView.html과 http://android-developers.blogspot.com/2009/04/updating-applications-for-on-screen.html을 보라.

[5] http://pragprog.com/titles/eband3

```
10      import android.view.View.OnKeyListener;
        import android.widget.Button;
        import android.widget.EditText;

        public class BrowserIntent extends Activity {
15          private EditText urlText;
            private Button goButton;

            @Override
            public void onCreate(Bundle savedInstanceState) {
20              super.onCreate(savedInstanceState);
                setContentView(R.layout.main);

                // 모든 사용자 인터페이스 요소들에 대한 핸들 가져오기
                urlText = (EditText) findViewById(R.id.url_field);
25              goButton = (Button) findViewById(R.id.go_button);

                // 이벤트 핸들러 설치
                goButton.setOnClickListener(new OnClickListener() {
                    public void onClick(View view) {
30                      openBrowser();
                    }
                });
                urlText.setOnKeyListener(new OnKeyListener() {
                    public boolean onKey(View view, int keyCode, KeyEvent event) {
35                      if (keyCode == KeyEvent.KEYCODE_ENTER) {
                            openBrowser();
                            return true;
                        }
                        return false;
40                  }
                });
            }
        }
```

21번째 줄을 보면, onCreate( ) 안에서 setContentView( )를 호출하여 레이아웃 리소스에 있는 그 정의로부터 보기 화면을 불러온 후, 24번째 줄에서 findViewById( )를 호출하여 두 개의 사용자 인터페이스 컨트롤에 대한 핸들을 가져온다.

28번째 줄은 사용자가 터치 또는 D 패드의 키를 이용해 Go 버튼을 선택했을 때 특정 코드를 실행하라고 안드로이드에 지시한다. 이럴 경우 곧 정의될 openBrowser( )를 호출한다.

편의성을 위해 사용자가 주소를 입력하고 Enter 키를 누르면(폰에 키가 있는 경우) Go를 클릭한 것과 똑같이 브라우저가 열리도록 만들자. 이를 위해 33번째 줄부터 사용자가 편집 필드에 키 입력을 할 때마다 호출되는 수신자를 정의한다. 만약 키 입력이 Enter 키면 브라우저를 열기 위해 openBrowser( ) 메소드를 호출하고 아니면 텍스트 컨트롤이 정상적으로 키를 처리할 수 있도록 거짓을 반환한다.

이제 여러분들이 기다리고 있던 부분이다. 바로 openBrowser( ) 메소드. 약속한대로 딱 세 줄이다.


```java
/** 텍스트상자에 특정된 URL로 브라우저 열기 */
private void openBrowser( ) {
    Uri uri = Uri.parse(urlText.getText( ).toString( ));
    Intent intent = new Intent(Intent.ACTION_VIEW, uri);
    startActivity(intent);
}
```

첫 번째 줄은 웹페이지의 주소를 문자열(예를 들어, 'http://www.android.com')로 가져와 이를 인터넷 식별자(Uniform Resource Identifier, URI)로 변환한다.

주의: 위 내용을 시도해볼 때, URL의 "http://" 부분을 빼먹지 말자. 만약 빼먹으면 안드로이드가 주소를 어떻게 처리해야 하는지 알 수 없기 때문에 프로그램 충돌이 일어날 것이다. 실제 프로그램에서도 사용자가 이 부분을 빼먹으면 당신이 대신 추가해줘야 한다.

다음 줄은 `ACTION_VIEW`의 작업과 함께 새로운 Intent 클래스를 생성하여 우리가 볼 객체로 방금 생성된 Uri 클래스를 전달한다. 마침내 `startActivity( )` 메소드를 호출하여 이 작업이 실행되도록 요청한다.

`Browser` 액티비티가 시작되면 스스로의 보기 화면(그림 7.2 참조)을 생성하고 프로그램은 중지될 것이다. 그 시점에서 사용자가 Back 키를 누르면 브라우저 창은 사라지고 기존의 프로그램이 이어질 것이다. 하지만 사용자 인터페이스의 일부와 웹 페이지를 동시에 보고 싶다면 어떻게 될까? 안드로이드의 `WebView` 클래스를 이용하여 이 기능을 구현할 수 있다.

그림 7.2

기본 브라우저로 웹 페이지 보여주기

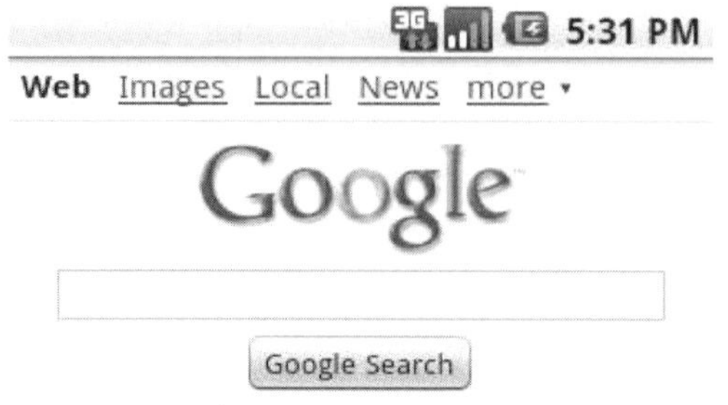

7.2 전망 좋은 웹

데스크탑 컴퓨터에서 웹 브라우저는 북마크, 플러그인, 플래시 애니메이션, 탭, 스크롤 바, 프린트, 기타 등등의 온갖 기능을 가진 거대하고 복잡하며 메모리를 마구 잡아먹는 프로그램이다.

내가 이클립스 프로젝트에서 일할 때 누군가 일부 일반 텍스트 화면을 내부 장착된 웹 브라우저로 대체하자는 제안을 냈는데, 나는 그들이 미쳤다고 생각했다. 나는 간단히 텍스트 뷰어를 개선해서 이탤릭체를 지원하든가 테이블을 지원하든가 뭐든 안 되는 것들을 지원하는 게 더 말이 되지 않냐고 주장했다.

그들은 미치지 않은 것으로 판명되었다. 그 이유는,

- 기본적인 랜더링 엔진만 남기고 모든 것을 벗겨내면 웹 브라우저도 (상대적으로) 날씬하고 작아질 수 있다.

- 만약 텍스트 보기 화면에 브라우저 엔진이 할 수 있는 다양한 기능들을 계속 추가하다 보면, 과도하게 복잡하고 부풀려진 텍스트 뷰어 아니면 기능이 처지는 브라우저 둘 중의 하나로 막을 내릴 것이다.

안드로이드는 WebKit 브라우저 엔진을 WebView라고 불리는 껍질로 싸고 있는데, 1MB 정도밖에 안 되는 작은 고정비용으로 브라우저의 진짜 파워를 사용할 수 있게 해준다. 메모리가

내부 장착된 기기에서 1MB는 여전히 상당하지만 WebView를 사용하는 것이 적절한 경우는 매우 많다. (이 절의 제목 '전망 좋은 웹(Web with a View)'은 소설 '전망 좋은 방(A room with a view)'의 패러디다-역주).

브라우저에 한정된 몇 가지 추가적인 메소드들을 제외하면 WebView는 여타의 안드로이드 뷰와 상당히 유사하게 동작한다. 나는 기존의 예제를 브라우저 내부 장착 버전으로 만들면서 이것이 어떻게 작동하는지 보여주려 한다. 이 예제는 Intent 대신에 내부 장착된 View를 사용하기 때문에 BrowserIntent 대신 BrowserView라고 부르자. 아래의 설정을 이용하여 새 'Hello, Android' 프로젝트를 만드는 것으로 시작한다.

```
Project name: BrowserView
Build Target: Android 2.2
Application name: BrowserView
Package name: org.example.browserview
Create Activity: BrowserView
Min SDK Version: 8
```

BrowserView의 레이아웃 파일은 마지막에 WebView를 추가한 것 외에는 BrowserIntent와 유사하다.

> BrowserView/res/layout/main.xml

```xml
<?xml version="1.0" encoding="utf-8"?>
<LinearLayout
    xmlns:android="http://schemas.android.com/apk/res/android"
    android:orientation="vertical"
    android:layout_width="fill_parent"
    android:layout_height="fill_parent" >
    <LinearLayout
        android:orientation="horizontal"
        android:layout_width="fill_parent"
        android:layout_height="wrap_content" >
        <EditText
            android:id="@+id/url_field"
            android:layout_width="wrap_content"
            android:layout_height="wrap_content"
            android:layout_weight="1.0"
            android:lines="1"
            android:inputType="textUri"
```

```
            android:imeOptions="actionGo" />
        <Button
            android:id="@+id/go_button"
            android:layout_width="wrap_content"
            android:layout_height="wrap_content"
            android:text="@string/go_button" />
    </LinearLayout>
    <WebView
        android:id="@+id/web_view"
        android:layout_width="fill_parent"
        android:layout_height="wrap_content"
        android:layout_weight="1.0" />
</LinearLayout>
```

모든 것이 제자리에 나타나도록 두 개의 LinearLayout 컨트롤을 사용한다. 바깥쪽의 컨트롤은 화면을 위와 아래 구역으로 나눈다. 위쪽에는 텍스트 영역과 버튼이 있고, 아래쪽에는 WebView가 있다. 안쪽의 LinearLayout은 이전 것과 동일하다. 단순히 텍스트 영역을 왼쪽에 가게 하고 버튼을 오른쪽으로 가게 한다.

BrowserView를 위한 onCreate( ) 메소드도 찾아가야 할 여분의 보기 화면이 하나 더 있다는 것을 제외하면 이전 것과 정확하게 일치한다.

BrowserView/src/org/example/browserview/BrowserView.java

```java
import android.webkit.WebView;
// ...

public class BrowserView extends Activity {
    private WebView webView;
    // ...
    @Override
    public void onCreate(Bundle savedInstanceState) {
        // ...
        webView = (WebView) findViewById(R.id.web_view);
        // ...
    }
}
```

그렇지만 openBrowser( )는 다르다.

BrowserView/src/org/example/browserview/BrowserView.java

```java
/** 텍스트상자에 특정된 URL로 브라우저 열기 */
private void openBrowser() {
    webView.getSettings().setJavaScriptEnabled(true);
    webView.loadUrl(urlText.getText().toString());
}
```

loadUrl() 메소드는 브라우저 엔진이 주어진 주소의 웹 페이지를 가져와 보여주도록 시킨다. 실제로 가져오는 데는 약간의 시간이 걸리는데도 불구하고(끝나기나 한다면) 이 메소드는 즉각 결과를 반환한다.

잊지 말고 문자열 리소스도 업데이트하자.

BrowserView/res/values/strings.xml

```xml
<?xml version="1.0" encoding="utf-8"?>
<resources>
    <string name="app_name">BrowserView</string>
    <string name="go_button">Go</string>
</resources>
```

프로그램에 한 가지 더 변경해야 될 것이 있다. 아래의 줄을 AndroidManifest.xml의 *<application>* 태그 앞에 추가하자.

BrowserView/AndroidManifest.xml

```xml
<uses-permission android:name="android.permission.INTERNET" />
```

이 작업을 빠뜨리면 안드로이드는 응용프로그램에 인터넷 접근권을 주지 않을 것이고, 당신은 '웹 페이지에 접근할 수 없습니다' 라는 오류 메시지를 받을 것이다.

이제 프로그램을 실행해서 'http://'로 시작되는 유효한 웹 주소를 입력해보자. Enter를 누르거나 Go 버튼을 선택하면 웹 페이지가 나타나야 한다(그림 7.3 참조).

WebView는 화면에 표현되는 것을 제어하거나 상태가 변경될 때 알림 메시지를 받는 등으로 사용할 수 있는 수십 개의 다른 메소드들도 가지고 있다.

그림 7.3

WebView를 사용하여 브라우저 내부 장착하기

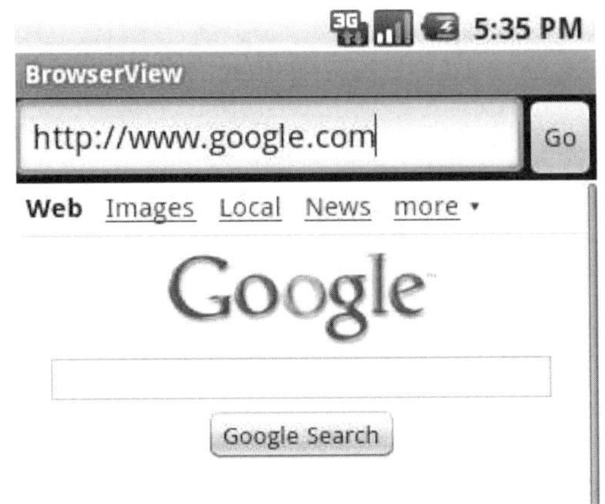

자주 사용할 몇 가지 메소드들은 여기 정리해뒀으나, 완벽한 리스트는 WebView에 대한 온라인 문서자료를 찾아보기 바란다.

- addJavascriptInterface( ): 자바 객체를 자바 스크립트로 접근할 수 있도록 허용 (더 자세한 내용은 다음 절에서)

- createSnapshot( ): 현재 페이지의 스크린샷 작성

- getSettings( ): 설정을 제어하는 데 사용되는 WebSettings 객체를 반환

- loadData( ): 주어진 문자열 데이터를 브라우저로 읽어 오기

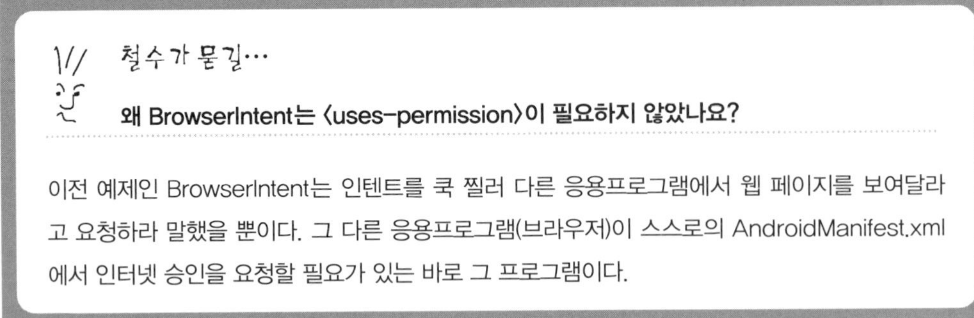

철수가 묻길…

왜 BrowserIntent는 〈uses-permission〉이 필요하지 않았나요?

이전 예제인 BrowserIntent는 인텐트를 쿡 찔러 다른 응용프로그램에서 웹 페이지를 보여달라고 요청하라 말했을 뿐이다. 그 다른 응용프로그램(브라우저)이 스스로의 AndroidManifest.xml에서 인터넷 승인을 요청할 필요가 있는 바로 그 프로그램이다.

- loadUrl( ): 주어진 URL의 웹 페이지 읽어 오기

- setDownloadListener( ): 사용자가 .zip이나 .apk 파일을 내려받기 했을 때, 내려받기 이벤트에 대한 콜백 함수를 등록

- setWebChromeClient( ): 제목이나 진행 표시줄을 갱신하거나 자바스크립트 대화 상자를 여는 것과 같이 WebView의 사각형 바깥에서 일어나는 이벤트에 대한 콜백 함수를 등록

- setWebViewClient( ): 응용프로그램으로 하여금 브라우저 안에 리소스 읽어오기나 키 누름, 승인 요청과 같은 이벤트를 가로챌 수 있는 훅(hook)을 설치토록 함

- stopLoading( ): 현재 페이지 읽어 오기를 중단

WebView 컨트롤을 이용하여 할 수 있는 가장 강력한 작업은 WebView와 이를 담고 있는 안드로이드 응용프로그램 간에 주고받는 대화이다. 이제 이 기능을 좀더 가까이에서 들여다보자.

 철수가 묻길…

자바스크립트가 자바를 호출하도록 허용하면 위험한가요?

웹 페이지가 로컬 리소스에 접근하거나 브라우저의 개발환경 바깥에서 함수를 불러오도록 허용할 때마다 보안 관계를 매우 세심하게 고려할 필요가 있다. 예를 들어, 자바스크립트가 임의의 경로 이름으로 데이터를 읽어오도록 허용하는 메소드를 생성하게 되면, 이 메소드와 파일명을 알고 있는 악의적인 사이트에 비공개 데이터 일부가 노출될 수 있다.

유념해야 할 사항들이 몇 개 있다. 먼저, 애매한 보안 상태를 믿지 말자. 메소드를 사용할 수 있는 페이지와 메소드들이 할 수 있는 일에 제한을 걸자. 그리고 보안의 황금율을 기억하라. '할 수 없는 일이 아니라 할 수 있는 일을 정하라.' 다른 말로 하자면, 누군가가 요청하는 모든 나쁜 것들(예를 들자면, 쿼리에 유효하지 않은 문자를 입력하는 것)을 일일이 체크하려고 하지 말라는 말이다. 분명히 무언가를 빠뜨릴 게 뻔하다. 대신에 아무 것도 허용하지 말고, 여러분이 안전하다고 확신하는 좋은 것에 한해서만 통과시켜라.

7.3 자바스크립트에서 자바로, 자바에서 자바스크립트로

안드로이드 기기는 로컬 데이터를 저장하고, 그래픽을 그리고, 음악을 연주하고, 통화를 하고, 위치를 결정하는 등 상당한 종류의 멋진 일들을 할 수 있다. 웹을 통해서 이런 기능들에 접근할 수 있으면 좋지 않을까? 내부 장착된 WebView 컨트롤을 이용하면 가능하다.

핵심은 WebView 클래스에 있는 addJavascriptInterface() 메소드이다. 이를 이용하여 내부 장착된 브라우저 안에서 DOM(Document Object Model)을 확장하고 자바스크립트 코드가 접근할 수 있는 새로운 객체를 정의할 수 있다. 자바스크립트 코드가 해당 객체에 대한 메소드를 호출하면 실제로는 여러분의 안드로이드 프로그램 내에 있는 메소드를 호출하게 되는 것이다.

자바스크립트 코드를 안드로이드 프로그램으로부터 호출할 수도 있다. loadUrl() 메소드를 호출해서 javascript:실행할 코드 형태의 URL을 전달해주기만 하면 브라우저가 현재 페이지 내에서 주어진 자바스크립트 계산식을 실행할 것이다. 메소드를 호출하거나, 자바스크립트 변수를 변경하거나, 브라우저 도큐먼트를 수정하거나, 필요하다면 무엇이든 할 수 있다.

WebView의 자바스크립트와 안드로이드 프로그램의 자바 사이의 호출 관계를 시연하기 위해 반은 HTML/자바스크립트이고, 반은 안드로이드인 프로그램을 만들어보자(그림 7.4 참조). 응용프로그램 창의 윗부분은 WebView 컨트롤이고 밑의 부분은 안드로이드의 사용자 인터페이스에서 나온 TextView와 Button이다. 버튼이나 링크를 클릭하면 두 환경 사이에 호출이 발생한다.

아래 매개변수들을 이용하여 'Hello, Android' 프로그램을 생성하는 것으로 시작해보자.

```
Project name: LocalBrowser
Build Target: Android 2.2
Application name: LocalBrowser
Package name: org.example.localbrowser
Create Activity: LocalBrowser
Min SDK Version: 8
```

이 프로그램의 사용자 인터페이스는 두 부분으로 나눠져 있다. 첫 번째 부분은 안드로이드의 레이아웃 파일인 res/layout/main.xml에서 정의된다.

그림 7.4

안드로이드와 내부 장착된 WebView 간의 커뮤니케이션

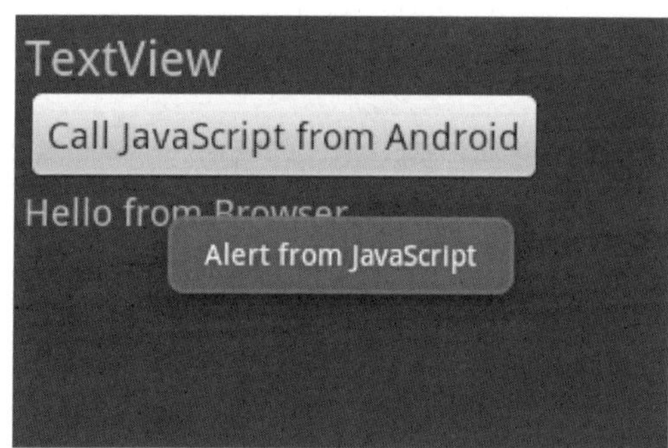

LocalBrowser/res/layout/main.xml

```xml
<?xml version="1.0" encoding="utf-8"?>
<LinearLayout
    xmlns:android="http://schemas.android.com/apk/res/android"
    android:orientation="vertical"
    android:layout_width="fill_parent"
    android:layout_height="fill_parent" >
    <WebView
        android:id="@+id/web_view"
        android:layout_width="fill_parent"
        android:layout_height="fill_parent"
        android:layout_weight="1.0" />
    <LinearLayout
        android:orientation="vertical"
        android:layout_width="fill_parent"
        android:layout_height="fill_parent"
```

```
                    android:layout_weight="1.0"
                    android:padding="5sp" >
                    <TextView
                        android:layout_width="fill_parent"
                        android:layout_height="wrap_content"
                        android:textSize="24sp"
                        android:text="@string/textview" />
                    <Button
                        android:id="@+id/button"
                        android:text="@string/call_javascript_from_android"
                        android:layout_width="wrap_content"
                        android:layout_height="wrap_content"
                        android:textSize="18sp" />
                    <TextView
                        android:id="@+id/text_view"
                        android:layout_width="fill_parent"
                        android:layout_height="wrap_content"
                        android:textSize="18sp" />
            </LinearLayout>
</LinearLayout>
```

두 번째 부분은 WebView로 읽어 오게 될 index.html이다. 이 파일은 컴파일된 리소스가 아니기 때문에 res 디렉터리가 아니라 assets 디렉터리에 저장된다. assets 디렉터리에 있는 것은 어떤 것이든 프로그램이 설치될 때 로컬 저장소에 원본 그대로 복사된다. 이 디렉터리는 브라우저가 네트워크에 접속되지 않은 상태에서도 보여줄 수 있는 HTML, 이미지, 스크립트의 로컬 저장을 위한 용도로 간주된다.

LocalBrowser/assets/index.html

```
Line 1   <html>
         <head>
         <script language="JavaScript">
             function callJS(arg) {
      5          document.getElementById('replaceme').innerHTML = arg;
             }
         </script>
         </head>
         <body>
     10  <h1>WebView</h1>
         <p>
         <a href="#" onclick="window.alert('Alert from JavaScript')">
             Display JavaScript alert</a>
```

```
   -     </p>
   15    <p>
   -     <a href="#" onclick="window.android.callAndroid('Hello from Browser')">
   -        Call Android from JavaScript</a>
   -     </p>
   -     <p id="replaceme">
   20    </p>
   -     </body>
   -     </html>
```

index.html의 4번째 줄은 나중에 우리의 안드로이드 프로그램이 호출하게 될 callJS( ) 함
수를 정의하고 있다. 이는 문자열 인자(argument)를 가져와 19번째 줄에 있는 replaceme
태그에 삽입한다.

12번째 줄부터 정의되어 있는 두 개의 HTML 링크를 그림 7.4에서 볼 수 있다. 첫 번째 링
크는 간단하게 표준 window.alert( ) 함수를 호출하여 짧은 메시지를 보여주는 창을 열어
준다. 16번째 줄에 있는 두 번째 링크는 window.android 객체 상의 callAndroid( ) 메소드
를 호출한다. 만약 이 페이지를 일반적인 웹 브라우저에서 읽게 되면 window.android는 정
의되지 않을 것이다. 하지만 우리는 안드로이드 응용프로그램 안에 브라우저를 내부 장착해
놓았기 때문에 페이지가 이를 사용할 수 있도록 우리 스스로 이 객체를 정의할 수 있다.

다음으로 LocalBrowser 클래스에 있는 안드로이드 코드로 돌아가보자. 아래는 나중에 사용
할 모든 가져오기(import)를 포함한, 기본적인 아웃라인이다.

LocalBrowser/src/org/example/localbrowser/LocalBrowser.java

```
Line  1    package org.example.localbrowser;
   -
   -     import android.app.Activity;
   -     import android.os.Bundle;
   5     import android.os.Handler;
   -     import android.util.Log;
   -     import android.view.View;
   -     import android.view.View.OnClickListener;
   -     import android.webkit.JsResult;
   10    import android.webkit.WebChromeClient;
   -     import android.webkit.WebView;
   -     import android.widget.Button;
   -     import android.widget.TextView;
```

```java
import android.widget.Toast;

public class LocalBrowser extends Activity {
    private static final String TAG = "LocalBrowser" ;
    private final Handler handler = new Handler();
    private WebView webView;
    private TextView textView;
    private Button button;

    @Override
    public void onCreate(Bundle savedInstanceState) {
        super.onCreate(savedInstanceState);
        setContentView(R.layout.main);

        // 화면에서 안드로이드 컨트롤 찾기
        webView = (WebView) findViewById(R.id.web_view);
        textView = (TextView) findViewById(R.id.text_view);
        button = (Button) findViewById(R.id.button);
        // 나머지 onCreate은 여기에
    }
}
```

18번째 줄에 있는 Handler 객체의 초기화에 주목하자. 자바스크립트 호출은 브라우저에 한정된 특별한 스레드(thread) 상에서 만들어지지만, 안드로이드의 사용자 인터페이스 호출은 메인 (GUI) 스레드로만 만들어진다. Handler 클래스는 이 변환을 만드는 데 이용된다.

자바스크립트로부터 안드로이드 자바 코드를 호출하려면 아래와 같이 하나 또는 그 이상의 메소드를 가진 단순하고 오래된 자바 객체를 하나 정의할 필요가 있다.

LocalBrowser/src/org/example/localbrowser/LocalBrowser.java

```java
/** 자바스크립트에 객체 노출 */
private class AndroidBridge {
    public void callAndroid(final String arg) { // must be final
        handler.post(new Runnable() {
            public void run() {
                Log.d(TAG, "callAndroid(" + arg + ")" );
                textView.setText(arg);
            }
        });
    }
}
```

자바스크립트가 callAndroid( ) 메소드를 호출하면 응용프로그램이 새로운 Runnable 객체를 생성하고 Handler.post( )를 사용하여 메인 스레드의 활성화되어 있는 대기열에 이를 추가한다. 메인 스레드가 이를 받아들이면 곧바로 run( ) 메소드를 호출하는데, 이는 setText( )를 호출하여 TextView 객체 상의 텍스트를 변경한다. 이제 모든 것을 onCreate( ) 메소드에 묶어 넣을 시간이다. 먼저 자바스크립트를 실행시키고(비활성 상태가 기본이다) 우리의 연결장치를 자바스크립트에 등록한다.

LocalBrowser/src/org/example/localbrowser/LocalBrowser.java

```
// 내부 장착된 브라우저의 자바스크립트 활성화
webView.getSettings().setJavaScriptEnabled(true);

// 브라우저의 자바스크립트에 자바 객체 노출
webView.addJavascriptInterface(new AndroidBridge(),
    "android");
```

그리고 익명의 WebChromeClient 객체를 하나 생성하여 setWebChromeClient( ) 메소드와 함께 등록한다.

LocalBrowser/src/org/example/localbrowser/LocalBrowser.java

```
// Set up a function to be called when JavaScript tries
// to open an alert window
webView.setWebChromeClient(new WebChromeClient() {
    @Override
    public boolean onJsAlert(final WebView view,
            final String url, final String message,
            JsResult result) {
        Log.d(TAG, "onJsAlert(" + view + ", " + url + ", "
            + message + ", " + result + ")");
        Toast.makeText(LocalBrowser.this, message, 3000).show();
        result.confirm();
        return true; // I handled it
    }
});
```

여기서의 chrome은 브라우저 창 주변의 모든 장식품들을 떼어낸 것을 뜻한다. 만약 이것이 완벽한 기능의 브라우저 클라이언트였다면 우리는 네비게이션과 북마크와 메뉴와 기타 등

등을 처리해야 했을 것이다. 이번의 경우에 우리가 원하는 것은 브라우저가 자바스크립트 경고를 열려고 할 때(window.alert()을 이용하여) 자바스크립트 코드와 함께 발생하는 변화 뿐이다. onJsAlert() 안에서 Android Toast 클래스를 이용하여 아주 짧은 시간에 메시지 창을 생성하였다(이 경우에는 3000 밀리초, 또는 3초).

WebView의 구성을 끝내고 나면 로컬 웹 페이지를 읽어오는데 loadUrl()을 사용할 수 있다.

LocalBrowser/src/org/example/localbrowser/LocalBrowser.java

```java
// 로컬 자산으로부터 웹 페이지 읽어오기
webView.loadUrl("file:///android_asset/index.html");
```

'file:///android_asset/*filename*' 형태의 URL(슬래시가 세 개인 것에 주의)은 안드로이드의 브라우저 엔진에 특별한 의미를 가진다. 추측이 가능하겠지만, 이들은 assets 디렉터리 안의 파일을 지칭하고 있다. 이 경우에는 이전에 정의된 index.html 파일을 불러올 것이다.

아래에 LocalBrowser 예제를 위한 res/values/strings.xml 파일이 있다.

LocalBrowser/res/values/strings.xml

```xml
<?xml version="1.0" encoding="utf-8"?>
<resources>
    <string name="app_name">LocalBrowser</string>
    <string name="textview">TextView</string>
    <string name="call_javascript_from_android">
        Call JavaScript from Android
    </string>
</resources>
```

마지막으로 해야 할 일은 화면 아래쪽의 버튼이 자바스크립트 호출(자바에서 자바스크립트로의 호출)을 할 수 있도록 전선을 연결해주는 것이다.

LocalBrowser/src/org/example/localbrowser/LocalBrowser.java

```java
// This function will be called when the user presses the
// button on the Android side
button.setOnClickListener(new OnClickListener() {
    public void onClick(View view) {
        Log.d(TAG, "onClick(" + view + ")");
```

```
        webView.loadUrl("javascript:callJS('Hello from Android')" );
    }
});
```

이를 위해 setOnClickListener( )를 이용하여 버튼 클릭에 대한 수신자를 설정한다. 버튼이 눌러지면 onClick( )이 호출되고, 이것이 역으로 브라우저의 WebView.loadUrl( )을 호출하여 자바스크립트 계산식을 전달해 준다. 그 계산식은 index.html에서 정의된 callJS( ) 함수를 불러내는 호출이다.

이제 프로그램을 실행시켜 이를 실험해보자. 'Display JavaScript alert'을 클릭하면 안드로이드의 메시지창이 뜰 것이다. 'Call Android from JavaScript'를 클릭하면 'Hello from Browser'라는 문자열이 안드로이드의 텍스트 컨트롤에 표시될 것이다. 그리고 마지막으로 'Call JavaScript from Android' 버튼을 누르면 'Hello from Android'라는 문자열이 브라우저로 보내지고 웹 페이지의 마지막에 표시될 HTML에 삽입된다.

때로는 웹 페이지를 보여줄 필요는 없으나, 특정 종류의 웹 서비스 또는 다른 서버에 있는 리소스에 접근해야 할 때가 있다. 다음 절에서 이를 처리하는 방법을 보여주도록 하겠다.

7.4 웹 서비스 이용하기

안드로이드는 java.net.HttpURLConnection 패키지와 같은 표준 자바 네트워크 API를 완전한 모음으로 제공하고 있어 프로그램에 이용할 수 있다. 까다로운 부분은 그 호출을 비동기적으로 만들어 프로그램의 사용자 인터페이스가 항상 반응을 보이게 만드는 일이다.

만약 메인 (GUI) 스레드에 데이터가 전송되는 것을 강제로 막는 블로킹 네트워크 호출을 만들었다면 어떤 일이 생길지 생각해보라. 그 호출이 반환될 때까지 (절대 반환되지 않겠지만) 응용프로그램이 키조작이나 버튼 누름과 같은 사용자 인터페이스 이벤트에 아무런 반응을 할 수 없을 것이다. 사용자에게는 장애로 보일 것이다. 명백히, 이런 상황은 피해야 할 것이다.

Java.util.concurrent 패키지가 이런 작업에 딱이다. 더그 리아(Doug Lea)에 의해 독립형 라이브러리로 처음 만들어졌다가 나중에 Java 5에 포함되었는데, 이 패키지는 정규 Java Thread 클래스보다 더 상위 레벨에서 병렬 프로그래밍을 지원한다. ExecutorService 클래스가 하나 또는 여러 개의 스레드를 관리해주기 때문에, 여러분이 할 일은 실행자(executor)가 실행시킬 수 있도록 작업(Runnable 또는 Callable의 인스턴스)을 던져주는 것뿐이다. Future 클래스의 인스턴스가 반환되는데, 이는 그 작업이 반환해줄, 지금으로서는 알 수 없는 미래의 어떤 값을 참조하고 있다. 생성되는 스레드의 개수를 제한할 수 있으며, 필요하다면 실행되고 있는 작업을 차단할 수도 있다.

이러한 개념들을 그려볼 수 있도록 Google Translation API[6]를 호출하는, 재미있고 작은 프로그램을 하나 만들어보자. 외국어로 또는 외국어로부터 번역된, 특히 컴퓨터로 번역된 이상한 문구를 놓고 웃어본 적이 있는가? 이 프로그램은 사용자가 하나의 언어로 문구를 입력하면 구글을 통해 이를 다른 언어로 번역한 다음, 그 결과를 다시 구글에 요청해 처음의 언어로 재번역한다. 이론적으로는 처음 시작했던 단어들이 나와야겠지만 그림 7.5에서 볼 수 있는 것처럼 항상 그런 것은 아니다.

이 프로그램을 사용하려면 간단하게 시작과 대상 언어를 선택하고 문구를 입력하면 된다. 입력하는 동안 프로그램은 해당 텍스트를 대상 언어로 번역하는데, 구글의 번역 웹 서비스를 이용할 것이다.

이 응용프로그램을 만들기 위해서 아래 매개변수들을 사용하여 'Hello, Android' 응용프로그램을 만드는 것으로 시작해보자.

```
Project name: Translate
Build Target: Android 2.2
Application name: Translate
Package name: org.example.translate
Create Activity: Translate
Min SDK Version: 8
```

이 예제는 웹 서비스 호출을 하기 위해 인터넷에 접근해야 하므로, 안드로이드에 승인해달라는 얘기를 해야 한다.

---

[6] http://code.google.com/apis/ajaxlanguage

그림 7.5

자동번역은 아직 발전의 여지가 많은 작업이다

번역에서 길을 잃다

처음 이 예제를 생각했을 때 나는 쉽게 웃기는 결과를 얻을 수 있을 것이라 상상했다. 불행하게도 (또는 보기에 따라서는 다행스럽게도) 구글 서비스가 대부분의 언어에서 상당히 훌륭한 결과를 도출해내었다. 만약 이 번역기가 뭐든 진짜로 엄청나게 웃기는 실수를 한 경우를 보거든 제발 이 책의 토론 포럼(http://pragprog.com/titles/eband3)에 올려서 다른 사람들도 좀 즐길 수 있게 해주길 바란다.

아래의 줄을 AndroidManifest.xml 안에 <application> XML 태그 앞에 추가한다.

Translate/AndroidManifest.xml

```
<uses-permission android:name="android.permission.INTERNET" />
```

이 예제를 위한 레이아웃은 평소보다 조금 복잡하기 때문에 TableLayout 보기를 사용하도록 하겠다. TableLayout은 보기 화면을 가로와 세로 줄로 정리해주고 내용물에 맞춰 위치 정렬과 칸의 크기도 관리해준다. HTML에서 <table>과 <tr> 태그를 쓸 때와 유사하다.

Translate/res/layout/main.xml

```xml
<?xml version="1.0" encoding="utf-8"?>
<ScrollView
    xmlns:android="http://schemas.android.com/apk/res/android"
    android:layout_width="fill_parent"
    android:layout_height="fill_parent" >
    <TableLayout
        android:layout_width="fill_parent"
        android:layout_height="fill_parent"
        android:stretchColumns="1"
        android:padding="10dip" >
        <TableRow>
            <TextView android:text="@string/from_text" />
            <Spinner android:id="@+id/from_language" />
        </TableRow>
        <EditText
            android:id="@+id/original_text"
            android:hint="@string/original_hint"
            android:padding="10dip"
            android:textSize="18sp" />
        <TableRow>
            <TextView android:text="@string/to_text" />
            <Spinner android:id="@+id/to_language" />
        </TableRow>
        <TextView
            android:id="@+id/translated_text"
            android:padding="10dip"
            android:textSize="18sp" />
        <TextView android:text="@string/back_text" />
        <TextView
            android:id="@+id/retranslated_text"
```

```
        android:padding="10dip"
        android:textSize="18sp" />
  </TableLayout>
</ScrollView>
```

이 예제는 6줄로 이뤄져 있는데, 각 줄은 하나 또는 두 개의 칸을 가지고 있다. 한 줄에 하나의 출력 영역만 있으면 이를 담기 위해 굳이 TableRow를 쓸 필요가 없다는 점에 주의하자. 또한 LinearLayout의 경우와 마찬가지로 모든 출력 영역마다 android:layout_width=와 android:layout_height=를 사용할 필요도 없다.

Spinner 클래스는 이전에 본 적이 없는 새로운 것이다. 이는 다른 사용자 인터페이스 도구 상자에 있는 콤보박스와 유사하다. 사용자가 스피너를 선택하면 (예를 들어 손가락으로 터치하여) 고를 수 있는 유효한 값들의 목록이 나타난다. 이 예제에서는 언어 목록을 선택하는 데 이 컨트롤을 이용할 것이다.

실제 목록은 res/values/arrays.xml 파일에 안드로이드 리소스로 저장되어 있다.

Translate/res/values/arrays.xml

```xml
<?xml version="1.0" encoding="utf-8"?>
<resources>
    <array name="languages">
        <item>Bulgarian (bg)</item>
        <item>Chinese Simplified (zh-CN)</item>
        <item>Chinese Traditional (zh-TW)</item>
        <item>Catalan (ca)</item>
        <item>Croatian (hr)</item>
        <item>Czech (cs)</item>
        <item>Danish (da)</item>
        <item>Dutch (nl)</item>
        <item>English (en)</item>
        <item>Filipino (tl)</item>
        <item>Finnish (fi)</item>
        <item>French (fr)</item>
        <item>German (de)</item>
        <item>Greek (el)</item>
        <item>Indonesian (id)</item>
        <item>Italian (it)</item>
        <item>Japanese (ja)</item>
        <item>Korean (ko)</item>
```

```xml
        <item>Latvian (lv)</item>
        <item>Lithuanian (lt)</item>
        <item>Norwegian (no)</item>
        <item>Polish (pl)</item>
        <item>Portuguese (pt-PT)</item>
        <item>Romanian (ro)</item>
        <item>Russian (ru)</item>
        <item>Spanish (es)</item>
        <item>Serbian (sr)</item>
        <item>Slovak (sk)</item>
        <item>Slovenian (sl)</item>
        <item>Swedish (sv)</item>
        <item>Ukrainian (uk)</item>
    </array>
</resources>
```

이는 Google Translation API가 인식하는 대부분의 언어를 담고 있는 languages라 불리는 목록을 정의한다. 각 값은 긴 이름(예를 들어, Spanish)과 짧은 이름(예를 들어, es)을 하나씩 가지고 있다는 점에 주의하라. 짧은 이름은 언어를 번역기에 전달할 때 사용될 것이다.

이제 Translate 클래스를 수정해보자. 여기 기본적인 개요가 있다.

Translate/src/org/example/translate/Translate.java

```java
package org.example.translate;

import java.util.concurrent.ExecutorService;
import java.util.concurrent.Executors;
import java.util.concurrent.Future;
import java.util.concurrent.RejectedExecutionException;

import android.app.Activity;
import android.os.Bundle;
import android.os.Handler;
import android.text.Editable;
import android.text.TextWatcher;
import android.view.View;
import android.widget.AdapterView;
import android.widget.ArrayAdapter;
import android.widget.EditText;
import android.widget.Spinner;
import android.widget.TextView;
import android.widget.AdapterView.OnItemSelectedListener;
```

```
     public class Translate extends Activity {
         private Spinner fromSpinner;
         private Spinner toSpinner;
         private EditText origText;
25       private TextView transText;
         private TextView retransText;


         private TextWatcher textWatcher;
         private OnItemSelectedListener itemListener;
30
         private Handler guiThread;
         private ExecutorService transThread;
         private Runnable updateTask;
         private Future transPending;
35
         @Override
         public void onCreate(Bundle savedInstanceState) {
             super.onCreate(savedInstanceState);

40           setContentView(R.layout.main);
             initThreading();
             findViews();
             setAdapters();
             setListeners();
45       }
     }
```

몇 개의 변수를 선언한 다음, 37번째 줄에서부터 스레드와 사용자 인터페이스를 초기화하기 위해 onCreate( ) 메소드를 정의하였다. 걱정하지 마라. 호출되는 다른 모든 메소드들도 앞으로 차차 채워갈 것이다.

42번째 줄에서 호출되는 findViews( ) 메소드는 단순히 레이아웃 파일에서 정의된 모든 사용자 인터페이스 요소들에 대한 핸들을 가져온다.


```
private void findViews() {
    fromSpinner = (Spinner) findViewById(R.id.from_language);
    toSpinner = (Spinner) findViewById(R.id.to_language);
    origText = (EditText) findViewById(R.id.original_text);
    transText = (TextView) findViewById(R.id.translated_text);
    retransText = (TextView) findViewById(R.id.retranslated_text);
}
```

43번째 줄에서 onCreate( )에 의해 호출되는 setAdapters( ) 메소드는 스피너를 위한 데이터 소스를 정의한다.

Translate/src/org/example/translate/Translate.java

```java
private void setAdapters() {
    // 스피너 목록이 리소스에서 나옴
    // 스피너 사용자 인터페이스가 표준 레이아웃 사용
    ArrayAdapter<CharSequence> adapter = ArrayAdapter.createFromResource(
            this, R.array.languages,
            android.R.layout.simple_spinner_item);
    adapter.setDropDownViewResource(
            android.R.layout.simple_spinner_dropdown_item);
    fromSpinner.setAdapter(adapter);
    toSpinner.setAdapter(adapter);

    // 자동으로 스피너 아이템 두 개 선택
    fromSpinner.setSelection(8); // English (en)
    toSpinner.setSelection(11); // French (fr)
}
```

안드로이드에서 Adapter는 데이터 소스(이 경우는 arrays.xml에 정의된 언어 배열)를 사용자 인터페이스 컨트롤(이 경우에는 spinner)에 묶어주는 클래스이다. 우리는 목록에 있는 개별적인 아이템들과 스피너를 선택했을 때 보이는 드롭다운 박스에 안드로이드가 제공하는 표준 레이아웃을 사용하였다.

다음으로 setListeners( ) 루틴(onCreate( )의 44번째 줄에서 시작)에 사용자 인터페이스 핸들러를 설정해보자.

Translate/src/org/example/translate/Translate.java

```java
private void setListeners() {
    // 이벤트 수신자 정의
    textWatcher = new TextWatcher() {
        public void beforeTextChanged(CharSequence s, int start,
                int count, int after) {
            /* Do nothing */
        }
        public void onTextChanged(CharSequence s, int start,
                int before, int count) {
```

철수가 묻길…

이런 지연(delay)이니 스레드(threading)니 하는 것들이 진짜 필요한 건가요?

이런 방식으로 작업을 하는 하나의 이유는 너무 자주 외부 웹 서비스를 호출하는 것을 막기 위해서이다. 사용자가 'scissors(가위)'라는 단어를 입력하면 어떤 일이 생길지 상상해보자. 프로그램은 글자가 한 번에 하나씩 찍힐 때마다 이를 인식하는데, 처음에 s, 다음 c, 그 다음 i, 등등, scissors의 철자를 기억하는 사람이 없을 테니 아마 백스페이스(Backspace)도 있을 것이다. 진정 이 글자 하나마다 웹 서비스에 번역을 요청하고 싶은가? 절대 아닐 것이다. 서버에 불필요한 부담을 주는 것도 그렇지만, 전력의 측면에서도 낭비이다. 매 요청은 소량의 데이터 패킷을 전달하고 받기 위해 기기의 무선통신을 필요로 하는데, 이때마다 약간의 배터리 전력을 소모한다. 사용자가 입력을 마칠 때까지 기다렸다가 요청을 보내고 싶지만, 입력이 끝났다는 것을 어떻게 확신할 수 있을까?

여기에 사용된 알고리즘은 사용자가 글자를 입력하는 즉시 지연된 요청이 시작되는 것이다. 만약 1초의 지연 시간이 끝날 때까지 다른 글자가 입력되지 않으면 요청이 발생한다. 그렇지 않으면 첫 번째 요청이 진행되기 전에 요청 대기행렬에서 제거된다. 만약 요청이 벌써 진행 중이라면 이를 중단시키려고 시도한다. 똑같은 방식이 언어 변경에도 적용되는데, 훨씬 짧은 지연시간을 준다. 좋은 소식은, 내가 이미 한번 실행을 해봤기 때문에, 당신의 비동기 프로그램에 같은 패턴을 가져다 쓰기만 하면 된다는 것이다.

```java
            queueUpdate(1000 /* milliseconds */);
        }
        public void afterTextChanged(Editable s) {
            /* Do nothing */
        }
    };
    itemListener = new OnItemSelectedListener() {
        public void onItemSelected(AdapterView parent, View v,
                int position, long id) {
            queueUpdate(200 /* milliseconds */);
        }
        public void onNothingSelected(AdapterView parent) {
            /* Do nothing */
        }
    };
```

```java
// 그래픽 사용자 인터페이스 위젯에 대한 수신자 설정
origText.addTextChangedListener(textWatcher);
fromSpinner.setOnItemSelectedListener(itemListener);
toSpinner.setOnItemSelectedListener(itemListener);
}
```

두 개의 수신자를 정의했는데, 하나는 번역할 텍스트가 변경될 때 호출되고, 다른 하나는 언어가 변경되었을 때 호출된다. queueUpdate( )는 Handler를 이용하여 메인 스레드의 할 일 목록에 지연된 업데이트 요청을 집어넣는다. 임의로 텍스트 변경에는 1,000 밀리세컨드의 지연을, 언어 변경에는 200 밀리세컨드의 지연을 주었다.

업데이트 요청은 initThreading( ) 메소드 안에서 정의된다.

Translate/src/org/example/translate/Translate.java

```java
private void initThreading() {
    guiThread = new Handler();
    transThread = Executors.newSingleThreadExecutor();

    // 이 작업은 번역을 실행하고 화면을 업데이트함
    updateTask = new Runnable() {
        public void run() {
            // 번역할 텍스트 가져오기(Get text to translate)
            String original = origText.getText().toString().trim();

            // 만약 있다면 이전 번역 취소
            if (transPending != null)
                transPending.cancel(true);

            // 텍스트가 없는 경우 처리
            if (original.length() == 0) {
                transText.setText(R.string.empty);
                retransText.setText(R.string.empty);
            } else {
                // 사용자에게 작업진행 중 표시
                transText.setText(R.string.translating);
                retransText.setText(R.string.translating);

                // 번역 시작하고 대기하지 않기
                try {
                    TranslateTask translateTask = new TranslateTask(
                        Translate.this, // reference to activity
```

```
         original, // original text
         getLang(fromSpinner), // from language
30       getLang(toSpinner) // to language
      );
      transPending = transThread.submit(translateTask);
   } catch (RejectedExecutionException e) {
      // 새로운 작업 시작 불가
35    transText.setText(R.string.translation_error);
      retransText.setText(R.string.translation_error);
   }
      }
   }
40 };
}
```

두 개의 스레드가 있는데, 메인 안드로이드 스레드는 사용자 인터페이스를 위해, 번역 (translate) 스레드는 실질적인 번역 작업을 돌리기 위해 생성할 것이다. 첫 번째 것은 안드 로이드의 **Handler**로 나타나고 두 번째 것은 자바의 **ExecutorService**로 나타난다.

6번째 줄은 queueUpdate( ) 메소드에 의해 스케줄이 관리되는, 업데이트 작업을 정의한다. 일단 실행이 되면, 먼저 현재 번역할 텍스트를 가져온 다음, 번역 작업을 번역 스레드에 전달 한다. 이미 진행되고 있는 번역은 취소하고(13번째 줄), 번역할 텍스트가 없는 경우에도 처 리하며(17번째 줄), 번역된 텍스트가 표시될 두 개의 텍스트 컨트롤에 '번역중… (Translating…)'이라는 문자열도 표시해준다(21번째 줄). 해당 텍스트는 나중에 실제로 번 역된 텍스트로 교체될 것이다.

마지막으로 26번째 줄에서, **TranslateTask** 인스턴스를 생성해서 **Translate** 액티비티를 참 조하게 하여 원래 텍스트를 담고 있는 문자열과 스피너에서 선택된 두 언어의 짧은 이름을 다시 호출하여 텍스트를 변경할 수 있도록 했다. 32번째 줄은 새로운 작업을 번역 스레드에 집어 넣어 **Future** 반환값에 대한 참조를 반환한다. 이 경우에는 **TranslateTask**가 GUI를 직접적으로 변경하기 때문에 리턴값이 실제로는 없지만, 필요하다면 13번째 줄에 있는 **Future** 참조를 번역 취소하는 데 이용할 수 있다.

다른 곳에서 사용된 몇 가지 유틸리티 함수들을 보면서 **Translate** 클래스를 끝내기로 하자.

`Translate/src/org/example/translate/Translate.java`

```java
/** Extract the language code from the current spinner item */
private String getLang(Spinner spinner) {
    String result = spinner.getSelectedItem().toString();
    int lparen = result.indexOf('(' );
    int rparen = result.indexOf(')' );
    result = result.substring(lparen + 1, rparen);
    return result;
}


/** Request an update to start after a short delay */
private void queueUpdate(long delayMillis) {
    // Cancel previous update if it hasn't started yet
    guiThread.removeCallbacks(updateTask);
    // Start an update if nothing happens after a few milliseconds
    guiThread.postDelayed(updateTask, delayMillis);
}


/** Modify text on the screen (called from another thread) */
public void setTranslated(String text) {
    guiSetText(transText, text);
}


/** Modify text on the screen (called from another thread) */
public void setRetranslated(String text) {
    guiSetText(retransText, text);
}


/** All changes to the GUI must be done in the GUI thread */
private void guiSetText(final TextView view, final String text) {
    guiThread.post(new Runnable() {
        public void run() {
            view.setText(text);
        }
    });
}
```

getLang() 메소드는 스피너에서 현재 어떤 아이템이 선택되었는지를 확인하고, 해당 아이템을 위한 문자열을 가져온 다음, 번역 API에서 필요로 하는 짧은 언어 코드를 분석한다.

queueUpdate()는 업데이트 요청을 메인 스레드의 요청 대기행렬에 집어 넣지만 실제로 실행하기 전에 잠시 기다리라고 지시한다. 만약 대기행렬에 요청이 이미 있으면 이는 제거된다.

setTranslated( )와 setRetranslated( ) 메소드는 TranslateTask에 의해 웹 서비스로부터 번역된 결과가 돌아왔을 때 사용자 인터페이스를 업데이트할 때 사용된다. 이 둘은 모두 guiSetText( )라 불리는 비공개 함수를 호출하는데, 이는 Handler.post( ) 메소드를 이용하여 메인 GUI 스레드가 TextView 컨트롤상의 텍스트를 업데이트하도록 요청한다. 사용자 인터페이스 스레드가 아닌 것은 사용자 인터페이스 함수를 호출할 수 없기 때문에 이 추가적인 단계가 필요하며, guiSetText( )는 번역 스레드에 의해 호출된다.

여기 Translate 예제를 위한 res/values/strings.xml 파일이 있다.

Translate/res/values/strings.xml

```xml
<?xml version="1.0" encoding="utf-8"?>
<resources>
    <string name="app_name">Translate</string>
    <string name="from_text">From:</string>
    <string name="to_text">To:</string>
    <string name="back_text">And back again:</string>
    <string name="original_hint">Enter text to translate</string>
    <string name="empty"></string>
    <string name="translating">Translating...</string>
    <string name="translation_error">(Translation error)</string>
    <string name="translation_interrupted">(Translation
        interrupted)</string>
</resources>
```

마지막으로 TranslateTask 클래스의 정의를 보자.

Translate/src/org/example/translate/TranslateTask.java

```java
package org.example.translate;

import java.io.BufferedReader;
import java.io.IOException;
import java.io.InputStreamReader;
import java.net.HttpURLConnection;
import java.net.URL;
import java.net.URLEncoder;

import org.json.JSONException;
import org.json.JSONObject;
```

```java
import android.util.Log;

public class TranslateTask implements Runnable {
    private static final String TAG = "TranslateTask" ;
    private final Translate translate;
    private final String original, from, to;

    TranslateTask(Translate translate, String original, String from,
            String to) {
        this.translate = translate;
        this.original = original;
        this.from = from;
        this.to = to;
    }

    public void run() {
        // Translate the original text to the target language
        String trans = doTranslate(original, from, to);
        translate.setTranslated(trans);

        // Then translate what we got back to the first language.
        // Ideally it would be identical but it usually isn't.
        String retrans = doTranslate(trans, to, from); // swapped
        translate.setRetranslated(retrans);
    }

    /**
     * Call the Google Translation API to translate a string from one
     * language to another. For more info on the API see:
     * http://code.google.com/apis/ajaxlanguage
     */
    private String doTranslate(String original, String from,
            String to) {
        String result = translate.getResources().getString(
                R.string.translation_error);
        HttpURLConnection con = null;
        Log.d(TAG, "doTranslate(" + original + ", " + from + ", "
                + to + ")" );

        try {
            // Check if task has been interrupted
            if (Thread.interrupted())
                throw new InterruptedException();

                // Build RESTful query for Google API
```

```java
String q = URLEncoder.encode(original, "UTF-8" );
URL url = new URL(
      "http://ajax.googleapis.com/ajax/services/language/translate"
          + "?v=1.0" + "&q=" + q + "&langpair=" + from
          + "%7C" + to);
con = (HttpURLConnection) url.openConnection( );
con.setReadTimeout(10000 /* milliseconds */);
con.setConnectTimeout(15000 /* milliseconds */);
con.setRequestMethod("GET" );
con.addRequestProperty("Referer" ,
      "http://www.pragprog.com/titles/eband3/hello-android" );
con.setDoInput(true);

// Start the query
con.connect( );

// Check if task has been interrupted
if (Thread.interrupted( ))
  throw new InterruptedException( );

// Read results from the query
BufferedReader reader = new BufferedReader(
      new InputStreamReader(con.getInputStream( ), "UTF-8" ));
String payload = reader.readLine( );
reader.close( );

// Parse to get translated text
JSONObject jsonObject = new JSONObject(payload);
result = jsonObject.getJSONObject("responseData" )
      .getString("translatedText" )
      .replace("&#39;" , "'" )
      .replace("&amp;" , "&" );

// Check if task has been interrupted
if (Thread.interrupted( ))
  throw new InterruptedException( );

} catch (IOException e) {
  Log.e(TAG, "IOException" , e);
} catch (JSONException e) {
  Log.e(TAG, "JSONException" , e);
} catch (InterruptedException e) {
  Log.d(TAG, "InterruptedException" , e);
  result = translate.getResources( ).getString(
      R.string.translation_interrupted);
```

```
      } finally {
        if (con != null) {
          con.disconnect();
        }
      }

      // All done
      Log.d(TAG, " -> returned " + result);
      return result;
    }
}
```

이는 HttpURLConnection을 이용하여 REST(Representational State Transfer. 대규모 네트워크 시스템을 위한 아키텍처의 한 형식-역주) 개념을 따르는 웹 서비스를 호출하고, 자바스크립트 객체 표기법(JavaScript Object Notation, JSON) 형태로 결과를 파싱하고, 모든 종류의 네트워크 오류와 중지 요청을 처리하는 방법에 대한 좋은 예제이다. 이 파일은 몇 가지 디버깅 메시지를 제외하고는 안드로이드에만 한정된 내용이 없기 때문에 여기서 자세하게 설명하지는 않겠다.

7.5 빨리 넘겨보기 >>

이 장에서 우리는 간단한 웹 페이지를 여는 것에서부터 비동기식 웹 서비스를 이용하는 것에 이르기까지 방대한 내용을 다루었다. HTML/자바스크립트 프로그래밍은 이 책의 범위를 벗어나지만 몇 가지 좋은 참고사항들은 가능하다. 만약 ExecutorService와 같은 병렬 프로그래밍을 많이 할 계획이라면, 브라이언 괴츠(Brian Goetz)가 쓴 Java Concurrency in Practice(국내에는 2007년 에이콘출판에서 '자바 병렬 프로그래밍' 이라는 제목으로 번역 출간-역주)를 추천한다.

다음 장에서는 위치와 센서 서비스를 통하여 새로운 단계의 양방향성을 탐험해볼 것이다. 만약 데이터 소스와 데이터 묶기에 대해 더 많은 것을 배우고 싶어 안달이라면, 제9장 SQL 활용하기로 건너뛰도록 하라.

제 8 장

위치 찾기와 감지하기

안드로이드 플랫폼은 상이한 기술들을 다양하게 이용하고 있다. 이들 중 몇은 새로운 것이고 몇은 다른 곳에서 이미 보았던 것이다. 안드로이드의 독특한 점은 이러한 기술들이 함께 작용하는 방식이다. 이 장에서 우리는 아래의 사항들을 고려해볼 것이다.

- 비싸지 않은 GPS 기기를 이용한 위치 인식,

- 닌텐도 위 리모컨에 쓰이는 것과 같은 초소형 가속도계

- 종종 지도와 다른 정보를 결합하는 매시업

몇몇 유명한 안드로이드 프로그램들은 사용자에게 보다 강력하고 연관성이 높은 경험을 주기 위해 이러한 개념을 사용한다. 예를 들어, 로캘(locale) 응용프로그램[1](특정 장소의 용도와 위치를 설정해 놓으면 해당 위치에서 자동으로 폰의 상태 설정을 변경. 예를 들어, 특정 주소를 학교로 지정해 놓으면 해당 지역에 접근할 때 폰이 자동으로 진동모드로 설정됨-역주)은 당신이 어디에 있는가에 따라 폰의 설정을 변경할 수 있다. 혹시 직장이나 영화관에 갈 때마다 폰을 진동으로 설정해 놓는 것을 잊어버리지 않는가? 로캘이 여기에서 설명하는 안드로이드의 위치 API를 가지고 이를 처리해줄 것이다.

---

[1] http://www.androidlocale.com

8.1 로케이션, 로케이션, 로케이션

바로 지금 당신이 채소가게에 가는 길을 찾는 데 도움을 주는 목적 외에는 다른 하는 일 없이 지구 위를 돌아다니는 위성이 서른 한 개나 된다. GPS(Global Positioning System)는 애초에 군사용으로 개발되었으나 후에 민간용으로 전환되어, 우리의 안드로이드 폰에 들어있는 것과 같은 지상 기반의 수신기에 고도로 정확한 시간 신호를 쏘아주고 있다. GPS 칩은 정확한 수신과 약간의 수학을 가지고 15미터 오차 이내에서 당신의 위치를 계산해낼 수 있다.[2]

GPS 이외에, 안드로이드는 근처에 있는 휴대전화 기지국의 정보를 이용해서 위치를 계산할 수 있는데, 당신이 와이파이 지역에 접속해 있을 때는 이를 이용할 수도 있다. 이러한 위치 제공자들은 어느 정도 못미덥다는 점을 염두에 두길 바란다. 예를 들어, 빌딩 안으로 들어가 버리면 GPS 신호가 닿을 수 없다.

안드로이드의 위치 서비스들을 시연하기 위해, 간단하게 현재 위치를 표시하고 움직이는 데 따라 그 정보를 화면에 업데이트해주는 시험용 프로그램을 만들어보자. 그림 8.1 에서 프로그램을 볼 수 있다.

철수가 묻길…

GPS로 누군가 내 위치를 염탐할 수 있나요?

없다. GSP 수신기는 말 그대로 수신기일 뿐이다. GPS 칩은 위치를 알고 있고, 그래서 안드로이드 기기 안에서 실행되는 모든 프로그램도 위치를 알 수 있다. 하지만 그 프로그램 중 하나가 굳이 힘들여 위치 정보를 전송하지 않는 이상, 아무도 그 정보를 이용하여 당신의 위치를 찾을 수는 없다.

---

[2] GPS를 이용하기 위해서 이것이 어떻게 작동하는지를 알 필요는 없으나, 만약 궁금하다면 http://electronics.howstuffworks.com/gadgets/travel/gps.htm 을 보라.

여기가 어디지?

새 프로젝트 위저드에서 아래의 매개변수들을 이용하여 'Hello, Android' 응용프로그램 하나를 만드는 것으로 시작해보자.

```
Project name: LocationTest
Build Target: Android 2.2
Application name: LocationTest
Package name: org.example.locationtest
Create Activity: LocationTest
Min SDK Version: 8
```

위치 정보에 접근하는 것은 안드로이드 승인 정책에 의해 제한되어 있다. 접근권을 얻으려면 아래의 코드줄을 AndroidManifest.xml 파일의 <application> 태그 앞 부분에 추가할

그림 8.1

LocationManager 테스트하기

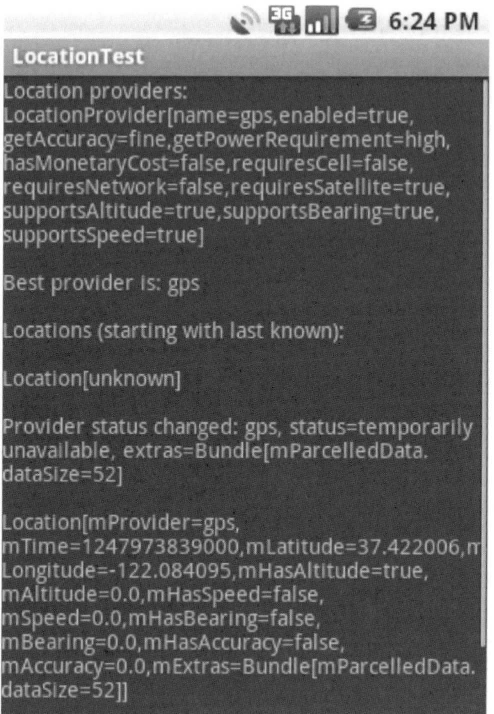

필요가 있다.

LocationTest/AndroidManifest.xml

```xml
<uses-permission
    android:name="android.permission.ACCESS_COARSE_LOCATION" />
<uses-permission
    android:name="android.permission.ACCESS_FINE_LOCATION" />
```

이 예제에서는 GPS와 같이 정밀(fine-grained) 위치 제공자와 기지국 삼각측량과 같이 비정밀(coarse-grained) 위치 제공자가 모두 지원될 것이다.

사용자 인터페이스를 위해서는 모든 위치 데이터를 스크롤이 되는 하나의 커다란 TextView에 출력할 예정이며, 이는 res/layout/main.xml에서 정의된다.

LocationTest/res/layout/main.xml

```xml
<?xml version="1.0" encoding="utf-8"?>
<ScrollView
    xmlns:android="http://schemas.android.com/apk/res/android"
    android:orientation="vertical"
    android:layout_width="fill_parent"
    android:layout_height="fill_parent" >
    <TextView
        android:id="@+id/output"
        android:layout_width="fill_parent"
        android:layout_height="wrap_content" />
</ScrollView>
```

예비작업들이 다 처리가 되어 있기 때문에 바로 코딩을 시작할 수 있다. 아래에 Location-Test 클래스와 onCreate( ) 메소드의 개요가 있다. (15번째 줄에 있는 LocationListener 참조는 일단 무시하자. 나중에 다시 볼 것이다.)

LocationTest/src/org/example/locationtest/LocationTest.java

```java
Line 1   package org.example.locationtest;

    -    import java.util.List;

    5    import android.app.Activity;
```

```java
    import android.location.Criteria;
    import android.location.Location;
    import android.location.LocationListener;
    import android.location.LocationManager;
    import android.location.LocationProvider;
    import android.os.Bundle;
    import android.widget.TextView;

    public class LocationTest extends Activity implements
            LocationListener {
      private LocationManager mgr;
      private TextView output;
      private String best;

      @Override
      public void onCreate(Bundle savedInstanceState) {
        super.onCreate(savedInstanceState);
        setContentView(R.layout.main);

        mgr = (LocationManager) getSystemService(LOCATION_SERVICE);
        output = (TextView) findViewById(R.id.output);

        log("Location providers:");
        dumpProviders();

        Criteria criteria = new Criteria();
        best = mgr.getBestProvider(criteria, true);
        log("\nBest provider is: " + best);

        log("\nLocations (starting with last known):");
        Location location = mgr.getLastKnownLocation(best);
        dumpLocation(location);
      }
    }
```

안드로이드 위치 서비스의 시작점은 25번째 줄에 있는 getSystemService( ) 호출이다. 이는 LocationManager 클래스를 반환하는데, 나중에 쓸 수 있도록 필드 하나에다 저장해놓자.

29번째 줄에서는 시스템에 있는 모든 위치 제공자의 목록을 출력할 수 있도록 dump-Providers( ) 메소드를 호출한다.

다음으로 가능한 제공자 중에서 사용할 것을 하나 선택해야 한다. 몇몇 예제들이 단순하게 제일 처음 나오는 것을 선택하는 걸 봐왔는데, 나는 여기 보여지는 것처럼 getBestProvider( ) 를 사용할 것을 권장한다. 안드로이드가 당신이 제시한 기준(Criteria)에 맞춰 가장 뛰어난 제공자를 선택해줄 것이다(31번째 줄을 보라). 만약 비용이나 신호강도, 정확도 등등에서 제약사항이 있을 때, 이곳이 그 조건을 집어넣을 곳이다. 이 예제에서는 제약사항이 없는 것으로 했다.

제공자에 따라서, 기기가 현재 위치를 계산해내는 데 시간이 좀 걸리기도 한다. 몇 초일 수도 있고 몇 분일 수도 있고, 그 이상일 수도 있다. 그렇지만 36번째 줄을 보면 안드로이드가 마지막으로 받은 위치를 기억하고 있어서, 이를 조회해서 즉시 출력을 할 수 있다. 이 위치는 예전의 것이지만(예를 들어, 기기가 꺼진 상태에서 이동을 했다면), 아무것도 없는 것보다는 나을 때가 많다.

내가 지금 어디 있는지를 파악하는 것은 반쯤은 그저 재미를 위한 것이다. 자, 이제 다음은 어디로 갈까?

위치 업데이트하기

안드로이드로부터 위치 변화에 대한 정보를 받으려면, LocationManager 객체 상의 requestLocationUpdate( ) 메소드를 호출하자. 배터리 전력을 절약하기 위해 프로그램이 전면에 나와 있을 때만 업데이트를 하도록 한다. 그러므로 안드로이드의 액티비티 라이프사이클 메소드 안으로 파고들어 onResume( )과 onPause( )를 덮어쓸 필요가 있다.

LocationTest/src/org/example/locationtest/LocationTest.java

```java
@Override
protected void onResume() {
    super.onResume();
    // 업데이트 시작 (doc recommends delay >= 60000 ms)
    mgr.requestLocationUpdates(best, 15000, 1, this);
}

@Override
protected void onPause() {
    super.onPause();
    // 앱이 중지된 경우 전력을 절약하기 위해 업데이트 중단
```

```
    mgr.removeUpdates(this);
}
```

응용프로그램이 재개되면 requestLocationUpdates()를 호출하여 업데이트 처리를 시작한다. 네 개의 매개변수가 필요한데, 각각 제공자 이름, 지연시간(너무 자주 업데이트를 하지 않도록), 최소 거리(이보다 적은 변화는 무시), LocationListener 객체이다.

응용프로그램이 중지되면 removeUpdates()를 호출하여 업데이트 정보 수신을 중단한다. 한동안 사용하지 않으면 위치 제공자의 출력 강도가 낮아진다.

이제 왜 LocationTest가 LocationListener를 실행시키는지 알게 됐으니, 새로운 수신자 객체를 만드는 대신 이 액티비티에 변수를 넘기기만 하자. 이로써 실행 시에 1KB 정도의 메모리를 절약할 수 있을 것이다.

이 상호작용에 필요한 네 가지 메소드의 정의가 아래에 있다.

LocationTest/src/org/example/locationtest/LocationTest.java

```java
public void onLocationChanged(Location location) {
    dumpLocation(location);
}

public void onProviderDisabled(String provider) {
    log("\nProvider disabled: " + provider);
}

public void onProviderEnabled(String provider) {
    log("\nProvider enabled: " + provider);
}

public void onStatusChanged(String provider, int status,
        Bundle extras) {
    log("\nProvider status changed: " + provider + ", status="
            + S[status] + ", extras=" + extras);
}
```

위의 묶음 중에서 제일 중요한 메소드는 onLocationChanged()이다.

이름에서 알 수 있듯이, 이 메소드는 제공자가 기기의 위치가 변경되었다고 알려줄 때마다 호출된다. onProviderDisabled()와 onProviderEnabled(), onStatusChanged() 메소드는 처음 선택했던 제공자를 이용할 수 없게 되어 다른 제공자로 변경할 때 사용할 수 있다.

LocationTest의 나머지 메소드들 — log( ), dumpProviders( ), dumpLocation( ) — 을 위한 코드는 그다지 재미는 없지만, 전체를 본다는 의미에서 아래에 정리하였다.

LocationTest/src/org/example/locationtest/LocationTest.java

```java
// 인간이 읽을 수 있는 이름 정의하기
private static final String[] A = { "invalid" , "n/a" , "fine" , "coarse" };
private static final String[] P = { "invalid" , "n/a" , "low" , "medium" ,
        "high" };
private static final String[] S = { "out of service" ,
        "temporarily unavailable" , "available" };

/** 결과창에 문자열 쓰기 */
private void log(String string) {
    output.append(string + "\n" );
}

/** 모든 위치 제공자로부터 얻은 정보 쓰기 */
private void dumpProviders( ) {
    List<String> providers = mgr.getAllProviders( );
    for (String provider : providers) {
        dumpProvider(provider);
    }
}

/** 한 위치 제공자로부터 얻은 정보 쓰기 */
private void dumpProvider(String provider) {
    LocationProvider info = mgr.getProvider(provider);
    StringBuilder builder = new StringBuilder( );
    builder.append("LocationProvider[" )
        .append("name=" )
        .append(info.getName( ))
        .append(",enabled=" )
        .append(mgr.isProviderEnabled(provider))
        .append(",getAccuracy=" )
        .append(A[info.getAccuracy( ) + 1])
        .append(",getPowerRequirement=" )
        .append(P[info.getPowerRequirement( ) + 1])
        .append(",hasMonetaryCost=" )
        .append(info.hasMonetaryCost( ))
        .append(",requiresCell=" )
```

```java
            .append(info.requiresCell())
            .append(", requiresNetwork=")
            .append(info.requiresNetwork())
            .append(", requiresSatellite=")
            .append(info.requiresSatellite())
            .append(", supportsAltitude=")
            .append(info.supportsAltitude())
            .append(", supportsBearing=")
            .append(info.supportsBearing())
            .append(", supportsSpeed=")
            .append(info.supportsSpeed())
            .append("]");
    log(builder.toString());
}


/** 주어진 위치 표시하기, null일 수 있음 */
private void dumpLocation(Location location) {
    if (location == null)
        log("\nLocation[unknown]");
    else
        log("\n" + location.toString());
}
```

이 코드를 일일이 타이핑하고 싶지 않으면, 이 책의 웹사이트에서 내려 받을 수 있는 예제를 찾을 수 있을 것이다.

에뮬레이션 주의 사항

만약 LocationTest 예제를 실제 기기에서 돌리고 있다면 당신이 움직이는 대로 현재 위치를 표시해줄 것이다. 에뮬레이터는 변경을 해주지 않는 한 항상 고정된 위치를 반환해주는 가짜 GPS 제공자를 사용하고 있다. 이제 에뮬레이터를 변경해보자.

이클립스에서는 에뮬레이터 컨트롤 보기(Window > Show View > Other⋯ > Android > Emulator control)을 이용하여 모의 위치를 변경할 수 있다. 밑으로 스크롤을 내리면 수동으로 위도와 경도를 입력하는 곳을 찾을 수 있을 것이다. Send 버튼을 클릭하면 이클립스가 새로운 위치를 에뮬레이트되고 있는 가상기기에 전달하여, 새 위치가 이를 참조하는 모든 프로그램에 나타나게 된다.

또는 이클립스 바깥에서 달빅 디버그 모니터 서비스(Dalvik Debug Monitor Service, DDMS) 프로그램을 구동시켜 가짜 위치 변경 정보를 보낼 수도 있다. 한 번에 한 위치씩 업데이트하는 수동입력 말고 외부 파일에 기록된 경로를 읽어 들이는 방법도 있다. 더 자세한 내용은 DDMS 참고자료를 보도록 하라.[3]

안드로이드의 위치 제공자를 통해 당신은 방대한 지구적 관점에서 자신의 위치를 계산할 수 있다. 만약 경사도와 온도 등과 같은 지역 정보가 더 필요하다면 별도의 API가 필요하다. 그게 다음 절의 주제이다.

8.2 최대치로 센서 설정하기

당신이 레이싱 게임을 만들고 있는데, 화면에서 차를 조정할 수 있는 기능을 사용자에게 주려고 한다고 가정해보자. 한 가지 방법은 소니 플레이스테이션이나 닌텐도 디에스처럼 버튼을 이용하는 것이다. 오른쪽 버튼을 누르면 오른쪽으로 가고, 왼쪽 버튼을 누르면 왼쪽으로 가고, 다른 버튼을 계속 누르고 있으면 기름을 넣는 식이다. 가능은 하지만 그다지 자연스럽지는 않다.

누군가 그런 게임을 하고 있는 걸 본 적이 있는가? 무의식적으로 사람들은 급커브를 돌 때 이쪽 저쪽으로 몸을 기울이고, 다른 차와 부딪힐 때는 게임 제어기를 휙 당기기도 하고, 속도를 낼 때는 몸을 앞으로 기울이고, 브레이크를 밟을 때는 뒤로 젖힌다. 이러한 몸 동작들이 실제 게임을 하는 데 영향을 줄 수 있다면 멋지지 않을까? 이제 이것들이 가능하다.

매혹하는 센서들

안드로이드 SDK는 다양한 형태의 센서 기기들을 지원한다.

- TYPE_ACCELEROMETER: x, y, z 축으로 가속도를 측정

- TYPE_LIGHT: 주변의 밝기가 어느 정도인지를 알려줌

---

[3] http://d.android.com/guide/developing/tools/ddms.html

- TYPE_MAGNETIC_FIELD: x, y, z 축의 자기장 세기를 반환

- TYPE_ORIENTATION: 기기의 흔들림, 던지기, 구르기 등을 측정

- TYPE_PRESSURE: 현재의 공기압을 감지

- TYPE_PROXIMITY: 센서와 특정 물체와의 거리를 제공

- TYPE_TEMPERATURE: 주변의 온도를 측정

물론 모든 기기들이 이 많은 기능들을 모두 제공하는 것은 아니다.[4]

SensorTest 예제는 이 책의 웹사이트에서도 얻을 수 있는데, 센서 API 사용하는 법을 시연한다. 안드로이드의 SensorManager 클래스는 업데이트가 일 초에 수백 번 정도로 훨씬 빠르다는 점을 빼면 LocationManager와 유사하다. 센서에 접근하기 위해서는 먼저 아래와 같이 getSystemService( ) 메소드를 호출해야 한다.

SensorTest/src/org/example/sensortest/SensorTest.java

```java
private SensorManager mgr;
    // ...
    mgr = (SensorManager) getSystemService(SENSOR_SERVICE);
```

그리고 onResume( ) 메소드 안에서 registerListener( )를 호출하여 업데이트를 시작하고 onPause( ) 메소드 안에서 unregisterListener( )를 호출하여 이를 중단한다.

센서의 표시도수 해석하기

센서 서비스는 값이 변경될 때마다 onSensorChanged( ) 메소드를 호출한다. 이는 아래와 비슷한 어떤 것으로 표현된다.

SensorTest/src/org/example/sensortest/SensorTest.java

---

[4] 불행히도, 안드로이드 1.5는 당신의 기기를 실제로 작동하는 스타트렉의 트라이코더(스타트렉에 나오는 휴대용 기기로 스캐닝과 데이터 분석, 데이터 저장 기능을 갖는다- 역주)로 바꿔주는 TRICORDER 센서에 대한 지원을 삭제했다. 빌어먹을, 짐-난 프로그래머지 이스터 에그가 아니라고.

```java
public void onSensorChanged(SensorEvent event) {
    for (int i = 0; i < event.values.length; i++) {
        // ...
    }
}
```

모든 센서는 부동소수점 값의 배열을 반환한다. 배열의 크기는 해당 센서에 따라 다른데, 예를 들어 TYPE_TEMPERATURE는 섭씨 도수로 측정된 오직 하나의 값만을 반환한다. 반환된 모든 값을 다 쓸 필요는 없다. 만약 나침반의 방향만 알고 싶다면, TYPE_ORIENTATION 센서에서 반환되는 첫 번째 숫자만 이용할 수도 있다.

센서의 표시도수를 의미가 통하는 정보로 변환하는 작업은 흑마술에 가깝다. 여기 몇 가지 명심해야 할 팁을 정리해 보았다.

- 가속도계의 표시도수는 극도로 과민하다. 어떤 종류의 가중 평균치를 이용하여 데이터를 평준화할 필요가 있으나 또 너무 평준화하지 않도록 조심해야 한다. 그러지 않으면 상호작용 자체가 시들시들하고 맥 빠지게 느껴질 것이다.

- 센서의 값은 무작위로 들어온다. 연속으로 몇 개가 들어오다가 휴지 기간이 있기도 하고, 그러다가 한꺼번에 여러 개가 들어오기도 한다. 근사하게 고른 그래프를 기대하지 마라.

- 사용자가 다음에 무엇을 할 것인지를 미리 예측하여 사용자보다 앞서 있도록 하라. 바로 직전의 세 개의 값이 조금씩 빨라지면서 오른쪽으로 구르기 시작했다는 것을 보여준다고 치자. 당신은 상당한 정도의 정확도로 다음 값이 어떻게 될 것인지 추측할 수 있을 것이고 이에 근거하여 대응을 시작할 수 있다.

가장 까다롭게 센서를 이용하는 경우는, 사용자가 기기를 어떻게 움직이는가와 화면에서 무엇인 일어나는가가 일대일로 연관되어 있는 액션 게임이다. 불행히도 에뮬레이터는 이런 종류의 작업에 큰 소용이 되지 못한다.

에뮬레이션 주의 사항

구글에 따르면 에뮬레이터를 이용하여 센서를 테스트하는 것은 불가능하다고 한다. 대부분의 컴퓨터에는 조명 센서나 GPS 칩 또는 나침반이 장착되어 있지 않다. 당연히 SensorTest 프로그램을 에뮬레이터에서 돌려보면 아무런 값도 화면에 표시되지 않을 것이다. 한편, 오픈 인텐트(OpenIntents)[5]라는 이름의 프로젝트가 하나 있어 테스트 목적으로 호출할 수 있는 대체 센서 API를 제공하고 있다.

이것이 작동하는 방식을 보면, 데스크톱 컴퓨터에서 실행되는 센서 시뮬레이터(Sensor Simulator)라는 또 다른 응용프로그램에 에뮬레이터를 연결하는 형태이다. 시뮬레이터는 가상 단말기의 그림을 보여주고 마우스로 이를 이리저리 움직이도록 한 다음(그림 8.2 참조), 이러한 동작을 에뮬레이터상에서 돌아가고 있는 안드로이드 프로그램에 공급해준다. 만약 당신의 개발용 컴퓨터가 실제로 센서를 가지고 있거나(애플의 맥북처럼) 블루투스를 이용하여 닌텐도 위 리모콘에 연결할 수 있다면 센서 시뮬레이터가 이를 데이터 소스로 사용할 수

그림 8.2

센서 시뮬레이터로 가짜 센서 만들기

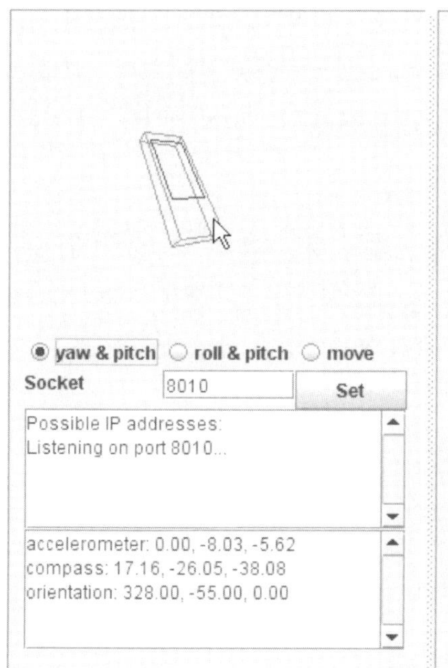

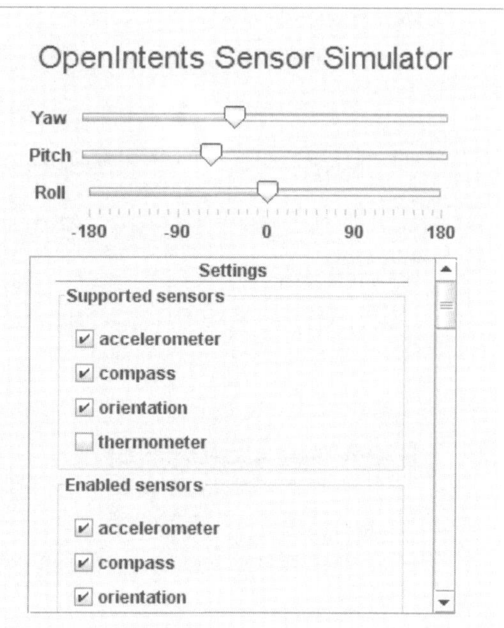

---

[5] http://www.openintents.org

있다.

불편한 점은 당신이 직접 소스 코드를 수정하여 이것이 작동하도록 해야 한다는 점이다. 만약 한 번 시도해보고 싶다면 오픈인텐트의 웹사이트에서 더 자세한 자료를 찾아보도록 하라. 나의 충고는 센서 에뮬레이션에 대해서는 포기하고 실제 기기를 잡으라는 것이다. 괜찮다고 느껴질 때까지 알고리즘을 계속 이리저리 손을 봐야 할 것이다.

이제 자신의 위치정보를 가져오기 위해 기초 단계의 호출을 하거나, 나침반의 방향과 같은 숫자를 얻기 위해 센서에 조회하는 법은 알게 되었으나, 어떤 응용프로그램에서는 이 모든 것을 다 잊고 그냥 구글 맵스 API를 사용할 수도 있다.

8.3 부감법(Bird's-Eye View)

Ajax의 첫 번째 대박 응용프로그램 중의 하나가 구글 맵스다.[6] 자바스크립트와 Xml-HttpRequest 객체를 이용하여 구글 기술자들이 플러그인 없이도 모든 현대적인 웹 브라우저에서 실행되는, 드래그할 수 있고, 확대/축소할 수 있고, 비단처럼 매끄러운 지도 보기를 만들어냈다. 마이크로소프트나 야후와 같은 다른 공급자들이 재빨리 이 아이디어를 베꼈지만, 아직은 틀림없이 구글 버전이 최고다.

이러한 웹 기반의 지도는 제7장 2절 전망 좋은 웹에서 논의되었던 것처럼 내부 장착된 WebView 컨트롤과 함께 안드로이드에서 사용할 수 있다. 하지만 응용프로그램의 구조는 상당히 꼬이게 될 것이다. 그래서 구글은 MapView 컨트롤을 만들어냈다.

MapView 내부 장착하기

단 몇 줄의 코드로 MapView를 안드로이드 응용프로그램 안에 내부 장착할 수 있다. 구글 맵스의 기능 대부분에다 당신의 개별적인 작업을 추가시키기 위한 훅까지 제공된다(그림 8.3 참조).

---

[6] http://maps.google.com

그림 8.3

현재 위치를 보여주는 내부 장착 지도

MapView를 위치 제공자나 센서 제공자와 엮을 수도 있다. 현재 위치를 지도 위에 보여주고 어느 방향으로 향하고 있는지를 나침반으로 표현해줄 수도 있다. 이런 가능성의 일부를 예제 프로그램으로 구현해보도록 하자.

먼저 위저드에서 아래 값들을 이용하여 'Hello, Android' 응용프로그램을 하나 만들어보자.

```
Project name: MyMap
Build Target: Google APIs (Platform: 2.2)
Application name: MyMap
Package name: org.example.mymap
Create Activity: MyMap
Min SDK Version: 8
```

'안드로이드 2.2' 대상이 아니라 '구글 API' 대상으로 설정한다는 점에 주의하자. 이는 구글 맵스 API가 일반적인 안드로이드 배포판에 포함되어 있지 않기 때문이다. 레이아웃 파일을 편집하고, 전체 스크린을 MapView가 차지하도록 이를 교체하도록 하자.

MyMap/res/layout/main.xml

```xml
<?xml version="1.0" encoding="utf-8"?>
<LinearLayout
    xmlns:android="http://schemas.android.com/apk/res/android"
    android:id="@+id/frame"
    android:orientation="vertical"
    android:layout_width="fill_parent"
    android:layout_height="fill_parent" >
    <com.google.android.maps.MapView
        android:id="@+id/map"
        android:apiKey="MapAPIKey"
        android:layout_width="fill_parent"
        android:layout_height="fill_parent"
        android:clickable="true" />
</LinearLayout>
```

MapAPIKey를 구글에서 가져온 구글 맵스 API 키[7]로 대체한다. MapView는 표준 안드로이드 클래스가 아니기 때문에 완전히 승인된 이름(com.google.android.maps.MapView)를 사용해야 한다는 점에 주의하자. 또한 AndroidManifest.xml의 <application> 요소 안에 <uses-library> 태그를 끼워넣을 필요가 있다.

MyMap/AndroidManifest.xml

```xml
<?xml version="1.0" encoding="utf-8"?>
<manifest xmlns:android="http://schemas.android.com/apk/res/android"
    package="org.example.mymap"
    android:versionCode="1"
    android:versionName="1.0" >
  <uses-permission
        android:name="android.permission.ACCESS_COARSE_LOCATION" />
  <uses-permission
        android:name="android.permission.ACCESS_FINE_LOCATION" />
  <uses-permission
```

---

[7] http://code.google.com/android/maps-api-signup.html

```xml
                android:name="android.permission.INTERNET" />
    <application android:icon="@drawable/icon"
            android:label="@string/app_name" >
        <activity android:name=".MyMap"
                android:label="@string/app_name" >
            <intent-filter>
                <action android:name="android.intent.action.MAIN" />
                <category android:name="android.intent.category.LAUNCHER" />
            </intent-filter>
        </activity>
        <uses-library android:name="com.google.android.maps" />
    </application>
    <uses-sdk android:minSdkVersion="3" android:targetSdkVersion="8" />
</manifest>
```

만약 <uses-library> 태그를 빼먹으면, 실행 중에 ClassNotFoundException이 나타날 것이다.

정밀, 비정밀 위치 제공자와 마찬가지로, 구글의 서버를 호출하여 지도의 이미지 조각을 가져오기 위해서는 MapView 클래스도 인터넷 접속이 필요하다. 이 이미지 조각들은 자동으로 응용프로그램의 디렉터리에 캐시될 것이다.

아래는 MyMap 클래스의 개요이다.

MyMap/src/org/example/mymap/MyMap.java

```java
package org.example.mymap;

import android.os.Bundle;

import com.google.android.maps.MapActivity;
import com.google.android.maps.MapController;
import com.google.android.maps.MapView;
import com.google.android.maps.MyLocationOverlay;

public class MyMap extends MapActivity {
    private MapView map;
    private MapController controller;

    @Override
    public void onCreate(Bundle savedInstanceState) {
        super.onCreate(savedInstanceState);
```

```
        setContentView(R.layout.main);
        initMapView();
        initMyLocation();
    }
    @Override
    protected boolean isRouteDisplayed() {
        // MapActivity에 의해 요구됨(Required by MapActivity)
        return false;
    }
}
```

제일 중요한 부분은 액티비티가 MapActivity를 확장시켜야 한다는 점이다. MapActivity 클래스는 배경에 있는 스레드를 만들어내고, 조각 데이터를 위해 인터넷에 연결하고, 캐시작업을 처리하고, 애니메이션을 돌리고, 라이프 사이클을 관리하는 등, 그 외에도 수많은 일을 한다. 우리가 할 일은 적절하게 이를 설치하고 출발시키는 것밖에 없다.

준비하기

제일 먼저 필요한 것은 findViewById( )를 호출하여 MapView와 그 컨테이너에 접근하는 것이다. 이를 initMapView( ) 메소드에서 처리할 수 있다.

MyMap/src/org/example/mymap/MyMap.java

```
private void initMapView() {
    map = (MapView) findViewById(R.id.map);
    controller = map.getController();
    map.setSatellite(true);
    map.setBuiltInZoomControls(true);
}
```

getController( ) 메소드는 위치를 찾고 지도를 확대/축소할 때 사용할 MapController를 반환해준다. setSatellite( )은 지도를 위성 모드로 전환해주고, setBuiltInZoom-Controls( )[8]은 표준 줌 컨트롤을 활성화시켜준다. MapView 클래스는 사용자가 지도를 이

---

[8] 안드로이드 1.5에서 새로 소개되었다.

> ⎝⎠ 철수가 묻길…
>
> **MapView는 왜 android.maps가 아니라 com.google.android.maps 패키지에 들어 있나요?**
>
> android.* 패키지에 들어있는 모든 코드는 안드로이드의 핵심이다. 이는 오픈 소스이고 모든 안드로이드 기기에서 이용이 가능하다. 반대로, 맵스는 구글과 구글이 사용료를 지불하는 지리정보 및 이미지처리 업체에 소유권이 있다. 특정 조건*에 동의한다는 조건 하에 구글은 API를 공짜로 제공한다. 만약 이러한 제약사항들이 만족스럽지 못하다면 당신 스스로 이미지와 데이터 소스를 찾을 수 있겠지만, 쉽지도 않고 싸지도 않을 것이다.
>
> ---
>
> *. http://code.google.com/apis/maps/terms.html

동시킬 때 컨트롤들이 보이도록 처리해주고 이동이 멈추면 천천히 사라지도록 처리해준다.

마지막 단계는 initMyLocation( ) 메소드에 있는 위치를 따라가도록 MapView에 지시하는 것이다.

<code>MyMap/src/org/example/mymap/MyMap.java</code>

```java
private void initMyLocation() {
    final MyLocationOverlay overlay = new MyLocationOverlay(this, map);
    overlay.enableMyLocation();
    //overlay.enableCompass(); // does not work in emulator
    overlay.runOnFirstFix(new Runnable() {
        public void run() {
            // Zoom in to current location
            controller.setZoom(8);
            controller.animateTo(overlay.getMyLocation());
        }
    });
    map.getOverlays().add(overlay);
}
```

안드로이드는 힘든 작업의 대부분을 처리하는 MyLocationOverlay 클래스를 제공한다. 오버레이는 단순히 지도 위에 그려지는 무엇인데, 이 경우에는 현재 위치를 알려주는 깜박거리는 점이 된다. enableMyLocation( )을 호출해서 오버레이에게 위치 업데이트 수신을 시작하라고 지시하거나 enablecompass( )를 호출하여 나침반으로부터의 업데이트를 수신하라고 지시한다.

runOnFirstFix( ) 메소드는 오버레이가 위치 제공자로부터 위치 정보를 처음 받았을 때 무엇을 할 것인지 지시한다. 이 경우에는 확대/축소 레벨을 설정한 다음 현재 위치해 있는 지점에서부터 수신된 위치까지 지도를 옮기는 애니메이션을 시작할 것이다.

지금 프로그램을 돌려보면 그림 8.3과 비슷한 것을 보게 될 것이다. 화면을 터치하고 드래그해서 지도를 이리저리 움직여보고 줌 버튼을 이용하여 지도를 확대해 보자. 폰을 들고 주변을 걸어다니면 지도 위의 점이 당신을 따라다닐 것이다.

에뮬레이션 주의사항

처음으로 MyMap 프로그램을 에뮬레이터에서 돌려보면 Android AVD 오류가 발생할 것이다. 제1장 3절의 AVD 생성하기에 나오는 지침을 따라 'Google APIs(Google Inc.) - API Level 8'을 구축 대상으로 하는 'em22google'이라는 이름의 새 AVD를 생성한다.

에뮬레이터에서는 먼저 축소되는 세계 지도를 보게 되는데, 당신의 현재 위치를 표시하는 점은 보이지 않는다. 이전과 마찬가지로 이클립스에 있는 에뮬레이터 컨트롤(또는 독립형 DDMS 프로그램)을 이용해서 가짜 GPS 데이터를 예제 응용프로그램에 공급하도록 한다.

나침반 센서는 에뮬레이트되지 않기 때문에, 에뮬레이터에서 실행할 때 화면에 삽입된 나침반은 보이지 않는다.

8.4 빨리 넘겨보기 >>

이 장은 위치 및 환경 인식 모바일 컴퓨팅의 신나는 새 세상을 소개해주었다. 이러한 기술들은 초고속 모바일 인터넷의 확산과 가속화되는 컴퓨팅 파워와 스토리지의 증가와 결합되어 우리가 컴퓨터, 또는 서로 간에 상호작용하는 방식을 혁명적으로 바꿔놓고 있다.

세상을 인식하는 또 다른 방법은 보고 듣는 것이다. 안드로이드는 내장형 카메라(만약 있다

면)를 이용하여 사진을 찍을 수 있도록 Camera 클래스[9]를 제공하고 있는데, 이는 바코더 리더기를 만드는 것과 같은 일을 하는 데 사용할 수 있다. MediaRecorder 클래스[10]는 오디오 클립을 녹음하고 저장할 수 있게 해준다. 이 책의 범위를 벗어나는 내용이지만 프로그램을 위해 필요하다면 온라인 참고자료를 찾아보도록 하라.

저장소에 대해서 말하자면, 다음 장에서 구조화된 정보(예를 들어, 여행 위치와 사진, 메모들의 기록)를 모바일 폰에 저장할 때 SQL을 어떻게 사용할 수 있는지를 보여줄 것이다. 만약 관심이 있는 분야가 아니라면 제10장 OpenGL을 이용한 3D 그래픽으로 건너뛰어 안드로이드의 숨겨진 3D 그래픽 가능성을 어떻게 열 수 있는지 배워보도록 한다.

---

[9] http://d.android.com/reference/android/hardware/Camera.html

[10] http://d.android.com/reference/android/media/MediaRecorder.html

제 9 장

SQL 활용하기

제6장 로컬 데이터 저장하기에서 데이터를 환경설정과 단순 파일에 간수하는 방법을 탐험했었다. 데이터의 양이 적거나 데이터가 모두 하나의 형태(사진 또는 오디오 파일처럼)일 경우에는 훌륭하게 작동했다. 그러나 양이 많은 구조화된 데이터를 저장하는 방법에는 더 좋은 것이 있다. 바로 관계형 데이터베이스이다.

지난 30여 년 동안 데이터베이스는 기업용 응용프로그램 개발의 필수품이었으나 최근까지도 소규모 개발에는 너무 비싸고 거추장스러웠다. 이랬던 것이 안드로이드 플랫폼에 포함되어 있는 것처럼 조그맣고 기본 장착된 엔진들이 나오면서 달라지고 있다.

이 장은 안드로이드에 기본 장착된 데이터베이스 엔진인 SQLite를 어떻게 사용하는지 보여줄 것이다. 또한 데이터 소스와 사용자 인터페이스를 연결하기 위해 안드로이드의 데이터 바인딩을 어떻게 사용하는지도 배울 것이다. 마지막으로 두 개의 응용프로그램이 동일한 데이터를 공유할 수 있도록 해주는 ContentProvider 클래스를 만나보도록 하자.

9.1 SQLite 소개

SQLite[1]는 리처드 힙(Richard Hipp) 박사에 의해 2000년에 개발된, 아주 작지만 강력한 데이터베이스 엔진이다. 이는 아마도 틀림없이 전 세계적으로 가장 널리 사용되는 SQL 데이

---

[1] http://www.sqlite.org

> ### SQLite 라이센스
>
> SQLite 소스 코드는 공개 프로그램이기 때문에 라이센스 조항을 포함하고 있지 않다. 이 소스는
> 라이센스 대신에 아래와 같은 기도문을 제시하고 있다.
>
> **선한 일을 하고 악하지 않게 하소서.**
>
> **스스로에 대한 용서와 타인에 대한 용서를 찾게 하소서.**
>
> **자유롭게 나누고, 주는 것보다 더 가지지 않게 하소서.**

터베이스일 것이다. 안드로이드는 차치하고, SQLite는 애플의 아이폰, 심비안 폰, 모질라 파이어폭스, 스카이프, PHP, 어도비 AIR, 맥 OS X, 솔라리스 그 외에도 많은 곳에서 찾아볼 수 있다.

이 데이터베이스가 이렇게 인기가 높은 데는 세 가지 이유가 있다.

- 공짜다. 제작자가 소스 코드를 공개 프로그램으로 올려놓고 그 사용에 대해 대가를 요구하지 않는다.

- 작다. 현재 버전은 약 150KB인데, 안드로이드 폰의 메모리 한계에 딱 맞게 들어맞는다.

- 설치나 관리가 필요 없다. 서버도 없고, 설정 파일도 없으며, 데이터베이스 관리자도 필요치 않다.

SQLite 데이터베이스는 단순한 하나의 파일이다. 당신이 그 파일을 가져다가 이리저리 옮기고, 심지어 다른 시스템에 복사(예를 들어 당신의 폰에서 워크스테이션으로)를 해도, 이 파일은 정상적으로 작동할 것이다. 안드로이드는 이 파일을 /data/data/packagename/databases 디렉터리(그림 9.1 참조)에 저장한다. 이를 보거나 이동시키거나 또는 삭제하려면 adb 명령어나 이클립스의 파일 탐색기 화면(Window > Show View > Other… > Android > File Explorer)을 이용한다.

프로그램에서 이 파일에 접근하기 위해서는 자바의 I/O 루틴을 호출하는 대신 SQL(Structured Query Language) 구문을 돌려야 한다. 안드로이드가 몇몇 도우미 클래스와 간편한 메소드들을 통해 일부 구문을 숨겨놓긴 했지만, SQLite를 이용하려면 여전히 어느 정도는 SQL에 대해서 알아야 할 필요가 있다.

그림 9.1

SQLite는 전체 데이터베이스를 하나의 파일에 저장한다.

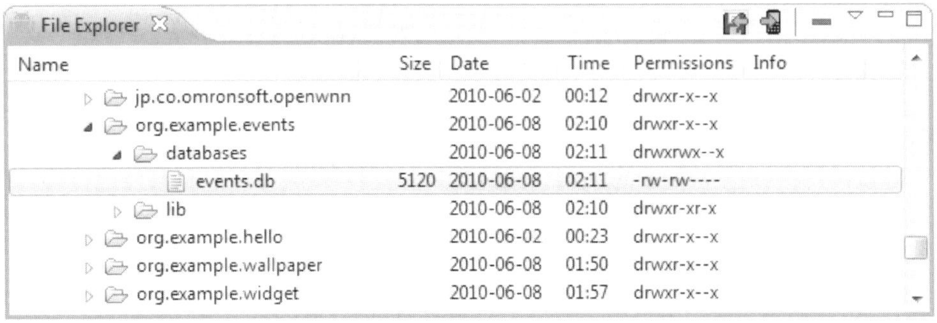

Name	Size	Date	Time	Permissions	Info
▷ 🗁 jp.co.omronsoft.openwnn		2010-06-02	00:12	drwxr-x--x	
▲ 🗁 org.example.events		2010-06-08	02:10	drwxr-x--x	
▲ 🗁 databases		2010-06-08	02:11	drwxrwx--x	
📄 events.db	5120	2010-06-08	02:11	-rw-rw----	
▷ 🗁 lib		2010-06-08	02:10	drwxr-xr-x	
▷ 🗁 org.example.hello		2010-06-02	00:23	drwxr-x--x	
▷ 🗁 org.example.wallpaper		2010-06-08	01:50	drwxr-x--x	
▷ 🗁 org.example.widget		2010-06-08	01:57	drwxr-x--x	

9.2 SQL 기초과정

만약 오라클이나 SQL 서버, MySQL, DB2 또는 다른 데이터베이스 엔진을 이용해본 적이 있다면, SQL은 아마 익숙할 것이다. 이런 분은 이 절은 건너뛰어 제9장 3절 Hello, Database로 가기 바란다. 나머지 분들을 위해 여기 짧게 요약정리를 해봤다.

SQL 데이터베이스를 사용하려면 SQL 구문을 제출하고 그 결과를 받는다. 세 가지 형태의 SQL 구문이 있는데, DDL, 수정(modification), 질의(Query)가 그것이다.

DDL 구문

데이터베이스 파일에는 불특정 다수의 테이블이 있을 수 있다. 하나의 테이블에는 많은 열(row)이 있고, 각 열에는 특정 숫자의 행(column)이 있다. 테이블의 각 행에는 이름과 데이터 형태(문자열, 숫자, 기타 등등)가 있다. 이러한 테이블과 행의 이름을 DDL(Data Definition Language) 구문을 처음 돌릴 때 정의할 수 있다. 아래는 세 개의 행을 가진 테이블을 생성하는 구문이다.

SQLite/create.sql

```
create table mytable (
    _id integer primary key autoincrement,
    name text,
    phone text );
```

행 중의 하나가 **기본 키**(PRIMARY KEY)로 지정되는데, 이는 해당 열을 유일하게 인식하는 숫자이다. **자동증가**(AUTOINCREMENT)는 데이터베이스가 모든 레코드의 키에 1을 더해서 확실하게 유일하게끔 만든다는 의미이다. 관습적으로 첫 번째 행은 항상 _id로 불린다. SQLite가 _id 행을 엄격하게 요구하는 것은 아니지만, 나중에 안드로이드의 Content-Provider를 사용하려면 이 행이 필요하다.

대부분의 데이터베이스와는 달리 SQLite에서는 행의 타입이 단순히 암시 정도에 불과하다는 점에 주의하자. 만약 문자열을 정수 행에 저장하려 하거나 또는 그 반대일 경우, 작업은 아무런 불평도 없이 그냥 수행된다. SQLite 제작자는 이를 버그가 아니라 하나의 기능이라고 생각했다.

수정(modification) 구문

SQL은 데이터베이스에 있는 레코드를 삽입하거나 삭제하거나 업데이트할 수 있도록 몇 가지 구문을 제공한다. 예를 들어 전화번호를 몇 개 추가하려면 아래와 같이 쓰면 된다.

SQLite/insert.sql

```
insert into mytable values(null, 'Steven King' , '555-1212' );
insert into mytable values(null, 'John Smith' , '555-2345' );
insert into mytable values(null, 'Fred Smitheizen' , '555-4321' );
```

값들은 **CREATE TABLE** 구문에서 지정했던 것과 같은 순서로 입력된다. SQLite가 우리를 대신해서 판단을 해줄 것이기 때문에 _id에는 NULL을 넣었다.

질의(query) 구문

일단 데이터가 테이블에 올려지면, **SELECT** 구문을 사용하여 테이블을 대상으로 질의를 날려야 한다. 예를 들어, 세 번째로 입력된 것을 찾고 싶다면 아래와 같이 쓰면 된다.

SQLite/selectid.sql

```
select * from mytable where(_id=3);
```

이는 어떤 사람의 전화번호를 이름 순으로 찾아보는 것과 매우 비슷하다. 모든 레코드 중에서 이름에 '스미스(Smith)'가 들어있는 것을 찾는 방법은 다음과 같다.

SQLite/selectwhere.sql

```
select name, phone from mytable where(name like "%smith%" );
```

SQL이 대문자, 소문자에는 예민하지 않다는 점을 기억하자. 키워드나 행의 이름, 그리고 심지어 검색 문자열까지도 대문자나 소문자 어떤 것으로든 지정할 수 있다.

이제 당신은 위험스러울 정도로 SQL에 대해 충분히 알게 되었다. 간단한 프로그램이 동작하는 데 이 지식을 어떻게 활용할 수 있는지 살펴보도록 하자.

9.3 Hello, Database

SQLite를 시연하기 위해, 레코드를 데이터베이스에 저장하고 나중에 이를 보여주는 Events라는 이름의 작은 응용프로그램을 생성해보자. 간단하게 시작한 다음 차츰 건물을 올려보자. 프로젝트 위저드에서 아래 값들을 이용하여 새로운 'Hello, Android' 프로그램을 만든다.

```
Project name: Events
Build Target: Android 2.2
Application name: Events
Package name: org.example.events
Create Activity: Events
Min SDK Version: 8
```

항상 그렇듯이, 완전한 소스 코드를 이 책의 웹사이트에서 내려 받을 수 있다.

데이터베이스를 설명해주는 몇 개의 상수가 들어갈 장소가 필요하므로 Constants 인터페이스를 생성하도록 하자.

Eventsv1/src/org/example/events/Constants.java

```
package org.example.events;
```

```java
import android.provider.BaseColumns;

public interface Constants extends BaseColumns {
    public static final String TABLE_NAME = "events" ;

    // Events 데이터베이스의 행들
    public static final String TIME = "time" ;
    public static final String TITLE = "title" ;
}
```

각 이벤트는 events 테이블에 한 열로 저장된다. 각 열에는 _id, time, title이라는 행이 있다. _id가 기본 키이고 우리가 확장시켰던 BaseColumns 인터페이스에서 정의된다. time과 title은 각각 타임스탬프와 이벤트 제목으로 사용될 것이다.

SQLiteOpenHelper 사용하기

다음으로 데이터베이스 그 자체를 나타내는 EventsData라는 도우미 클래스를 생성해보자. 이 클래스는 데이터베이스 생성과 버전을 관리하는 안드로이드의 SQLiteOpenHelper 클래스를 확장시킨다. 우리가 할 일은 생성자 하나를 제공하고 두 메소드를 덮어쓰는 것뿐이다.

Eventsv1/src/org/example/events/EventsData.java

```java
package org.example.events;

import static android.provider.BaseColumns._ID;
import static org.example.events.Constants.TABLE_NAME;
import static org.example.events.Constants.TIME;
import static org.example.events.Constants.TITLE;
import android.content.Context;
import android.database.sqlite.SQLiteDatabase;
import android.database.sqlite.SQLiteOpenHelper;

public class EventsData extends SQLiteOpenHelper {
    private static final String DATABASE_NAME = "events.db" ;
    private static final int DATABASE_VERSION = 1;

    /** Create a helper object for the Events database */
    public EventsData(Context ctx) {
        super(ctx, DATABASE_NAME, null, DATABASE_VERSION);
```

```
              }

20            @Override
              public void onCreate(SQLiteDatabase db) {
                  db.execSQL("CREATE TABLE " + TABLE_NAME + " (" + _ID
                          + " INTEGER PRIMARY KEY AUTOINCREMENT, " + TIME
                          + " INTEGER," + TITLE + " TEXT NOT NULL);" );
25            }

              @Override
              public void onUpgrade(SQLiteDatabase db, int oldVersion,
                      int newVersion) {
30                db.execSQL("DROP TABLE IF EXISTS " + TABLE_NAME);
                  onCreate(db);
              }
          }
```

생성자는 16번째 줄에서 시작된다. DATABASE_NAME은 데이터베이스가 사용하게 될 실제 파일 이름이고(events.db), DATABASE_VERSION은 그냥 우리가 임의로 만든 숫자이다. 만약 이것이 진짜 프로그램이라면, 데이터베이스 구조에 상당한 변경(예를 들어, 새로운 행을 추가했을 때)이 있을 때마다 버전 숫자를 올려 적을 것이다.

처음으로 데이터베이스에 접근하려고 하면, SQLiteOpenHelper가 데이터베이스가 존재하지 않는다는 것을 알아채고 onCreate() 메소드를 호출하여 이를 생성케 한다. 21번째 줄에서 이를 덮어쓰고 **CREATE TABLE** SQL 구문을 돌린다. 이로써 events 테이블이 생성되고, 이 테이블을 담고 있는 events.db 데이터베이스도 생성된다.

프로그램이 옛날 데이터베이스를 참조하고 있다는 점을 안드로이드가 간파하면(버전 숫자에 기반하여), onUpgrade() 메소드를 호출한다(28번째 줄). 이 예제에서는 그냥 옛날 테이블을 삭제해버리지만, 원하다면 더 똑똑한 방식으로 처리할 수도 있을 것이다. 예를 들어, **ALTER TABLE** SQL 명령어를 돌려서 기존 데이터베이스에 행을 추가할 수도 있을 것이다.

메인 프로그램 정의하기

Events 프로그램을 한 번 돌려보면, 프로그램은 로컬 SQLite 데이터베이스를 사용하여 그 이벤트들을 저장하고, 그 데이터를 TextView 안에서 문자열로 보여줄 것이다.

철수가 묻길…

상수(Constants)가 왜 인터페이스인가요?

이게 자바식이다. 당신은 어떤 지 모르겠지만, 나는 상수를 사용할 때마다 클래스 이름을 되풀이하기가 싫다. 예를 들어, Constants.TIME이라 아니라 그냥 TIME이라고 치고 싶다. 전통적으로 자바에서는 인터페이스를 사용하여 이런 일을 처리한다. Constants 인터페이스를 상속받은 클래스들은 특정 필드를 참조할 때 인터페이스 이름을 생략한다. BaseColumns 인터페이스를 보면 안드로이드 프로그래머들도 똑같은 트릭을 사용한다는 걸 알 수 있다.

자바5부터는 더 나은 방법이 나왔는데, 바로 고정 임포트(static imports)이다. 바로 내가 EventsData와 이 장의 다른 클래스들에서 사용할 방식이다. Constants가 인터페이스이기 때문에 당신은 옛날 방식이든 새로운 방식이든 편한 대로 사용하면 된다.

불행하게도, 이 책을 쓸 때까지도 이클립스의 고정 임포트 지원은 약간 고르지 못해서, 프로그램에 고정 임포트를 사용했을 때 이클립스가 자동으로 임포트 구문을 삽입해주지 못할 수도 있다. 이클립스 사용자를 위한 약간의 트릭이 있는데, 패키지 구문 다음에 고정 임포트를 위한 와일드카드를 추가하여(예를 들어, import static org.example.event.Constants.*;) 컴파일하는 것이다. 나중에 Source > Organize Imports를 이용하여 와일드카드를 확장시키고 임포트 구문들을 분류할 수 있다. 다음 버전의 이클립스에서는 좀더 직관적이기를 기대해보자.

아래와 같이 레이아웃 파일(layout/main.xml)을 정의한다.

Eventsv1/res/layout/main.xml

```xml
<?xml version="1.0" encoding="utf-8"?>
<ScrollView
    xmlns:android="http://schemas.android.com/apk/res/android"
    android:layout_width="fill_parent"
    android:layout_height="fill_parent" >
    <TextView
        android:id="@+id/text"
        android:layout_width="fill_parent"
        android:layout_height="wrap_content" />
</ScrollView>
```

그림 9.2

첫 번째 버전은 데이터베이스 레코드를 TextView로 보여준다.

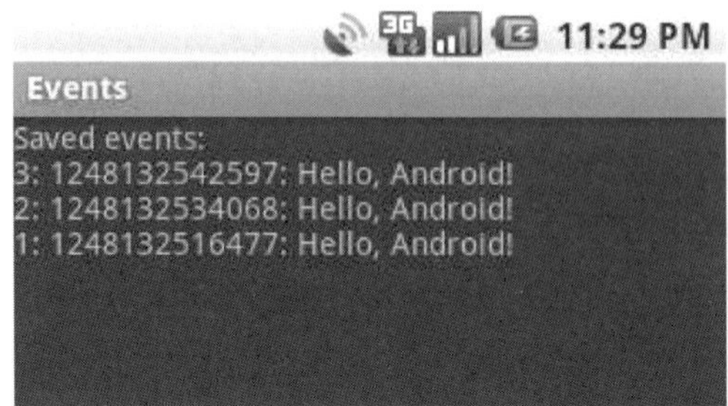

이는 text의 가상 ID(코드에서는 R.id.text)와 함께 TextView를 선언하고, 화면에 보여줄 이벤트가 너무 많은 경우에는 ScrollView로 이를 둘러싸준다. 그림 9.2에서 화면이 어떻게 보이는지 확인할 수 있다.

메인 프로그램은 Events 액티비티 안에 있는 onCreate() 메소드이다. 여기 그 개요가 있다.

Eventsv1/src/org/example/events/Events.java

```
Line   1   package org.example.events;

           import static android.provider.BaseColumns._ID;
           import static org.example.events.Constants.TABLE_NAME;
       5   import static org.example.events.Constants.TIME;
           import static org.example.events.Constants.TITLE;
           import android.app.Activity;
           import android.content.ContentValues;
           import android.database.Cursor;
      10   import android.database.sqlite.SQLiteDatabase;
           import android.os.Bundle;
           import android.widget.TextView;

           public class Events extends Activity {
      15       private EventsData events;

             @Override
             public void onCreate(Bundle savedInstanceState) {
                 super.onCreate(savedInstanceState);
      20         setContentView(R.layout.main);
                 events = new EventsData(this);
```

```
        try {
            addEvent("Hello, Android!");
            Cursor cursor = getEvents();
25          showEvents(cursor);
        } finally {
            events.close();
        }
    }
30 }
```

onCreate( )의 20번째 줄에서 이 보기 화면을 위한 레이아웃을 설정했다. 그 다음으로 21번째 줄에서 EventsData 클래스의 인스턴스를 생성하고 **try** 구역을 시작하였다. 27번째 줄을 내다보면, **finally** 구역 안에서 데이터베이스를 종료한다는 걸 알 수 있다. 그래서 중간에 오류가 발생하더라도 데이터베이스는 종료될 것이다.

만약 아무런 이벤트가 일어나지 않는다면 events 테이블이 그다지 재미가 없을 것이기 때문에, 23번째 줄에서 addEvent( ) 메소드를 불러 이벤트를 추가하였다. 이 프로그램을 돌릴 때마다 새로운 이벤트를 얻을 것이다. 메뉴를 추가할 수도 있고, 원한다면 다른 이벤트를 만들어내기 위한 몸동작이나 키조작을 추가할 수도 있으나 여기서는 당신을 위한 연습으로 남겨두도록 하겠다.

24번째 줄에서는 getEvents( ) 메소드를 호출하여 이벤트 목록을 가져오고, 마침내 25번째 줄에서 showEvents( ) 메소드를 호출하여 그 목록을 사용자에게 보여준다.

정말 쉽지 않은가? 이제 우리가 방금 사용한 새로운 메소드들을 정의해보자.

열 추가하기

addEvent( ) 메소드는 이벤트 제목으로 주어진 문자열을 이용하여 데이터베이스에 새로운 레코드를 기입한다.

Eventsv1/src/org/example/events/Events.java

```
private void addEvent(String string) {
    // Events 데이터 소스에 새 레코드 삽입
    // 여기서 삭제와 업데이트 비슷한 작업을 함
    SQLiteDatabase db = events.getWritableDatabase();
```

```
        ContentValues values = new ContentValues();
        values.put(TIME, System.currentTimeMillis());
        values.put(TITLE, string);
        db.insertOrThrow(TABLE_NAME, null, values);
}
```

데이터를 수정해야 하기 때문에 getWritableDatabase( )를 호출하여 events 데이터베이스
에 대한 읽기/쓰기 핸들을 가져온다. 데이터베이스 핸들은 캐시가 되기 때문에, 원하는 만큼
자주 호출해도 된다.

다음으로 현재 시간과 이벤트 제목으로 ContentValues 객체를 채우고 이를 insert-
OrThrow( ) 메소드에 전달하여 실질적인 **INSERT** SQL 구문을 실행한다. SQLite이 레코드
ID를 임의로 만들고 메소드 호출을 통해 이를 반환해주므로, 별도로 레코드 ID를 전달할 필
요는 없다.

이름에서 추측할 수 있듯이, insertOrThrow( )는 만약 실패하면 예외상황(SQLException 형
태의)을 날릴 수 있다. 이는 RuntimeException이고 확인된 예외상황이 아니기 때문에
throws 키워드로 정의될 필요가 없다. 그러나 만약 원한다면, 이것을 여느 다른 예외상황처
럼 **try/catch** 구역 안에서 처리할 수 있다. 만약 이를 처리하지 않아서 오류가 발생하면 프로
그램이 종료되고, 그 흔적은 안드로이드 로그에 던져질 것이다.

레코드 삽입을 하는 즉시, 데이터베이스가 업데이트된다. 어떤 이유로 해서 일괄처리할 필요
가 있거나 변경작업을 지연할 필요가 있다면, SQLite 웹사이트에서 더 자세한 내용을 찾아
보도록 하자.

질의 실행하기

getEvents( ) 메소드는 이벤트 목록을 가져오기 위해 데이터베이스 질의를 처리한다.

Eventsv1/src/org/example/events/Events.java

```
private static String[] FROM = { _ID, TIME, TITLE, };
private static String ORDER_BY = TIME + " DESC" ;
private Cursor getEvents() {
    // 관리된 질의 실행하기. 필요하면 액티비티가 종료와
    // 결과 묶음을 다시 질의하는 작업을 처리할 것이다.
```

```
    // (Perform a managed query. The Activity will handle closing)
    // (and re-querying the cursor when needed.)
    SQLiteDatabase db = events.getReadableDatabase();
    Cursor cursor = db.query(TABLE_NAME, FROM, null, null, null,
        null, ORDER_BY);
    startManagingCursor(cursor);
    return cursor;
}
```

질의를 위해 데이터베이스를 수정할 필요는 없으므로, getReadableDatabase( )를 호출하여 읽기 전용 핸들을 가져오자. 그 다음 query( )를 호출하여 실질적인 **SELECT** SQL 구문을 실행한다. FROM은 우리가 원하는 행의 문자열이고, ORDER_BY는 최근의 것에서부터 오래된 것 순서로 결과를 반환하라고 SQLite에 지시한다.

이 예제에서는 사용하지 않지만, query( ) 메소드에는 **WHERE** 절, **GROUP BY** 절, **HAVING** 절을 지정해주는 매개변수들이 있다. 사실, query( )는 프로그래머에게 그저 편리한 도구일 뿐이다. 원한다면 문자열 안에서 **SELECT** 구문을 스스로 개발할 수 있고, rawQuery( ) 메소드를 이용하여 이를 실행할 수도 있다. 어느 방식이든, 반환된 값은 결과 묶음을 의미하는 Cursor 객체이다.

Cursor는 자바의 Iterator나 JDBC의 ResultSet과 유사하다. 이 객체 상에서 메소드를 호출하여 현재 열에 관한 정보를 가져온 다음, 다른 메소드를 호출하여 이를 다음 열로 이동시킬 수 있다. 잠시 후에 결과가 보여지면, 이 객체를 이용하는 방법을 볼 수 있을 것이다.

마지막 단계는 startManagingCursor( )를 호출하여 액티비티의 라이프 사이클에 기반하여 커서의 라이프 사이클을 관리하라고 액티비티에 지시하는 것이다. 예를 들어, 액티비티가 중지되면 자동으로 커서를 비활성화시키고, 액티비티가 다시 시작될 때는 이를 다시 질의한다. 액티비티가 종료되면 관리되는 커서도 모두 종료되게 된다.

질의 결과 보여주기

우리가 정의해야 할 마지막 메소드는 showEvents( )이다. 이 함수는 Cursor를 입력 받아 사용자가 읽을 수 있도록 출력 양식을 잡아준다.

Eventsv1/src/org/example/events/Events.java

```
Line   1    private void showEvents(Cursor cursor) {
       -        // 모든 것을 하나의 큰 문자열에 집어넣기
       -        StringBuilder builder = new StringBuilder(
       -            "Saved events:\n" );
       5        while (cursor.moveToNext()) {
       -            // Could use getColumnIndexOrThrow() to get indexes
       -            long id = cursor.getLong(0);
       -            long time = cursor.getLong(1);
       -            String title = cursor.getString(2);
      10            builder.append(id).append(": " );
       -            builder.append(time).append(": " );
       -            builder.append(title).append("\n" );
       -        }
       -        // 화면에 보여주기
      15        TextView text = (TextView) findViewById(R.id.text);
       -        text.setText(builder);
       -    }
```

프로그램의 이번 버전에서는 그냥 하나의 커다란 문자열을 생성하여 모든 이벤트 아이템들을 줄바꾸기로만 구분하여 담아 놓기로 하자. 권장되는 방법은 아니지만, 지금 정도라면 괜찮을 것이다.

5번째 줄은 데이터 묶음에 있는 다음 열로 진행하기 위해 Cursor.moveToNext() 메소드를 호출한다. 맨 처음 Cursor를 가져오면 첫 번째 레코드 앞에 위치를 하기 때문에, moveToNext()를 호출하면 다음 레코드를 가져오게 된다. 더 이상의 열이 없어서 moveToNext()이 거짓을 반환할 때까지 이 작업을 반복한다.

그 반복작업 안에서(7번째 줄) getLong()과 getString()을 호출하여 관심 있는 행으로부터 데이터를 가져 온 다음, 그 값을 문자열에 추가한다(10번째 줄). Cursor에는 getColumnIndexOrThrow()라는 또다른 메소드가 있는데, 행의 인덱스 숫자(getLong()과 getString()에 전달되는 0, 1, 2의 값)를 가져오는데 사용할 수 있다. 하지만 좀 느리기 때문에 만약 필요하다면 반복작업 밖에서 호출하여야 하고 인덱스들은 직접 기억하는 것이 낫다.

일단 모든 열의 처리가 완료되면, layout/main.xml에서 TextView를 찾아서 커다란 문자열을 그 안으로 집어넣을 것이다(15번째 줄).

지금 예제를 돌려보면 그림 9.2와 같은 화면을 볼 수 있을 것이다. 첫 번째 안드로이드 데이터베이스 프로그램을 축하한다! 개선해야 될 점이 엄청나게 많긴 하지만 말이다.

목록에 수천 개 또는 수백만 개의 이벤트가 있으면 무슨 일이 생길까? 프로그램이 매우 느려지고, 그 모든 것을 담고 있는 문자열을 생성하려다가 메모리를 다 써버릴지도 모른다. 사용자에게 하나의 이벤트를 선택하게 하고, 선택된 것에 관련하여 뭔가를 더 하고 싶어지면 어떻게 될까? 만약 모든 것이 하나의 문자열에 들어 있다면 당신은 아무 일도 할 수 없다. 다행히 안드로이드가 더 나은 방법을 제공하고 있는데, 바로 데이터 연결하기(binding)이다.

9.4 데이터 연결하기

데이터 연결하기는 단 몇 줄의 코드로 데이터와 보기 화면을 연결시켜 준다. 데이터 연결하기를 시연해보기 위해, Events 예제를 수정하여 데이터베이스 질의의 결과에 엮여 있는 ListView를 사용하도록 만든다. 제일 먼저, Events 클래스가 Activity 대신 ListActivity를 확장하도록 만들 필요가 있다.

Eventsv2/src/org/example/events/Events.java

```java
import android.app.ListActivity;
// ...
public class Events extends ListActivity {
    // ...
}
```

다음으로, Events.showEvents() 메소드에서 이벤트들이 보여지는 방식을 변경하여야 한다.

Eventsv2/src/org/example/events/Events.java

```java
import android.widget.SimpleCursorAdapter;
// ...
    private static int[] TO = { R.id.rowid, R.id.time, R.id.title, };
    private void showEvents(Cursor cursor) {
        // 데이터 연결하기 설정
        SimpleCursorAdapter adapter = new SimpleCursorAdapter(this,
                R.layout.item, cursor, FROM, TO);
```

```
    setListAdapter(adapter);
}
```

이 코드가 이전 것보다 훨씬 짧다는 것에 주목하자(2줄 대 10줄). 첫 번째 줄이 Cursor를 위한 SimpleCursorAdapter를 생성하고, 두 번째 줄이 ListActivity에 새 접속자를 사용하라고 지시한다. 이 접속자는 중개인처럼 작용하여 보기 화면을 그 데이터 소스와 연결한다.

잠깐, 기억을 떠올려보면 우리는 번역 예제 프로그램(제7장 4절 웹 서비스 이용하기에서 Translate.setAdapters( ) 참조)에서 처음으로 접속자를 썼다. 그 예제에서 데이터 소스가 XML에서 정의된 배열이었기 때문에 ArrayAdapter를 사용했다. 이번에는 데이터 소스가 데이터베이스 질의에서 나온 Cursor 객체이기 때문에 SimpleCursorAdapter를 쓴다.

SimpleCursorAdapter의 생성자는 다섯 가지의 매개변수를 가지고 있다.

- context: 현재 액티비티를 참조

- layout: 단 하나의 목록 아이템을 위한 보기 화면을 정의하는 리소스

- cursor: 데이터 묶음 커서

- from: 데이터가 원래 있었던 행 이름의 목록

- to: 데이터가 가려고 하는 보기 화면의 목록

목록 아이템을 위한 레이아웃은 layout/item.xml에서 정의된다. TO 배열 안에서 참조되는 열 ID, 시간, 그리고 제목의 보기에 대한 정의에 주의하자.

Eventsv2/res/layout/item.xml

```xml
<?xml version="1.0" encoding="utf-8"?>
<RelativeLayout
    xmlns:android="http://schemas.android.com/apk/res/android"
    android:layout_width="fill_parent"
    android:layout_height="fill_parent"
    android:orientation="horizontal"
    android:padding="10sp" >
    <TextView
        android:id="@+id/rowid"
        android:layout_width="wrap_content"
        android:layout_height="wrap_content" />
```

```
    <TextView
        android:id="@+id/rowidcolon"
        android:layout_width="wrap_content"
        android:layout_height="wrap_content"
        android:text=": "
        android:layout_toRightOf="@id/rowid" />
    <TextView
        android:id="@+id/time"
        android:layout_width="wrap_content"
        android:layout_height="wrap_content"
        android:layout_toRightOf="@id/rowidcolon" />
    <TextView
        android:id="@+id/timecolon"
        android:layout_width="wrap_content"
        android:layout_height="wrap_content"
        android:text=": "
        android:layout_toRightOf="@id/time" />
    <TextView
        android:id="@+id/title"
        android:layout_width="fill_parent"
        android:layout_height="wrap_content"
        android:ellipsize="end"
        android:singleLine="true"
        android:textStyle="italic"
        android:layout_toRightOf="@id/timecolon" />
</RelativeLayout>
```

실제보다 훨씬 복잡해 보인다. 우리가 할 일은 ID, 시간 그리고 제목을 각 필드 사이에 콜론을 넣어 한 줄에 집어넣는 것뿐이다. 멋지게 보이도록 약간의 공백과 서식을 추가하였다.

마지막으로 `layout/main.xml`에서 액티비티 그 자체를 위한 레이아웃을 변경할 필요가 있다. 아래에 새 버전이 있다.

Eventsv2/res/layout/main.xml

```
<?xml version="1.0" encoding="utf-8"?>
<LinearLayout
    xmlns:android="http://schemas.android.com/apk/res/android"
    android:layout_width="fill_parent"
    android:layout_height="fill_parent" >
    <!-- Note built-in ids for 'list' and 'empty' -->
    <ListView
        android:id="@android:id/list"
```

```xml
      android:layout_width="wrap_content"
      android:layout_height="wrap_content" />
  <TextView
      android:id="@android:id/empty"
      android:layout_width="wrap_content"
      android:layout_height="wrap_content"
      android:text="@string/empty" />
</LinearLayout>
```

액티비티가 ListActivity를 확장시키기 때문에, 안드로이드는 레이아웃 파일에서 두 개의 특별한 ID를 찾게 된다. 만약 목록이 아이템을 가지고 있으면 android:di/list 보기 화면이 보여질 것이고, 아니면 android:id/empty 보기 화면이 보여질 것이다. 그러므로 만약 아이템이 없으면 빈 화면 대신 '내용 없음!(No events!)' 이라는 메시지를 사용자에게 보여주게 된다.

아래에 우리가 필요로 하는 문자열 리소스가 있다.

Eventsv2/res/values/strings.xml

```xml
<?xml version="1.0" encoding="utf-8"?>
<resources>
    <string name="app_name">Events</string>
    <string name="empty">No events!</string>
</resources>
```

최종 결과를 그림 9.3에서 보도록 하자. 연습과제로, 이 응용프로그램을 어떻게 개선하면 실제로 조작할 수 있는 진짜 목록을 가지고 올 수 있을지 생각해보자. 예를 들어, 사용자가 하나의 이벤트를 선택했을 때, 세부내용 보기를 열 수도 있고, 해당 이벤트를 기술 상담원에게 메일로 보낼 수도 있고, 아니면 선택된 이벤트와 그 아래에 있는 것들을 데이터베이스에서 삭제할 수도 있을 것이다.

이 프로그램에는 여전히 작은 문제가 하나 있다. 다른 어떤 응용프로그램도 이벤트 데이터베이스에 무언가를 추가할 수 없으며, 심지어 볼 수조차 없다! 이를 위해, 우리는 안드로이드 ContentProvider를 사용해야 할 필요가 있다.

그림 9.3

이 버전은 ListActivity와 데이터 연결하기를 이용하고 있다.

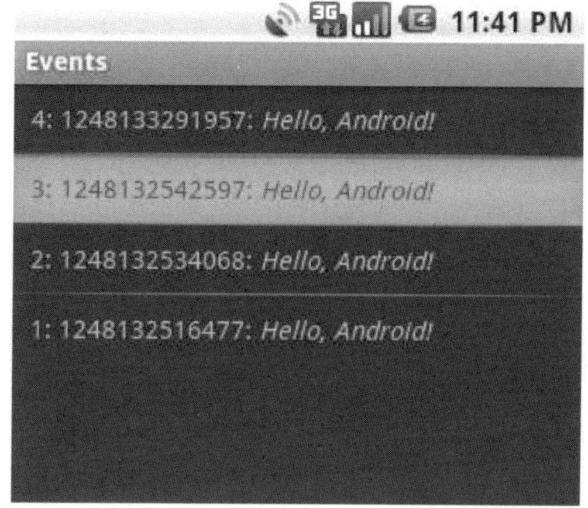

9.5 ContentProvider 이용하기

안드로이드의 보안 모델에 따르면(제2장 5절 안전과 보안 참조), 한 응용프로그램에서 쓴 파일은 다른 어떤 응용프로그램에서도 읽거나 쓸 수가 없다. 각 프로그램은 고유의 리눅스 사용자 ID와 데이터 디렉터리(/data/data/*packagename*), 단독으로 쓸 수 있도록 보호되는 메모리 공간이 있다. 안드로이드 프로그램들은 두 가지 방식으로 상호 의사소통을 할 수 있다.

- 프로세스 간 의사소통(Inter-Process Communication, IPC): 하나의 프로세스가 안드로이드 인터페이스 정의 언어(Android Interface Definition Language, AIDL)과 lBinder 인터페이스를 사용하여 하나의 비동기 API를 정의한다. 해당 API가 호출되면 매개변수들이 안전하고 효율적으로 프로세스들 사이에 정렬된다. 이 진보적인 기술은 원격 절차(remote procedure)가 뒷단에 있는 서비스 스레드를 호출하는 데 이용된다.[2]

---

[2] IPC, 서비스, 그리고 바인드 등은 이 책의 범위를 뛰어넘는 것들이다. 더 많은 정보를 얻고 싶으면, http://d.android.com/guide/developing/tools/aidl.html, http://d.android.com/reference/android/app/Service.html, http://d.android.com/reference/android/os/lBinder.html 을 참조하라.

- 콘텐트 제공자(ContentProvider): 프로세스는 어떤 종류의 데이터를 제공하는 제공자로 스스로를 시스템에 등록한다. 그 정보가 필요해지면 안드로이드는 고정된 API를 통해 프로세스들을 호출하여 어떤 것이든 그들에 적당해 보이는 방법으로 콘텐트를 요청하거나 수정한다. 우리는 Events 예제에 이 기술을 이용할 예정이다.

ContentProvider에 의해 관리되는 모든 정보 조각은 아래와 같이 보이는 URL를 통해 주소가 부여된다.

```
content://authority/path/id
```

자세히 보면,

- content:// 는 표준 필수 전위(prefix) 표기이다.

- authority는 제공자의 이름이다. 등록된 패키지 이름을 전부 써주는 것이 이름 간의 충돌을 피하는 방법이다.

- path는 제공자 안에 있는 가상 디렉터리로서 요청된 데이터의 종류를 식별한다.

- id는 요청된 특정 레코드의 기본 키이다. 일정 타입의 모든 레코드를 요청하려면 이것과 뒤에 나오는 슬래시를 생략한다.

안드로이드는 아래의 것들을 포함하여 이미 몇 가지 제공자들을 내장하여 제공된다.[3]

- content://browser

- content://contacts

- content://media

- contnet://settings

ContentProvider 사용하는 법을 시연하기 위해, Events 예제에서 이를 사용하도록 수정해

---

[3] 가장 최근의 목록은 http://d.android.com/reference/android/provider/package-summary.html을 참조하라. 여기 있는 문자열 대신, Browser.BOOKMARKS_URI와 같이 문서화된 상수들을 이용하라. 일부 제공자는 접근할 때, manifest 파일에 요청해야 하는 추가적인 승인을 요구한다는 점에 주의하자.

보자. 우리의 Events 제공자에게 유효한 URI들은 아래와 같다.

```
content://org.example.events/events/3 -- single event with _id=3
content://org.example.events/events -- all events
```

먼저 Constants.java에 두 개의 상수를 추가할 필요가 있다.

Eventsv3/src/org/example/events/Constants.java

```java
import android.net.Uri;
// ...
    public static final String AUTHORITY = "org.example.events";
    public static final Uri CONTENT_URI = Uri.parse("content://"
        + AUTHORITY + "/" + TABLE_NAME);
```

레이아웃 파일(main.xml과 item.xml)은 수정할 필요가 없기 때문에, 다음 단계는 Events 클래스에 몇 가지 사소한 수정을 가하는 일이다.

메인 프로그램 바꾸기

메인 프로그램(Events.onCreate( ) 메소드)은 계속 따라다녀야 할 데이터베이스 객체가 없어졌기 때문에 실제로는 조금 더 간단해졌다.

Eventsv3/src/org/example/events/Events.java

```java
@Override
public void onCreate(Bundle savedInstanceState) {
    super.onCreate(savedInstanceState);
    setContentView(R.layout.main);
    addEvent("Hello, Android!");
    Cursor cursor = getEvents();
    showEvents(cursor);
}
```

try/finally 구역도 필요 없고, EventsData에 대한 참조도 제거할 수 있다.

열 추가하기

addEvent( )에서 두 줄이 변경된다. 새 버전은 아래와 같다.

Eventsv3/src/org/example/events/Events.java

```java
import static org.example.events.Constants.CONTENT_URI;
    private void addEvent(String string) {
        // Insert a new record into the Events data source.
        // You would do something similar for delete and update.
        ContentValues values = new ContentValues();
        values.put(TIME, System.currentTimeMillis());
        values.put(TITLE, string);
        getContentResolver().insert(CONTENT_URI, values);
    }
```

getWritableDatabase( )에 대한 호출은 사라지고, insertOrThrow( )에 대한 호출은
getContentResolver( ).insert( )로 대체되었다. 데이터베이스 핸들 대신에 콘텐트 URI
를 이용한다.

질의하기

ContentProvider를 사용하면 getEvents( ) 메소드 역시 간소화된다.

Eventsv3/src/org/example/events/Events.java

```java
private Cursor getEvents() {
    // 관리된 질의 실행하기. 필요하면 액티비티가 종료와
    // 결과 묶음을 다시 질의하는 작업을 처리할 것이다.
    return managedQuery(CONTENT_URI, FROM, null, null, ORDER_BY);
}
```

여기서는 Activity.managedQuery( ) 메소드를 이용하고 있는데, 콘텐트 URI와 관심을 두
고 있는 행의 목록, 이들을 분류할 순서를 이 메소드에 전달한다.

데이터베이스에 대한 모든 참조를 제거함으로써 Events 클라이언트를 Events 데이터 제공
자로부터 분리해내었다. 클라이언트는 더 간단해졌지만, 이제 우리는 지금까지 없었던 새로

운 기능을 구현해야 한다.

9.6 ContentProvider 구현하기

ContentProvider는 Activity와 같이 시스템에 선언될 필요가 있는 고차원의 객체이다. 그래서, ContentProvider를 하나 만들려면 맨 먼저 이를 AndroidManifest.xml 파일의 <activity> 태그 앞에 추가해야 한다(<application>의 자식으로).

Eventsv3/AndroidManifest.xml

```xml
<provider android:name=".EventsProvider"
    android:authorities="org.example.events" />
```

android:name은 클래스의 이름이고(manifest의 패키지 이름에 덧붙여진), android:authorities는 콘텐트 URI에서 사용되는 문자열이다.

다음으로 ContentProvider를 확장시켜줄 EventsProvider를 생성해보자. 여기 기본적인 개요가 있다.

Eventsv3/src/org/example/events/EventsProvider.java

```java
package org.example.events;

import static android.provider.BaseColumns._ID;
import static org.example.events.Constants.AUTHORITY;
import static org.example.events.Constants.CONTENT_URI;
import static org.example.events.Constants.TABLE_NAME;
import android.content.ContentProvider;
import android.content.ContentUris;
import android.content.ContentValues;
import android.content.UriMatcher;
import android.database.Cursor;
import android.database.sqlite.SQLiteDatabase;
import android.net.Uri;
import android.text.TextUtils;

public class EventsProvider extends ContentProvider {
```

```
    private static final int EVENTS = 1;
    private static final int EVENTS_ID = 2;

    /** 이벤트 디렉터리 하나의 MIME 타입 */
    private static final String CONTENT_TYPE
        = "vnd.android.cursor.dir/vnd.example.event" ;

    /** 단 한 개 이벤트의 MIME 타입 */
    private static final String CONTENT_ITEM_TYPE
        = "vnd.android.cursor.item/vnd.example.event" ;

    private EventsData events;
    private UriMatcher uriMatcher;
    // ...
}
```

관례적으로 MIME 타입에서는 `org.example` 대신에 `vnd.example`을 사용한다.[4] EventsProvider는 두 가지의 타입의 데이터를 처리한다.

- EVENTS(MIME 타입 `CONTENT_TYPE`): 이벤트들의 디렉터리 또는 목록

- EVENTS_ID(MIME 타입 `CONTENT_ITEM_TYPE`): 단독 이벤트

URI 측면에서 보자면, 첫 번째 타입이 ID를 지정하지 않는 반면 두 번째 것은 지정한다는 것이 차이점이다. 안드로이드의 `UriMatcher` 클래스를 이용하여 URI를 해석하고 클라이언트가 지정한 것이 어떤 것인지를 알아낸다. 그리고 이 장의 초반에 나왔던 `EventsData` 클래스를 다시 사용하여 제공자 안에 있는 진짜 데이터베이스를 관리한다.

지면 관계상 클래스의 나머지 것들을 여기에 모두 설명하지는 않겠지만, 책의 웹사이트에서 전체를 내려 받을 수 있다. 세 가지 버전의 Events 예제가 모두 소스 코드 페이지의 .zip 파일 안에 들어 있다.

Events 예제의 마지막 버전은 겉에서 보기엔 이전 것과 똑같아 보인다(그림 9.3 참조). 그러나 안을 들여다보면 이젠 시스템에 있는 다른 응용프로그램, 심지어 다른 개발자가 만든 것도 이용할 수 있도록, 이벤트 저장소를 위한 프레임워크가 만들어졌다.

---

[4] 다목적 인터넷 전자우편 확장 프로토콜(Multipurpose Internet Mail Extensions, MIME)은 모든 종류의 콘텐트 타입을 설명해주는 인터넷 표준이다.

9.7 빨리 넘겨보기 >>

이 장에서 우리는 데이터를 안드로이드 SQL 데이터베이스에 저장하는 법을 배웠다. SQL을 이용하여 뭔가를 더 하고 싶다면, 여기서 우리가 다룬 것보다 더 많은 구문과 표현들을 배울 필요가 있다. 조나단 제닉(Jonathan Gennick)이 쓴 SQL 포켓 가이드(SQL Pocket Guide. 국내 미출간)나 마이크 오웬스(Mike Owens)의 SQLite 완벽 가이드(The Definitive Guide to SQLite. 국내 미출간)가 좋은 투자가 될 것이다. 하지만 SQL의 구문과 함수들은 데이터베이스마다 약간씩 다르다는 점을 염두에 두자.

안드로이드에서 데이터 저장을 할 수 있는 또 다른 선택권은 db4o[5]이다. 이 라이브러리는 SQLite보다 방대하고 다른 라이센스(GNU 일반 공중 사용 허가서. GNU Public License)를 사용하고 있으나 공짜인데다, (특히 SQL을 모르는 사람이라면) 아마 더 쉽게 사용할 수 있을지도 모른다.

이 장에서 소개된 `SimpleCursorAdapter`는 텍스트 이상의 것을 보여주도록 개조될 수 있다. 예를 들어, `Cursor` 안에 있는 데이터에 기반하여 평점 매기기 별들이나 그래프나 또는 다른 보기 화면들을 보여줄 수 있다. 더 자세한 정보는 `SimpleCursorAdapter`에서 `ViewBinder`를 살펴보도록 하라.[6]

그리고 지금은 완전히 다른 어떤 것을 위한 시간이다. 다음 장은 OpenGL을 이용한 3D 그래픽을 다룰 것이다.

---

[5] http://www.db4o.com/android

[6] http://d.android.com/reference/android/widget/SimpleCursorAdapter.html

제 **10** 장

OpenGL을 이용한 3D 그래픽

대부분의 프로그램에는 2차원 그래픽만으로도 훌륭하지만, 때로 2D로는 불가능한 차원의 깊이와 상호작용, 또는 사실성이 필요할 때가 있다. 이러한 때를 위해 안드로이드는 OpenGL ES 표준 기반의 3차원 그래픽 라이브러리를 제공하고 있다. 이 장에서는 3D의 개념을 살펴보고 OpenGL을 사용하는 예제 프로그램을 만들어 보도록 하겠다.

10.1 3D 그래픽 이해하기

세상은 3차원이지만 우리는 일상적으로 이를 2차원 안에서 보아오곤 했다. 텔레비전을 보거나 책에 있는 그림을 볼 때, 3D 영상은 2D 표면(TV 패널이나 책의 페이지) 위로 납작하게 평평해지거나 또는 투사된다(projected).

간단한 실험을 하나 해보자. 한쪽 눈을 가리고 창 밖을 내다보자. 어떻게 보이는가? 태양으로부터의 빛은 외부에 있는 물체들에 튕겨져 창문을 통과한 후 눈으로 들어와 이를 알아챌 수 있도록 한다. 그래픽 용어로는, 바깥의 장면이 창(또는 **보임창**, viewport) 안으로 투사된 것이다. 만약 누군가 창을 고화질 사진으로 바꾸어 놓아도 보는 위치를 옮기기 전까지는 똑같아 보일 것이다.

눈이 얼마나 창에 가까이 있는가와 창이 얼마나 큰가에 따라 제한된 양만큼의 바깥 세상을 볼 수 있다. 이를 **시야**(field of view)라고 한다. 만약 눈에서부터 창의 네 귀퉁이를 잇는 선을 그린다면, 그림 10.1에서 보이는 피라미드가 생길 것이다. 이를 **시야 절두체**(view frustum.

그림 10.1

삼차원 장면 보기

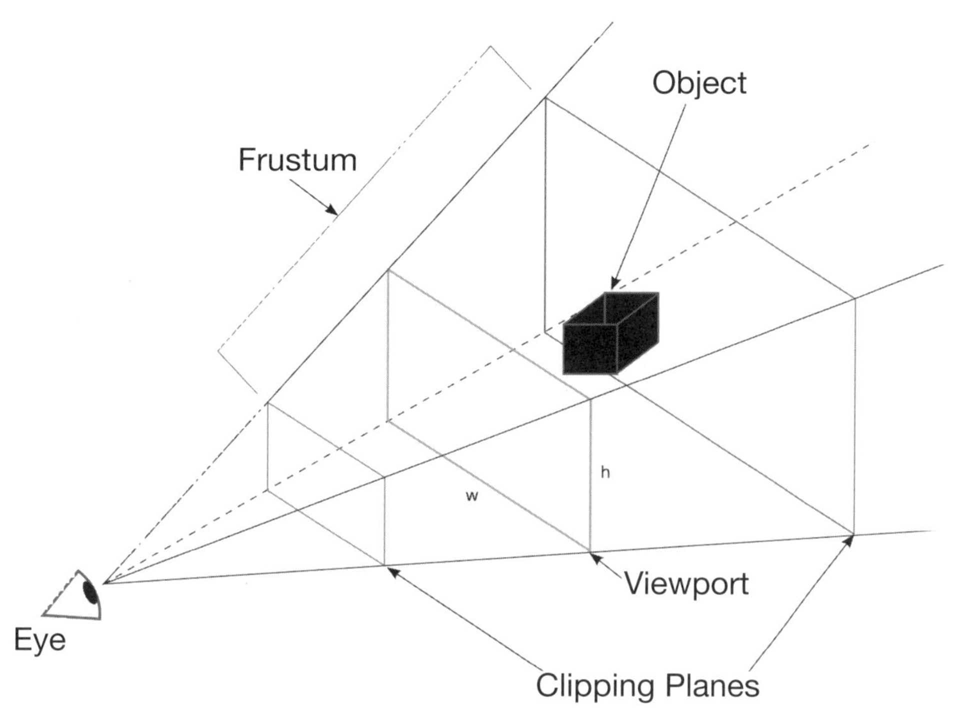

'잘려나간 조각'을 뜻하는 라틴어)라고 부른다. 기능 상의 이유로, 절두체는 보통 근접 평면과 원거리 평면으로 묶여 있다. 절두체 안에 있는 것은 뭐든 볼 수 있으나, 그 외부에 있는 것은 아무것도 볼 수 없다.

3D 컴퓨터 그래픽에서는 컴퓨터 화면이 뷰포트의 역할을 한다. 우리 역할은 이를 유리 반대 쪽에 있는 또 다른 세상으로 향하는 창문이라고 생각하도록 사용자들을 속이는 것이다. 이 과제를 달성하기 위해 당신이 사용할 API가 바로 OpenGL 그래픽 라이브러리이다.

10.2 OpenGL 소개하기

OpenGL[1]은 1992년에 실리콘 그래픽스가 개발하였다. 이는 프로그래머에게 제조사에 상관없이 하드웨어를 충분히 활용할 수 있는 통합 인터페이스를 제공한다. OpenGL의 핵심 기능은 뷰포트와 조명효과 등과 같이 익숙한 개념을 구현하였고, 대부분의 하드웨어 층을 개발자의 눈 앞에서 숨기려 노력하였다.

OpenGL이 워크스테이션을 대상으로 설계되었기 때문에, 모바일 기기에 맞추기엔 너무 거대하다. 때문에 안드로이드는 '기본 장착된 시스템을 위한 OpenGL(OpenGL for Embedded Systems. OpenGL ES)[2]이라 불리는 OpenGL의 하위 집합을 구현했다. 이 표준은 인텔, AMD, 노키아, 삼성, 소니와 같은 업체들의 업계 컨소시엄인 크로노스 그룹(Khronos Group)이 만들었다. 동일한 라이브러리(사소한 차이는 있지만)가 현재 안드로이드, 심비안, 아이폰을 포함한 주류 플랫폼들에서 이용 가능하다.

모든 개발 언어는 OpenGL ES를 위한 자체 언어 바인딩이 있는데, 자바라고 예외는 아니다. 자바의 언어 바인딩은 JSR(Java Specification Request) 239에 의해 정의되었다.[3] 안드로이드는 이를 할 수 있는 한 표준에 가깝게 구현하였으므로, JSR 239와 OpenGL ES에 관한 다양한 책과 문서자료들에서 모든 클래스들과 메소드들에 대한 풍부한 설명을 참조할 수 있다.

땡큐, 존 카맥(John Carmack)

OpenGL은 매우 성공적인 것으로 판명이 나고 있지만, 거의 실패할 뻔하기도 했다. 1995년에 마이크로소프트가 다이렉트3D(Direct3D)라 불리는 경쟁상품을 소개했다. 마이크로소프트의 시장 지배력과 상당한 R&D 투자에 힘입어 한동안은 다이렉트3가 게임개발에 있어 사실상 산업 표준의 자리를 차지하는 것처럼 보였다. 그러나 한 사람, 아이디 소프트웨어(id Software)의 공동 창업자인 존 카맥이 이에 따르기를 거부했다. 그가 만든 초 히트작 게임들인 둠(Doom)과 퀘이크(Quake)는 거의 혼자 힘으로 하드웨어 제조사들로 하여금 최신 버전의 OpenGL 기기 드라이버를 PC에 탑재하도록 만들었다. 요즘의 리눅스나 맥 OS X, 그리고 모바일 기기 사용자들은 OpenGL 표준이 계속 활성화될 수 있도록 도와준 존과 아이디 소프트웨어에 감사해야 할 것이다.

---

[1] http://www.opengl.org

[2] http://www.khronos.org/opengles

[3] http://jcp.org/en/jsr/detail?id=239

이제 안드로이드에서 간단한 OpenGL 프로그램을 생성하는 법을 들여다보도록 하자.

10.3 OpenGL 프로그램 만들기

제1장 2절 첫 번째 프로그램 만들기에서처럼 새로운 'Hello, Android' 프로젝트를 만드는 것으로 시작하되, 이번에는 아래의 매개변수들을 새 안드로이드 프로젝트 대화상자에 적용하도록 하자.

```
Project name: OpenGL
Build Target: Android 2.2
Application name: OpenGL
Package name: org.example.opengl
Create Activity: OpenGL
Min SDK Version: 8
```

이로써 메인 액티비티를 담고 있는 OpenGL.java가 생성되었다. 아래와 같이 GLView라는 이름의 사용자 정의 보기 화면을 참조하도록 이것을 편집하고 수정해보자.

 철수가 묻길…

모든 폰이 3D를 지원하게 될까요?

그렇기도 하고 아니기도 하다. 안드로이드를 돌리는 저사양 기기들은 실질적인 3D 하드웨어를 갖지 않을 것이다. 그렇지만 OpenGL 프로그래밍 인터페이스는 여전히 있을 것이다. 모든 3D 함수들은 소프트웨어로 에뮬레이트될 것이다. 프로그램은 구동되겠지만 하드웨어로 가속하는 기기들에 비하면 많이 느릴 것이다. 이런 이유로, 그리는 데 시간이 많이 걸리지만 프로그램에 필수적으로 필요하지는 않은 특정 세부내용과 특수효과를 끌 수 있는 선택권을 사용자에게 주는 것은 좋은 생각이다. 사용자가 느린 기기에서 프로그램을 구동하고 있다면 이런 방법으로 몇몇 눈요기거리를 비활성화하고 더 나은 성능을 얻을 수 있다.

```java
package org.example.opengl;

import android.app.Activity;
import android.os.Bundle;

public class OpenGL extends Activity {
    GLView view;
    @Override
    public void onCreate(Bundle savedInstanceState) {
        super.onCreate(savedInstanceState);
        view = new GLView(this);
        setContentView(view);
    }

    @Override
    protected void onPause() {
        super.onPause();
        view.onPause();
    }

    @Override
    protected void onResume() {
        super.onResume();
        view.onResume();
    }
}
```

onPause( )와 onResume( ) 메소드를 덮어쓰기하여 이들이 보기 화면에 있는 같은 이름의 메소드들을 호출할 수 있도록 했다.

레이아웃 리소스(res/layout/main.xml)는 필요하지 않으니 삭제하자. 이제 우리의 사용자 정의 뷰 클래스를 정의해보자.


```java
package org.example.opengl;

import android.content.Context;
import android.opengl.GLSurfaceView;
```

```java
class GLView extends GLSurfaceView {
    private final GLRenderer renderer;

    GLView(Context context) {
        super(context);

        // Uncomment this to turn on error-checking and logging
        //setDebugFlags(DEBUG_CHECK_GL_ERROR | DEBUG_LOG_GL_CALLS);

        renderer = new GLRenderer(context);
        setRenderer(renderer);
    }
}
```

GLSurfaceView는 안드로이드 1.5에서 소개된 새 클래스인데, 안드로이드에서 OpenGL을 대단히 간편하게 이용할 수 있도록 만들어주었다. 이 클래스는 OpenGL ES를 뷰 시스템과 액티비티의 라이프 사이클에 연결시키는 접착제를 제공한다. 이는 적정한 프레임 버퍼의 픽셀 구성을 선정하는 작업을 처리하고, 부드러운 애니메이션이 가능하도록 분리된 렌더링 스레드를 관리한다. GLView는 단지 GLSurfaceView를 확장시키고 뷰를 위한 렌더러 (renderer)를 정의하기만 하면 된다.

다음 절에서는 불투명한 색깔로 화면을 채워보도록 하자.

10.4 장면 렌더링하기

제4장 2절 게임판 그리기에서 보았듯이, 안드로이드의 2D 라이브러리는 화면의 한 부분을 새로 그릴 필요가 있을 때마다 뷰에서 onDraw( ) 메소드를 호출한다. OpenGL은 약간 다르다.

안드로이드의 OpenGL ES에서 그리기는 초기화를 책임지는 렌더링 클래스와 전체 화면 그리기로 나눠진다. 지금 이를 정의해보자.

아래는 GLRenderer 클래스의 개요이다.

OpenGL/src/org/example/opengl/GLRenderer.java

```java
package org.example.opengl;
```

```java
import javax.microedition.khronos.egl.EGLConfig;
import javax.microedition.khronos.opengles.GL10;

import android.content.Context;
import android.opengl.GLSurfaceView;
import android.opengl.GLU;
import android.util.Log;

class GLRenderer implements GLSurfaceView.Renderer {
    private static final String TAG = "GLRenderer" ;
    private final Context context;

    GLRenderer(Context context) {
        this.context = context;
    }

    public void onSurfaceCreated(GL10 gl, EGLConfig config) {
        // ...
    }

    public void onSurfaceChanged(GL10 gl, int width, int height) {
        // ...
    }

    public void onDrawFrame(GL10 gl) {
        // ...
    }
}
```

GLRenderer는 GLSurfaceView.Renderer 인터페이스를 구현하는데, 이는 세 개의 메소드를
가지고 있다. OpenGL Surface(일반적인 2D에서 캔버스와 좀 비슷한)가 생성되거나 재생성
될 때 호출되는 onSurfaceCreated( ) 메소드부터 시작해보자.

OpenGL/src/org/example/opengl/GLRenderer.java

```java
Line 1  public void onSurfaceCreated(GL10 gl, EGLConfig config) {
            // 필요한 OpenGL 선택 사항들 설정하기
            gl.glEnable(GL10.GL_DEPTH_TEST);
            gl.glDepthFunc(GL10.GL_LEQUAL);
     5      gl.glEnableClientState(GL10.GL_VERTEX_ARRAY);

            // 선택 사항: 성능 향상을 위해 디더링 비활성화
            // gl.glDisable(GL10.GL_DITHER);
        }
```

3번째 줄에서 OpenGL의 선택 사항 두 개를 설정했다. OpenGL은 glEnable( )과 glDisable( )로 활성화, 비활성화할 수 있는 수십 개의 선택 사항들이 있다. 가장 널리 사용되는 것에는 아래와 같은 것들이 있다.

선택 사항	설명
GL_BLEND	새로 들어오는 색깔의 값을 이미 색깔 버퍼에 있는 값과 섞기
GL_CULL_FACE	창의 좌표 안에서 그 좌표 방향에 맞춰(시계 방향 또는 반시계 방향) 폴리곤들 무시하기. 뒤에 있는 그림을 저렴하게 제거하는 방법이다.
GL_DEPTH_TEST	깊이를 비교하여 깊이 버퍼를 업데이트하기. 이미 그려진 것보다 더 멀리 있는 픽셀들은 무시된다.
GL_LIGHTi	한 객체의 밝기와 색깔을 확인할 때 밝기 숫자인 i 포함시키기
GL_LIGHTING	조명과 소재 계산 활성화하기
GL_LINE_SMOOTH	부드럽게 다듬어진(antialiased) 선 그리기(거친 톱니가 없는 선)
GL_MULTISAMPLE	부드럽게 다듬어진 선과 다른 효과들을 위해 멀티샘플링 시행하기
GL_POINT_SMOOTH	부드럽게 다듬어진 점 그리기
GL_TEXTURE_2D	질감을 사용하여 표면 그리기

GL_DITHER와 GL_MULTISAMPLE을 제외한 선택 사항들은 기본적으로 비활성 성태이다. 이 모두가 일단 활성화하면 성능 상의 비용이 지불된다는 것에 주의하자.

다음으로 onSurfaceChanged( ) 메소드를 채워보자. 이 메소드는 Surface가 생성될 때 한 번 호출되고, 그 다음에는 Surface의 크기가 변경될 때마다 반복해서 호출된다.

OpenGL/src/org/example/opengl/GLRenderer.java

```
Line  1  public void onSurfaceChanged(GL10 gl, int width, int height) {
      -      // Define the view frustum
      -      gl.glViewport(0, 0, width, height);
      -      gl.glMatrixMode(GL10.GL_PROJECTION);
      5      gl.glLoadIdentity();
      -      float ratio = (float) width / height;
      -      GLU.gluPerspective(gl, 45.0f, ratio, 1, 100f);
      -  }
```

여기서 우리의 시야 절두체(view frustum)을 만들고 몇 가지 OpenGL 선택 사항들을 설정했다. 7번째 줄에 있는 GLU.gluPerspective( ) 도우미 함수에 대한 호출에 주의하자. 마지막의 두 인자는 눈으로부터 근접 평면과 원거리 평면까지의 거리이다(그림 10.1 참조).

이제 뭔가를 그려야 할 시간이다. onDrawFrame( ) 메소드가 GLSurfaceView 클래스에 의해 생성된 렌더링 스레드 안에서 계속 반복해서 호출된다.

OpenGL/src/org/example/opengl/GLRenderer.java

```java
public void onDrawFrame(GL10 gl) {
    // 화면을 검게 비우기
    gl.glClear(GL10.GL_COLOR_BUFFER_BIT
            | GL10.GL_DEPTH_BUFFER_BIT);

    // 우리가 볼 수 있도록 모델 위치시키기
    gl.glMatrixMode(GL10.GL_MODELVIEW);
    gl.glLoadIdentity();
    gl.glTranslatef(0, 0, -3.0f);

    // 다른 그리기 명령어는 여기에…
}
```

시작하기 위해 일단 화면을 검게 설정했다. 색깔과 깊이 버퍼를 모두 비웠다. 이 두 개를 비우는 걸 항상 잊지 말아야 하는데, 그러지 않으면 이전 프레임의 깊이 정보가 남겨져 아주 이상한 결과를 보게 될 것이다. 또한 이후의 모든 그리기 명령들을 위한 시작점을 설정해야 하는데, 이는 다음 절에서 설명이 완료될 것이다.

지금 프로그램을 돌려보면 그림 10.2와 같이 보일 것이다. 만약 똑같은 검정 화면을 반복하면서 그리고 또 그리는 것이 웃긴다고 생각한다면, 그 말이 맞다. 나중에 애니메이션을 얘기할 때가 되면 더 그럴 텐데, 일단 지금은 좀 참아보기로 하자.

진도를 나가서, 조금 더 재미있는 무언가를 그려보도록 하자. 하지만 먼저 우리가 정확하게 무엇을 그리려 하는지(모델 the model)를 정의해야 한다.

버전 1.몇?

OpenGL ES 1.0은 완전판 OpenGL 버전 1.3에 기반하고 있고, ES 1.1은 OpenGL 1.5에 기반하고 있다. JSR 239는 두 가지 버전을 가지고 있는데, 오리지널인 1.0과 유지관리 배포 버전 1.0.1이다. 또한 OpenGL ES 확장판이라는 것도 있는데 굳이 언급하지는 않겠다. 안드로이드의 모든 버전이 JSR 239 1.0.1을 OpenGL ES 1.0에다 약간의 1.1과 함께 구현하고 있다. 대부분의 프로그램에서는 JSR 표준만으로도 충분하고, 그래서 우리도 이를 이용하고 있다.

안드로이드 2.2부터 시작해서 OpenGL ES 2.0이 android.opengl 패키지를 통해 지원된다.* 기본 개발 상자(Native Development Kit, NDK)에서도 역시 호출할 수 있다.† OpenGL ES 2.0은 완전판 OpenGL 2.0 사양에 대응하여 정의되었고 쉐이더(shaders)와 프로그래밍할 수 있는 3D 파이프라인을 강조하였다. OpenGL ES 2.0을 위한 JSR 표준은 아직 없는 상태이고, 프로그래밍 인터페이스는 1.0과 호환되지 않는다.

---

*. http://d.android.com/reference/android/opengl/GLES20.html

†. http://d.android.com/sdk/ndk

10.5 모델 구축하기

그리려고 하는 대상의 복잡도에 따라 다르겠지만, 일반적으로 그래픽 도구들을 이용해 이들을 생성한 후 프로그램으로 불러들이게 된다. 이 예제에 쓸 것으로는, 그냥 간단한 모델을 코드 안에서 정의하도록 하겠다. 정육면체이다.

OpenGL/src/org/example/opengl/GLCube.java

```
Line  1   package org.example.opengl;

          import java.nio.ByteBuffer;
          import java.nio.ByteOrder;
      5   import java.nio.IntBuffer;


          import javax.microedition.khronos.opengles.GL10;


          import android.content.Context;
     10   import android.graphics.Bitmap;
```

그림 10.2

검은 화면을 만드는 데 많은 어려움이 있었다.

```
     import android.graphics.BitmapFactory;
     import android.opengl.GLUtils;

     class GLCube {
15       rivate final IntBuffer mVertexBuffer;
         public GLCube( ) {
             int one = 65536;
             int half = one / 2;
             int vertices[] = {
20               // FRONT
                 -half, -half, half, half, -half, half,
                 -half, half, half, half, half, half,
                 // BACK
                 -half, -half, -half, -half, half, -half,
25               half, -half, -half, half, half, -half,
                 // LEFT
                 -half, -half, half, -half, half, half,
```

```
                    -half, -half, -half, -half, half, -half,
                    // RIGHT
30                  half, -half, -half, half, half, -half,
                    half, -half, half, half, half, half,
                    // TOP
                    -half, half, half, half, half, half,
                    -half, half, -half, half, half, -half,
35                  // BOTTOM
                    -half, -half, half, -half, -half, -half,
                    half, -half, half, half, -half, -half, };

        // gl*Pointer( ) 함수에 버퍼를 전달할 때는 반드시 직접적이어야 한다.
40      // 예를 들면, 이들은 반드시 가비지 콜렉터가 이들을 옮기지 못하도록
        // 기본 힙에 위치해야 한다.
        //
        // 멀티바이트 데이터 형식(예를 들어, short, int, float)의 버퍼는
        // 반드시 고유 순서와 동일한 바이트 순서를 가져야 한다.
45      ByteBuffer vbb = ByteBuffer.allocateDirect(vertices.length * 4);
        vbb.order(ByteOrder.nativeOrder( ));
        mVertexBuffer = vbb.asIntBuffer( );
        mVertexBuffer.put(vertices);
        mVertexBuffer.position(0);
50  }


    public void draw(GL10 gl) {
        gl.glVertexPointer(3, GL10.GL_FIXED, 0, mVertexBuffer);

55      gl.glColor4f(1, 1, 1, 1);
        gl.glNormal3f(0, 0, 1);
        gl.glDrawArrays(GL10.GL_TRIANGLE_STRIP, 0, 4);
        gl.glNormal3f(0, 0, -1);
        gl.glDrawArrays(GL10.GL_TRIANGLE_STRIP, 4, 4);
60
        gl.glColor4f(1, 1, 1, 1);
        gl.glNormal3f(-1, 0, 0);
        gl.glDrawArrays(GL10.GL_TRIANGLE_STRIP, 8, 4);
        gl.glNormal3f(1, 0, 0);
65      gl.glDrawArrays(GL10.GL_TRIANGLE_STRIP, 12, 4);

        gl.glColor4f(1, 1, 1, 1);
        gl.glNormal3f(0, 1, 0);
        gl.glDrawArrays(GL10.GL_TRIANGLE_STRIP, 16, 4);
70      gl.glNormal3f(0, -1, 0);
        gl.glDrawArrays(GL10.GL_TRIANGLE_STRIP, 20, 4);
    }
}
```

19번째 줄에 있는 **vertices**(꼭지점들) 배열은 정육면체의 모서리를 고정소수점 형식의 좌표('고정 대 부동소수점'을 보라)로 정의한다. 정육면체의 각 면은 두 개의 세모로 이루어진 사각형 모양이다. 여기서 우리는 triangle strips이라 불리는 OpenGL에서 흔히 쓰이는 그리기 모드를 이용했다. 이 모드에서 두 개의 시작점을 지정해놓으면, 이 다음에는 그에 뒤이은 점이 이전의 두 점을 포함하는 삼각형을 정의하게 된다. 이는 다량의 기하학 계산으로 그래픽 하드웨어를 혹사시키는, 쉬운 방법 중 하나다.

각 점에는 세 개의 좌표(x, y와 z)가 있다는 것을 명심하자. x와 y축은 각각 오른쪽과 위쪽을 가리키고, z축은 스크린으로부터 시점(eye point)쪽으로의 방향을 가리킨다.

그리기 메소드에서(52번째 줄), 우리는 생성자 안에서 생성된 꼭지점 버퍼를 이용하여 6개의 다른 방향으로 삼각형들을 그렸다(정육면체의 여섯 면에 맞도록). OpenGL을 호출하는 횟수를 적게 할수록 프로그램이 더 빨라지기 때문에, 실제 프로그램에서는 호출을 하나 또는 두 개의 연속 묶음으로 합치는 것이 좋을 것이다.

이제 GLRenderer에서 새 클래스를 이용해보자.

OpenGL/src/org/example/opengl/GLRenderer.java

```
private final GLCube cube = new GLCube( );
public void onDrawFrame(GL10 gl) {
    // ...
    // 모델 그리기
    cube.draw(gl);
}
```

이제 프로그램을 돌려보면 그림 10.3과 같이 재미있는 이미지를 볼 수 있을 것이다. 뭐 어쨌든, 검정보다는 더 재미있다.

10.6 조명, 카메라…

실제 삶에는 태양이나 헤드라이트, 횃불 또는 이글거리는 용암구덩이 같은 광원(light sources)이 있다. OpenGL에서는 장면에 맞도록 여덟 가지의 광원을 정의할 수 있다. 조명

고정 대 부동소수점

OpenGL ES는 모든 메소드에 고정소수점(정수)와 부동소수점 인터페이스를 제공하고 있다. 고정소수점 메소드들은 끝이 x로 끝나고, 부동소수점 메소드들은 끝이 f로 끝난다. 예를 들어, 색깔의 네 가지 요소를 설정할 때 glColor4x( )나 glColor4f( ) 중 어느 것이나 사용할 수 있다.

고정소수점 숫자들은 2의 16배수, 또는 65,536의 단위로 증감한다. 때문에 고정소수점으로 32,768은 0.5f에 상응한다. 다른 말로 하자면, 4바이트의 int에서 정수 부분이 가장 중요한 두 바이트를 사용하고, 분수 부분이 가장 덜 중요한 두 바이트를 사용하게 된다. 이는 안드로이드의 고유한 2D 라이브러리가 정수를 사용하는 방법과는 매우 다르므로 주의하도록 한다.

우리 것과 같은 간단한 예제에서는 고정소수점을 쓰든 부동소수점 계산법을 쓰든 문제가 안 되기 때문에 편리한 대로 왔다 갔다 하면서 쓰도록 하겠다. 그렇더라도 일부 안드로이드 기기들은 부동소수점 하드웨어를 지원하지 않아서, 고정소수점이 더 빠를 수 있다는 점은 염두에 두도록 하자. 다른 한편으로, 일부 개발자들은 고정소수점이 에뮬레이트된 부동소수점보다 실제로는 더 느리다고 보고하기도 했다. 뭐, 경우마다 다를 수도 있다.

내 도움말은 먼저 프로그래밍하기에 편한 부동소수점으로 코드를 짜자는 것이다. 그 다음에 필요하다면 느린 부분만 고정소수점으로 최적화하면 된다.

에는 두 가지 부분이 있는데, 빛과 그것을 받아 반짝이는 물체이다. 빛부터 시작해보자.

모든 3D 그래픽 라이브러리는 세 가지 종류의 조명을 지원한다.

- Ambient(주변광): 전체 장면, 심지어 빛을 등지고 있는 객체까지도 비추는 전반적인 밝음. 약간의 주변 조명을 주어 그늘 안에 있는 세부묘사들도 알아챌 수 있도록 하는 것이 중요하다.

- Diffuse(산란광): 방향성을 가진 부드러운 조명으로, 형광 패널 같은 데서 볼 수 있다. 장면에서는 전형적으로 흩어진 광원으로부터 나오는 빛에 적합하다.

- Specular(반사광): 보통 밝은 한 지점에서 나오는 반짝이는 빛. 반짝거리는 물질과 혼합하면 사실감을 배가시키는 하이라이트(광택)를 얻을 수 있다.

단 하나의 광원이 세 가지 형태의 빛을 모두 만들어낼 수 있다. 이런 값들이 화면의 픽셀 하나마다의 색깔과 밝기를 결정하는 조명 공식에 주어진다.

그림 10.3

그림자가 없는 정육면체 그리기

밝기는 GLRenderer.onSurfaceCreated( ) 메소드에서 정의된다.

OpenGL/src/org/example/opengl/GLRenderer.java

```
float lightAmbient[] = new float[] { 0.2f, 0.2f, 0.2f, 1 };
float lightDiffuse[] = new float[] { 1, 1, 1, 1 };
float[] lightPos = new float[] { 1, 1, 1, 1 };
gl.glEnable(GL10.GL_LIGHTING);
gl.glEnable(GL10.GL_LIGHT0);
gl.glLightfv(GL10.GL_LIGHT0, GL10.GL_AMBIENT, lightAmbient, 0);
gl.glLightfv(GL10.GL_LIGHT0, GL10.GL_DIFFUSE, lightDiffuse, 0);
gl.glLightfv(GL10.GL_LIGHT0, GL10.GL_POSITION, lightPos, 0);
```

우리 코드에서는 (1, 1, 1) 위치에 하나의 광원을 정의했다. 이는 하나의 방향을 가진 하얀

빛으로, 밝은 산란광 소자와 어두운 주변광 소자를 지녔다. 이 예제에서는 반사광을 사용하

지 않았다.

다음으로는 OpenGL에 우리의 정육면체가 어떤 물질로 만들어졌는가 물어봐야 한다. 빛은 금속이나 플라스틱, 종이와 같은 물질에 따라 다르게 반사된다. OpenGL에서 이를 실험해 보기 위해 onSurfaceCreated( )에 코드를 추가하여, 주변광, 산란광, 반사광의 세 가지 빛에 물질들이 어떻게 반응하는지 정의해보도록 하자.

OpenGL/src/org/example/opengl/GLRenderer.java

```java
float matAmbient[] = new float[] { 1, 1, 1, 1 };
float matDiffuse[] = new float[] { 1, 1, 1, 1 };
gl.glMaterialfv(GL10.GL_FRONT_AND_BACK, GL10.GL_AMBIENT,
        matAmbient, 0);
gl.glMaterialfv(GL10.GL_FRONT_AND_BACK, GL10.GL_DIFFUSE,
        matDiffuse, 0);
```

객체는 마치 종이로 만들어진 것처럼 둔탁하게 마무리가 된 것처럼 보일 것이다(그림 10.4 참조). 정육면체의 오른쪽 위쪽 모서리가 빛에 가까워서 더 밝게 나타난다.

10.7 액션!

지금까지 정육면체는 아무런 움직임 없이 그냥 앉아있기만 했다. 무척 지루한 일이니, 움직이도록 해보자. 이를 위해서는 GLRenderer 안에 있는 onSurfaceCreated( )와 onDrawFrame( ) 메소드에 두 가지 수정을 해야 한다.

OpenGL/src/org/example/opengl/GLRenderer.java

```java
private long startTime;
private long fpsStartTime;
private long numFrames;
public void onSurfaceCreated(GL10 gl, EGLConfig config) {
    // ...
    startTime = System.currentTimeMillis();
    fpsStartTime = startTime;
    numFrames = 0;
}
```

그림 10.4

장면 밝히기

```
public void onDrawFrame(GL10 gl) {
    // ...
    // 시간 기준으로 회전 각도 설정
    long elapsed = System.currentTimeMillis() - startTime;
    gl.glRotatef(elapsed * (30f / 1000f), 0, 1, 0);
    gl.glRotatef(elapsed * (15f / 1000f), 1, 0, 0);

    // 모델 그리기
    cube.draw(gl);
}
```

이 코드는 메인 루프를 통과할 때마다 정육면체를 조금씩 회전시킨다. 상세하게 말하자면, 매 초마다 x축으로는 30도, y축으로는 15도 회전한다. 결과는 부드럽고 근사하게 뱅뱅 도는 정육면체이다(그림 10.5 참조).

그림 10.5

큐브 돌리기

10.8 질감 적용하기

화면이 살짝 재미있어 보이기는 하지만, 아무도 이를 진짜로 착각하지는 않을 것이다. 벽돌 담의 거친 표면이나 정원 샛길의 자갈과 같이, 모든 물체는 질감(texture)을 가지고 있다. 혹시 라미네이트 책상이 있는가? 나무 라미네이트는 그저 플라스틱이나 합성합판 같이 저렴한 물질의 표면에 풀로 붙인 나무입자들의 사진일 뿐이다.

우리도 그림을 이용하여 정육면체에 똑 같은 작업을 할 것이다. 불행히도 이 작업을 하는 코드가 꽤 길다. 지금 당장 이를 이해하지 못한다고 너무 걱정하지 말라.

OpenGL/src/org/example/opengl/GLCube.java

시간 기반 애니메이션

이 예제의 첫 번째 버전은 현재의 회전 각도를 따라 돌면서 루프를 지날 때마다 단순 증가를 시킬 뿐이다. 이 것이 왜 나쁜 발상인지 그 이유를 알겠는가?

안드로이드는 워낙에 다양하게 다른 기기에서 돌아가기 때문에, 한 프레임을 그리는 데 얼마나 시간이 걸릴지를 예측할 수가 없다. 0.5초가 될 수도 있고 100분의 1초가 될 수도 있다. 만약 매 프레임마다 지정된 양만큼 물체를 움직인다면, 느린 기기에서는 물체가 너무 늦게 움직일 것이고, 빠른 기기에서는 너무 빠르게 움직일 것이다. 움직임의 양을 시간의 흐름에 묶어놓으면 모든 기기에서 예측할 수 있는 움직임을 얻을 수 있다. 빠른 하드웨어는 애니메이션을 좀더 자연스럽게 그리긴 하겠지만, 물체는 동일한 분량의 시간에 A에서 B까지 움직일 것이다.

```java
private final IntBuffer mTextureBuffer;

public GLCube() {
    int texCoords[] = {
            // FRONT
            0, one, one, one, 0, 0, one, 0,
            // BACK
            one, one, one, 0, 0, one, 0, 0,
            // LEFT
            one, one, one, 0, 0, one, 0, 0,
            // RIGHT
            one, one, one, 0, 0, one, 0, 0,
            // TOP
            one, 0, 0, 0, one, one, 0, one,
            // BOTTOM
            0, 0, 0, one, one, 0, one, one, };
    // ...
    ByteBuffer tbb = ByteBuffer.allocateDirect(texCoords.length * 4);
    tbb.order(ByteOrder.nativeOrder());
    mTextureBuffer = tbb.asIntBuffer();
    mTextureBuffer.put(texCoords);
    mTextureBuffer.position(0);
}
static void loadTexture(GL10 gl, Context context, int resource) {
    Bitmap bmp = BitmapFactory.decodeResource(
            context.getResources(), resource);
    GLUtils.texImage2D(GL10.GL_TEXTURE_2D, 0, bmp, 0);
    gl.glTexParameterx(GL10.GL_TEXTURE_2D,
```

```
                GL10.GL_TEXTURE_MIN_FILTER, GL10.GL_LINEAR);
        gl.glTexParameterx(GL10.GL_TEXTURE_2D,
                GL10.GL_TEXTURE_MAG_FILTER, GL10.GL_LINEAR);
        bmp.recycle();
    }
}
```

다음으로 OpenGL에 질감 좌표를 사용하라고 지시할 필요가 있다. 이를 draw( ) 메소드의
시작부분에 추가한다.

OpenGL/src/org/example/opengl/GLCube.java

```
gl.glEnable(GL10.GL_TEXTURE_2D); // workaround bug 3623
gl.glTexCoordPointer(2, GL10.GL_FIXED, 0, mTextureBuffer);
```

그리고 마침내 GLRenderer 안에서 loadTexture( ) 메소드를 호출한다. 아래 줄들을
onSurfaceCreated( ) 메소드의 끝에 추가한다.

OpenGL/src/org/example/opengl/GLRenderer.java

```
// 질감 활성화하기
gl.glEnableClientState(GL10.GL_TEXTURE_COORD_ARRAY);
gl.glEnable(GL10.GL_TEXTURE_2D);

// 정육면체의 질감을 비트맵에서 가져오기
GLCube.loadTexture(gl, context, R.drawable.android);
```

이 코드는 질감과 질감 좌표들을 활성화한 다음, loadTexture( ) 메소드를 호출하고
Activity 문맥과 리소스 ID를 전달해서 질감 이미지를 불러올 수 있도록 한다.

R.drawable.android는 128 픽셀의 정사각형 PNG 파일로서, 내가 res/drawable-nodpi/
adroid.png로 복사했다. 이 책에 따라오는 다운로드 코드 패키지에서 이 그림을 찾을 수 있
을 것이다. 이 코드 어디에도 128이란 숫자가 나오지 않으므로, 더 크거나 작은 이미지로 쉽
게 대체가 가능할 거라는 점에 주목하자.

지금까지의 진척 사항을 그림 10.6에서 볼 수 있다.

그림 10.6

질감 적용하기

10.9 비쳐 보이기

그냥 재미로 정육면체를 부분적으로 투명하게 만들어보자. 아래를 GLRenderer.onSurface-
Created()에 추가하자.

OpenGL/src/org/example/opengl/GLRenderer.java

```java
boolean SEE_THRU = true;
// ...
if (SEE_THRU) {
    gl.glDisable(GL10.GL_DEPTH_TEST);
    gl.glEnable(GL10.GL_BLEND);
    gl.glBlendFunc(GL10.GL_SRC_ALPHA, GL10.GL_ONE);
}
```

그림 10.7

최종판: 속이 비쳐 보이는 육면체

이 코드는 전경의 물체뿐만 아니라 보이지 않는 물체도 보일 수 있도록 깊이 확인을 비활성화한다. 또한 물체의 투명성을 알파(투명도) 채널에 기반하도록 하는 블렌딩 모드를 활성화한다. 종합적으로는 정육면체의 뒷면이 앞면을 통해 보이는 효과로 나타난다. 마지막 결과를 그림 10.7에서 확인하도록 하자.

선택 사항들을 구현하여 활성화하고 비활성화하는 작업을 당신께 맡겨 놓겠다. 다양한 블렌드 모드를 가지고 놀면서 멋진 효과들을 만들어보기 바란다.

10.10 부드러움 측정하기

부드러움은 얼마나 부드러워야 할까? 게임이나 그래픽이 잔뜩 들어간 프로그램의 부드러움은 보여주기 화면을 얼마나 빨리 업데이트할 수 있느냐로 정의된다. 이는 전형적으로 초당 보여지는 화면이나 프레임 숫자를(FPS)를 세어서 측정한다. 사람마다 다른 속도를 '부드럽다' 고 느낀다. 15-30FPS는 때로 일반적인 게임에 적절하다고 생각되지만, 좀더 진지한 게임 이용자는 60FPS나 그 이상의 고비율을 기대하게 되었다. 나는 60FPS라는 고정 비율에 도달할 수 있도록 갖은 노력을 다하라고 권장한다. 이는 대부분의 LCD 화면이 가진 최대 재생율과 맞먹는 비율이고 소니의 플레이스테이션이나 PSP와 같이 대중적인 게임 플랫폼에서 익숙한 속도이기도 하다.

주의: 이것이 항상 가능한 것은 아닌데, 일부 안드로이드 폰의 픽셀 채우기 능력(fill-rate)이 제한되어 있기 때문이다. 이는 3D 그래픽 하드웨어가 화면 해상도보다 성능이 떨어진다는 것을 의미한다. 무엇을 그리는가에 따라 다르긴 하겠지만, 간단하게 말해 60FPS에 달할 정도로 빠르게 화면에 픽셀을 그리지는 못할 것이다. 넥서스 원이나 드로이드 솔과 같은 초기 800×400 이상 폰들은 이런 문제가 있었다. 이런 문제가 없는, 더 빠른 기기들이 나오고 있다.

60FPS에서 당신은 onDrawFrame( ) 호출 사이에 있는 단 60분의 1초(16.67 밀리세컨드) 동안에, 현재 프레임의 장면을 실제로 그리는 데 소요되는 시간에 더해, 모든 애니메이션과 물리학, 게임 계산까지, 해야 될 작업을 모두 처리해야 하기 때문에 고 프레임 비율은 간단치가 않다. 원하는 FPS 목표에 맞췄는지 알 수 있는 방법은 이를 측정하는 것밖에 없다.

이를 위해 onDrawFrame( ) 메소드 끝에다 약간의 코드를 추가하는 수고를 하자.


```java
numFrames++;
long fpsElapsed = System.currentTimeMillis() - fpsStartTime;
if (fpsElapsed > 5 * 1000) { // every 5 seconds
    float fps = (numFrames * 1000.0F) / fpsElapsed;
    Log.d(TAG, "Frames per second: " + fps + " (" + numFrames
            + " frames in " + fpsElapsed + " ms)");
    fpsStartTime = System.currentTimeMillis();
    numFrames = 0;
}
```

이는 5초마다 FPS의 평균 숫자를 안드로이드의 시스템 로그에 표시할 것이다(제3장 10절 로

그 메시지로 디버깅하기를 보라). 만약 이 숫자가 목표 비율 아래로 떨어지면 알고리즘을 조정하여 다시 시도하자. 목표에 도달할 때까지 반복한다. traceview[4]와 같은 프로파일러(profiler)도 유용할 수 있다. 이것을 화면에서 다른 그래픽들 위에 표시하고 싶은 유혹을 잘 피해야 한다. 이것을 화면에 보여주면 숫자를 마구 뿌려댈 것이기 때문이다.

이제 프로그램을 다시 실행해보면 에뮬레이터가 실제 기기보다 훨씬 천천히 구동시킨다는 걸 눈치챌 것이다. 내가 확인을 했을 때는 에뮬레이터에서 약 12FPS, 실제 폰에서는 60FPS에 가까웠다. 여기서 우리의 교훈은, 성능 확인에 있어서는 에뮬레이터를 믿으면 안 된다는 것이다.

10.11 빨리 넘겨보기 >>

이 장에서 우리는 안드로이드의 3D 그래픽 라이브러리를 사용하는 법을 배웠다. 안드로이드가 업계 표준인 OpenGL ES API를 쓰고 있기 때문에 더 많은 것을 배우고자 한다면 광범위한 종류의 추가 자료들을 구할 수 있다. 나는 특히 JSR 239 API 규격에 대한 자바독(JavaDoc)을 권장한다.[5] 추가적인 그래픽 팁들에 대해서는, 구글의 I/O 컨퍼런스에서 있었던 개발자 회의를 확인해보자.[6]

---

[4] http://d.android.com/guide/developing/tools/traceview.html

[5] http://java.sun.com/javame/reference/apis/jsr239(선 마이크로시스템즈를 인수한 오라클의 상응하는 페이지로 자동 리다이렉션된다-역주)

[6] http://code.google.com/events/io/2009/sessions/WritingRealTimeGamesAndroid.html와
http:// code.google.com/events/io/2010/sessions/writing-real-time-games-android.html

제**4**부

차세대 기능들

제 **11**장

멀티 터치

안드로이드의 새 버전이 나올 때마다 새로운 기능들이 플랫폼에 추가되었다. 제4부에서는 이러한 새로운 기능들과, 프로그램을 다른 사람들이 이용할 수 있도록 배포하는 문제에 집중해보도록 하자.

11.1 멀티 터치 소개하기

멀티 터치는 일반적인 터치 스크린 사용자 인터페이스를 한 손가락이 아니라 둘 또는 그 이상의 손가락을 사용하도록 확장한 것에 불과하다. 우리는 예전에 한 손가락 동작[1]을 사용했던 것이다. 비록 그렇게 부르지는 않았지만 말이다. 제4장 3절 숫자 입력하기에서 사용자들에게 스도쿠 게임의 칸을 터치하여 이를 변경하도록 한 것을 기억하는가? 그걸 **탭**(tap, 가볍게 두드리기) 동작이라 부른다. 다른 동작에는 **드래그**(drag, 끌기)가 있다. 이것은 손가락 하나를 화면 위에 놓고 이리저리 움직여 손가락 밑의 콘텐트가 스크롤되도록 하는 것이다.

안드로이드는 탭, 드래그 그리고 몇 가지 다른 한 손가락 동작들은 항상 지원해왔다. 그러나 애플 아이폰의 인기 때문에 초기 안드로이드 사용자들은, 말하자면 동작 시샘으로 인해 괴로웠다. 아이폰은 멀티 터치를, 특히 '핀치 줌(엄지와 검지로 꼬집듯이 화면을 확대/축소하는 기능-역주)' 동작을 지원한다(그림 11.1 참조).

---

[1] 일부 사람들은 다른 사람들보다 이를 더 많이 사용한다.

그림 11.1

세 가지 일반적인 터치 동작들: A)탭, B)드래크, C)핀치 줌

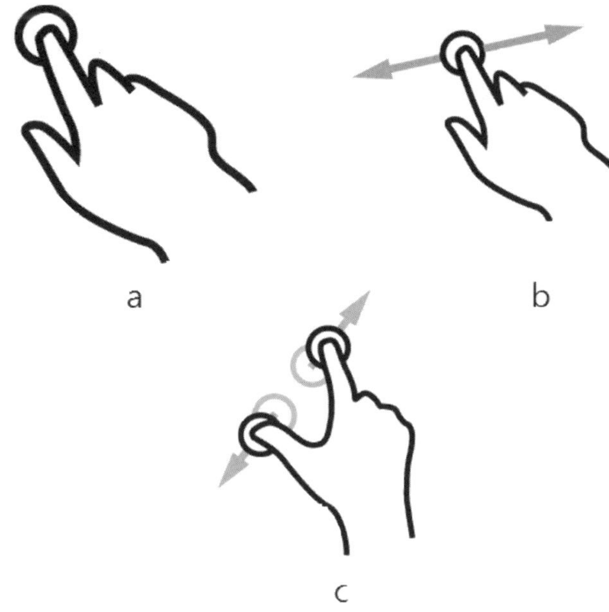

핀치 줌을 이용하면, 두 손가락을 화면에 올려놓고 비틀듯이 움직여 보고 있던 아이템을 작게 만들 수 있고, 또는 손가락을 멀리 벌려 아이템을 크게 만들 수도 있다. 안드로이드 2.0 이전에는 투박한 줌 컨트롤과 축소나 확대를 하기 위해 아이콘들을 같이 사용하여야 했다(제8장 3절 준비하기에서 setBuiltInZoomControls( ) 메소드를 참조하라). 하지만 새로운 멀티 터치 지원 덕분에 이제는 안드로이드에서도(물론, 응용프로그램이 이를 지원해야만) 핀치 줌을 할 수 있다.

주의: 안드로이드 2.2,에서는 핀치 줌 동작을 인식하는 ScaleGestureDetector라고 불리는 새 클래스가 소개되었다. 그러나 나는 2.0과 2.1 기기에 호환되도록 하기 위해 이를 사용하지 않기로 결정했다. 만약 2.2만 대상으로 할 필요가 있다면, 더 많은 정보를 온라인 참고자료에서 찾아보도록 하라.[2]

---

[2] http://d.android.com/reference/android/view/ScaleGestureDetector.html

---

경고: 전방에 멀티 버그

현재 안드로이드 폰에 구현된 대로의 멀티 터치는 버그투성이다. 사실, 너무 버그가 많아 사용 불가의 경계에 서있는 셈이다. API는 일상적으로, 특히 화면 위에서 한 손가락이 두 손가락으로 전환되는 동안, 또는 그 반대의 경우에 유효하지 않거나 불가능한 데이터 지점을 알려준다.

개발자 포럼에서, 손가락들이 서로 뒤바뀌거나, x와 y축이 뒤집히거나, 여러 개의 손가락이 때로 하나로 처리된다는 불만사항들이 드러났다. 이런 문제들 중 몇몇은 특정 폰에서 사용된 터치 스크린 센서의 하드웨어 제약이 원인이 될 수도 있겠으나, 많은 것들은 소프트웨어 업데이트로 수정되거나 개선될 수 있을 것이다.

나는 수많은 시행착오를 거쳐 겨우 이 장에 있는 예제를 돌아가게 만들 수 있었는데, 이는 예제가 구현하는 동작이 워낙 간단하기 때문이다. 구글이 멀티 터치와 관련된 문제들을 알아채고 수정할 때까지, 우리가 할 수 있는 일은 이 정도가 아닐까 한다. 그나마 대부분의 사람들이 원하는 멀티 터치 동작으로는 핀치 줌이 유일해 보인다는 것이 다행이라 할 것이다.

만약 이 장의 예제를 안드로이드 1.5나 1.6에서 실행하려고 하면, 이 버전들이 멀티 터치를 지원하지 않기 때문에 충돌이 일어날 것이다. 이런 문제를 어떻게 처리하는지는 제13장 3절 안드로이드 API와 함께 진화하기에서 배울 것이다.

11.2 터치 예제 구축하기

멀티 터치를 시연하기 위해 이미지를 확대하고 이리저리 스크롤할 수 있는 간단한 이미지 뷰어 응용프로그램을 만들도록 하자. 그림 11.2에서 완성된 제품을 볼 수 있다.

새 안드로이드 프로젝트 대화상자에서 아래의 매개변수를 이용하여 새 'Hello, Android' 프로젝트를 생성하는 것으로 시작해보자.

```
Project name: Touch
Build Target: Android 2.2
Application name: Touch
Package name: org.example.touch
Create Activity: Touch
Min SDK Version: 8
```

그림 11.2
터치 예제는 드래그와 핀치 줌이 가능한 간단한 이미지 뷰어를 구현한다.

이로써 메인 액티비티를 담을 Touch.java가 생성되었다. 이를 예제 이미지가 보이도록 편집하고, 터치 수신자를 넣고, 나중에 쓸 몇 가지 임포트도 추가하도록 하자.

Touchv1/src/org/example/touch/Touch.java

```java
package org.example.touch;

import android.app.Activity;
import android.graphics.Matrix;
import android.graphics.PointF;
```

```java
import android.os.Bundle;
import android.util.FloatMath;
import android.util.Log;
import android.view.MotionEvent;
import android.view.View;
import android.view.View.OnTouchListener;
import android.widget.ImageView;

public class Touch extends Activity implements OnTouchListener {
    private static final String TAG = "Touch" ;
    @Override
    public void onCreate(Bundle savedInstanceState) {
        super.onCreate(savedInstanceState);
        setContentView(R.layout.main);
        ImageView view = (ImageView) findViewById(R.id.imageView);
        view.setOnTouchListener(this);
    }

    @Override
    public boolean onTouch(View v, MotionEvent event) {
        // 터치 이벤트 처리는 여기에…
    }
}
```

잠시 후에 onTouch( ) 메소드를 채울 것이다. 먼저 액티비티를 위해 레이아웃을 정의할 필요가 있다.

Touchv1/res/layout/main.xml

```xml
<?xml version="1.0" encoding="utf-8"?>
<FrameLayout
    xmlns:android="http://schemas.android.com/apk/res/android"
    android:layout_width="fill_parent"
    android:layout_height="fill_parent" >
    <ImageView android:id="@+id/imageView"
        android:layout_width="fill_parent"
        android:layout_height="fill_parent"
        android:src="@drawable/butterfly"
        android:scaleType="matrix" >
    </ImageView>
</FrameLayout>
```

전체 인터페이스는 화면 전체를 장악한 하나의 커다란 ImageView 컨트롤이다. android:src="@drawable/butterfly" 값은 예제에서 사용된 나비 이미지를 참조한다. 당신은 JPG나 PNG 형식의 좋아하는 아무 이미지나 쓸 수 있는데, 이미지를 res/drawablenodpi 디렉터리에 넣기만 하면 된다. android:scaleType="matrix" 속성은 이미지의 위치와 크기를 제어하기 위해 매트릭스를 사용한다는 것을 의미한다. 나중에 더 자세한 내용이 있다.

AndroidManifest.xml 파일은 android:theme= 속성을 추가하는 것 말고는 손댈 데가 없다.

Touchv1/AndroidManifest.xml

```xml
<?xml version="1.0" encoding="utf-8"?>
<manifest xmlns:android="http://schemas.android.com/apk/res/android"
     package="org.example.touch"
     android:versionCode="1"
     android:versionName="1.0" >
  <application android:icon="@drawable/icon"
      android:label="@string/app_name"
      android:theme="@android:style/Theme.NoTitleBar.Fullscreen" >
    <activity android:name=".Touch"
           android:label="@string/app_name" >
      <intent-filter>
        <action android:name="android.intent.action.MAIN" />
        <category android:name="android.intent.category.LAUNCHER" />
      </intent-filter>
    </activity>
  </application>
  <uses-sdk android:minSdkVersion="3" android:targetSdkVersion="8" />
</manifest>
```

이름에서 알 수 있듯이, @android:style/Theme.NoTitleBar.Fullscreen은 안드로이드에 상단의 제목줄이나 상태줄 없이 전체 화면을 이용하라고 지시한다. 지금 응용프로그램을 돌려보면, 단순하게 그림을 보여주기만 한다.

11.3 터치 이벤트 이해하기

나는 새로운 API를 처음 배울 때마다, 먼저 특정 코드를 찔러서 모든 것을 쏟아놓도록 한 다음, 그 메소드가 어떤 일을 하는지, 이벤트들이 어떤 순서로 일어나는지 감을 잡는 방식을 즐

긴다. 자, 이런 방식으로 시작해보자. 먼저 onTouch( ) 안에서 dumpEvent( ) 메소드를 호출
해보자.

Touchv1/src/org/example/touch/Touch.java

```java
@Override
public boolean onTouch(View v, MotionEvent event) {
    // 터치 이벤트를 로그로 넘기기
    dumpEvent(event);
    return true; // indicate event was handled
}
```

안드로이드에 이벤트가 처리되었다고 알려주기 위해서는 참을 리턴해야 한다는 점에 주의
하자. 다음으로 dumpEvent( ) 메소드를 정의하자. 유일한 매개변수는 우리가 넘기려고 하는
이벤트이다.

Touchv1/src/org/example/touch/Touch.java

```java
/** 로그캣 뷰에 이벤트 보여주기, 디버깅을 위해 */
private void dumpEvent(MotionEvent event) {
    String names[] = { "DOWN" , "UP" , "MOVE" , "CANCEL" , "OUTSIDE" ,
        "POINTER_DOWN" , "POINTER_UP" , "7?" , "8?" , "9?" };
    StringBuilder sb = new StringBuilder();
    int action = event.getAction();
    int actionCode = action & MotionEvent.ACTION_MASK;
    sb.append("event ACTION_" ).append(names[actionCode]);
    if (actionCode == MotionEvent.ACTION_POINTER_DOWN
            || actionCode == MotionEvent.ACTION_POINTER_UP) {
        sb.append("(pid " ).append(
            action >> MotionEvent.ACTION_POINTER_ID_SHIFT);
        sb.append(")" );
    }
    sb.append("[" );
    for (int i = 0; i < event.getPointerCount(); i++) {
        sb.append("#" ).append(i);
        sb.append("(pid " ).append(event.getPointerId(i));
        sb.append(")=" ).append((int) event.getX(i));
        sb.append("," ).append((int) event.getY(i));
        if (i + 1 < event.getPointerCount())
            sb.append(";" );
    }
```

```
    sb.append("]");
    Log.d(TAG, sb.toString());
}
```

결과는 안드로이드 로그로 가는데, 로그캣 뷰(제3장 10절 로그 메시지로 디버깅하기 참조)를 열어 확인해볼 수 있다.

이 코드를 이해하는 가장 쉬운 방법은 돌려보는 것이다. 불행하게도 이 프로그램은 에뮬레이터에서 돌아가지 않는다(실제로는 가능하다. 하지만 에뮬레이터가 멀티 터치를 지원하지 않기 때문에 결과는 그다지 재미있지 않을 것이다). 그러므로 USB 포트로 실제 폰을 연결하고 예제를 거기서 돌린다(제1장 4절 실제 폰에서 실행하기 참조).

폰에서 몇 가지 간단한 동작을 실행하자, 아래와 같은 결과가 나왔다.

```
Line  1   event ACTION_DOWN[#0(pid 0)=135,179]
      -   event ACTION_MOVE[#0(pid 0)=135,184]
      -   event ACTION_MOVE[#0(pid 0)=144,205]
      -   event ACTION_MOVE[#0(pid 0)=152,227]
      5   event ACTION_POINTER_DOWN(pid 1)[#0(pid 0)=153,230;#1(pid 1)=380,538]
      -   event ACTION_MOVE[#0(pid 0)=153,231;#1(pid 1)=380,538]
      -   event ACTION_MOVE[#0(pid 0)=155,236;#1(pid 1)=364,512]
      -   event ACTION_MOVE[#0(pid 0)=157,240;#1(pid 1)=350,498]
      -   event ACTION_MOVE[#0(pid 0)=158,245;#1(pid 1)=343,494]
     10   event ACTION_POINTER_UP(pid 0)[#0(pid 0)=158,247;#1(pid 1)=336,484]
      -   event ACTION_MOVE[#0(pid 1)=334,481]
      -   event ACTION_MOVE[#0(pid 1)=328,472]
      -   event ACTION_UP[#0(pid 1)=327,471]
```

이 이벤트들을 해석하는 방법은 아래와 같다.

- 첫 번째 줄에 ACTION_DOWN 이벤트가 보이는데, 이는 사용자가 한 손가락으로 화면을 눌렀음이 분명하다. 손가락은 x=135, y=179인 좌표에 위치했는데, 화면의 왼쪽 윗부분에 가깝다. 아직까지는 탭을 하려는지 드래그를 하려는지 분간하기 어렵다.

- 다음으로, 2번째 줄에서부터 몇 개의 ACTION_MOVE 이벤트가 있는데, 사용자가 손가락을 이벤트에 주어진 좌표들 쪽으로 움직였다는 걸 알려준다. (사실 손가락을 화면 위에 대고 꼼짝하지 않기는 매우 힘들기 때문에, 이런 데이터가 많이 생길 것이다.) 움직인 양으로 봤을 때, 사용자가 드래그 동작을 하고 있다고 판단할 수 있다.

- 다음 이벤트인 5번째 줄의 ACTION_POINTER_DOWN은 사용자가 또 다른 손가락을 눌렀다는 것을 의미한다. 'pid 1'은 포인터 ID 1(손가락 번호 1번)이 눌러졌다는 의미다. 손가락 번호 0번은 이미 눌러져 있기 때문에, 우리는 화면 위에서 두 개의 손가락을 추적하고 있는 중이다. 이론적으로 안드로이드 API는 최대 256개의 손가락을 한 번에 지원할 수 있으나, 안드로이드 2.x의 첫 번째 출하 폰들은 두 개로 제한되어 있다.[3] 두 손가락의 좌표들이 이벤트의 일부로 나타난다. 이는 사용자가 핀치 줌 동작을 시작하려는 것으로 보인다.

- 여기가 재미있어지는 부분이다. 다음으로 볼 것은 6번째 줄에서 시작되는 일련의 ACTION_MOVE 이벤트들이다. 이전과는 다르게, 이제 움직이는 손가락이 두 개다. 좌표들을 유심히 살펴보면 손가락들이 움직이며 핀치 줌의 일부로서 서로 가까워지는 것을 볼 수 있다.

- 그리고 10번째 줄에서 pid 0 상의 ACTION_POINTER_UP을 볼 수 있다. 이는 손가락 번호 0번이 화면에서 떨어졌다는 것을 의미한다. 손가락 번호 1번은 여전히 거기에 있다. 자연스럽게 이는 핀치 줌 동작을 끝낸다.

- 11번째 줄에서부터 두 개의 ACTION_MOVE 이벤트를 더 볼 수 있는데, 남아있는 손가락이 여전히 이리저리 조금씩 움직이고 있다는 것을 알 수 있다. 만약 이것을 이전의 무브 이벤트와 비교한다면, 다른 포인터 ID가 보고된다는 것을 알아챌 수 있을 것이다. 불행히도, 터치 API 역시 버그가 많기 때문에 항상 이것을 믿을 수는 없다('경고: 전방에 멀티 버그'를 보라).

- 마침내 13번째 줄에서, 남아있던 손가락이 화면에서 떨어지면서 ACTION_UP 이벤트가 발생했다.

이제 dumpEvent( )를 위한 코드들이 약간 더 이해가 될 것이다. getAction( ) 메소드가 실행된 액션(위, 아래, 또는 이동)들을 반환한다. 액션의 최소 8비트는 액션 코드 그 자체이고,

---

[3] 256개의 손가락이라는 아이디어를 맨 인 블랙 본부 말고는 실없게 생각하겠지만, 안드로이드가 단순히 폰만이 아니라 광범위하게 다양한 기기들을 위해 설계되었다는 점을 명심하자. 만약 테이블 크기만한 화면이 있어서 여러 사람들이 둘레에 모여 있다면, 화면 위의 손가락은 쉽게 수십 개를 훌쩍 넘을 것이다.

다음 8비트는 포인터(손가락) ID라, 우리는 비트를 절약하는 AND(&)와 이들을 분리하는 데 올바른 쉬프트(>>)를 사용하여야 한다.

그 다음 getPointerCount( ) 메소드를 호출하여 얼마나 많은 손가락 위치가 포함되어 있는지 확인한다. getX( )와 getY( )는 각각 X와 Y 좌표를 반환한다. 손가락들은 제멋대로 나타날 수 있기 때문에, 우리는 getPointerId( )를 호출하여 우리가 실제로 얘기하고 있는 것이 어느 손가락인지 확인해야 한다.

이는 마우스 이벤트의 원천 데이터를 다루는 것과 똑같다. 짐작하는 대로, 요령은 그 데이터를 해석하고 대응하는 데 있다.

11.4 이미지 변환 설정하기

이미지를 이동하고 확대/축소하기 위해 ImageView 클래스 상에서 매트릭스 변환(matrix transformation)이라 불리는 깔끔하고 작은 기능을 사용할 것이다. 어떤 종류의 이동이든, 회전이든, 또는 휘어짐이든, 이미지로 우리가 하고자 하는 모든 일을 매트릭스를 이용하여 나타낼 수 있다. 우리는 이미 res/layout/main.xml 파일에 android:acaleType="matrix" 라고 지정하여 이를 활성화시켰다. **Touch** 클래스에서 두 개의 매트릭스를 필드로 지정할 필요가 있다(하나는 현재의 값을 위해, 다른 하나는 변환 전의 원래 값을 위해). 우리는 이들을 onTouch( ) 메소드에서 사용하여 이미지를 변환할 것이다. 드래그나 줌 동작 중에 있는지 아닌지를 판단하기 위해 mode 변수도 하나 필요하고, 확대/축소를 제어하기 위한 start, mid, oldDist 변수들도 필요하다.

Touchv1/src/org/example/touch/Touch.java

```java
public class Touch extends Activity implements OnTouchListener {
    // 이 매트릭스들은 이미지를 이동하고 줌하는 데 사용될 것
    Matrix matrix = new Matrix();
    Matrix savedMatrix = new Matrix();

    //아래 세 가지 상태 중의 하나일 것
    static final int NONE = 0;
    static final int DRAG = 1;
```

```java
static final int ZOOM = 2;
int mode = NONE;

// 줌을 할 때 기억해야할 몇 가지
PointF start = new PointF();
PointF mid = new PointF();
float oldDist = 1f;

@Override
public boolean onTouch(View v, MotionEvent event) {
    ImageView view = (ImageView) v;

    // 터치 이벤트를 로그로 보내기
    dumpEvent(event);

    // 터치 이벤트 처리는 여기에…
    switch (event.getAction() & MotionEvent.ACTION_MASK) {
    }

    view.setImageMatrix(matrix);
    return true; // indicate event was handled
    }
}
```

우리가 동작을 구현할 때 매트릭스 변수가 **switch** 구문 안에서 계산될 것이다.

11.5 드래그 동작 구현하기

드래그 동작은 첫 번째 손가락이 화면을 눌렀을 때(ACTION_DOWN) 시작되고, 손가락이 떨어질 때(ACTION_UP 또는 ACTION_POINTER_UP) 끝난다.

Touchv1/src/org/example/touch/Touch.java

```java
switch (event.getAction() & MotionEvent.ACTION_MASK) {
case MotionEvent.ACTION_DOWN:
    savedMatrix.set(matrix);
    start.set(event.getX(), event.getY());
    Log.d(TAG, "mode=DRAG");
    mode = DRAG;
```

```
    break;
case MotionEvent.ACTION_UP:
case MotionEvent.ACTION_POINTER_UP:
    mode = NONE;
    Log.d(TAG, "mode=NONE" );
    break;
case MotionEvent.ACTION_MOVE:
    if (mode == DRAG) {
        matrix.set(savedMatrix);
        matrix.postTranslate(event.getX() - start.x,
            event.getY() - start.y);
    }
    break;
}
```

동작이 시작될 때, 우리는 변환 매트릭스의 현재 값과 포인트의 시작 위치를 기억한다. 손가락이 움직일 때마다 변환 매트릭스를 원래의 값에서 다시 시작하고 **postTranslate( )** 메소드를 호출하여 현재 위치와 시작 위치 사이의 차이인 이동 벡터를 추가한다.

지금 프로그램을 돌려보면, 손가락으로 이미지를 화면 여기저기로 끌고 다닐 수 있을 것이다. 깔끔하지 않은가?

11.6 핀치 줌 동작 구현하기

핀치 줌 동작도 두 번째 손가락이 화면에 눌러질 때(ACTION_POINTER_DOWN) 시작된다는 것을 제외하면 거의 유사하다.

Touchv1/src/org/example/touch/Touch.java

```
case MotionEvent.ACTION_POINTER_DOWN:
    oldDist = spacing(event);
    Log.d(TAG, "oldDist=" + oldDist);
    if (oldDist > 10f) {
        savedMatrix.set(matrix);
        midPoint(mid, event);
        mode = ZOOM;
        Log.d(TAG, "mode=ZOOM" );
    }
```

```
        break;
case MotionEvent.ACTION_MOVE:
    if (mode == DRAG) {
        // ...
    }
    else if (mode == ZOOM) {
        float newDist = spacing(event);
        Log.d(TAG, "newDist=" + newDist);
        if (newDist > 10f) {
            matrix.set(savedMatrix);
            float scale = newDist / oldDist;
            matrix.postScale(scale, scale, mid.x, mid.y);
        }
    }
    break;
```

두 번째 손가락의 닿기 이벤트를 가져올 때, 첫 번째 손가락과의 거리를 계산하여 기억한다. 내 실험에서는 때때로 안드로이드가 두 손가락이 거의 정확하게 같은 위치를 짚고 있다고 (잘못) 알려주는 경우가 있었다. 그래서 나는 그 거리가 어떤 임의의 픽셀 숫자보다 적으면 그 이벤트를 무시하도록 하는 확인작업을 추가하였다. 거리가 임의의 숫자보다 크면 활성화 되어 있는 변환 매트릭스를 떠올려, 두 손가락 사이의 중간 지점을 계산하고 확대/축소를 시작한다.

줌 모드에 있을 때 이동 이벤트가 있으면 두 손가락 사이의 거리를 다시 계산한다. 만약 이것이 너무 작으면 이벤트는 무시되고, 그렇지 않으면 변환 매트릭스를 다시 저장하고 중간 지점을 중심으로 이미지의 크기를 다시 측정한다.

스케일은 단순하게 새로운 거리를 예전의 거리로 나눈 비율이다. 만약 새 거리가 더 크면(즉, 손가락들이 더 벌어졌다면), 스케일은 1 보다 크고 이미지를 더 크게 만든다. 만약 작으면(손가락들이 서로 가까워졌다면), 스케일은 1 보다 작을 것이고 이미지를 더 작게 만든다. 그리고 모든 것이 똑같다면 당연히 스케일은 1 이 되고, 이미지는 변경되지 않을 것이다.

이제 spacing( )과 midPoint( ) 메소드를 정의해보자.

두 지점 사이의 거리

두 손가락이 얼마나 떨어져 있는지 파악하기 위해서 먼저 두 지점 사이의 차이를 의미하는

(x, y) 벡터를 만들어보자. 그 다음으로 간격을 계산하기 위해 유클리드 거리 공식을 사용할 것이다.[4]

Touchv1/src/org/example/touch/Touch.java

```java
private float spacing(MotionEvent event) {
    float x = event.getX(0) - event.getX(1);
    float y = event.getY(0) - event.getY(1);
    return FloatMath.sqrt(x * x + y * y);
}
```

모든 음수들은 제곱하는 과정에서 사라지기 때문에 지점의 순서는 상관이 없다. 모든 수학이 자바의 **float**(부동) 타입을 사용하여 처리되었다는 점에 주목하자. 일부 안드로이드 기기들이 부동소수점 하드웨어를 지원하지 않기도 하거니와, 성능에 문제가 될 만큼 부동소수점 계산을 자주 쓰지는 않도록 하자.

두 지점의 중간점

두 지점의 중간에 있는 한 점을 계산해내는 일은 심지어 더 간단하다.

Touchv1/src/org/example/touch/Touch.java

```java
private void midPoint(PointF point, MotionEvent event) {
    float x = event.getX(0) + event.getX(1);
    float y = event.getY(0) + event.getY(1);
    point.set(x / 2, y / 2);
}
```

우리가 할 일은 X와 Y 좌표의 평균값을 가져오는 것뿐이다. 응용프로그램에 눈에 뜨일 정도의 지연효과를 일으킬 수 있는 가비지 컬렉션을 피하기 위해, 결과를 저장할 때 매번 새로운 객체를 배치하고 반환하는 대신, 기존에 있는 객체를 재사용하도록 한다.

이제 폰에서 프로그램을 한 번 돌려보자. 한 손가락으로 이미지를 드래그하고, 두 개의 손가

---

[4] http://en.wikipedia.org/wiki/Euclidean_distance

락을 짚어 확대하거나 축소를 해보자. 만족할만한 결과를 얻기 위해서는, 손가락 두 개를 2.5 센티미터 이상 떨어뜨리도록 한다. 그러지 않으면 이전에 내가 언급했던 API 버그들이 나타날 수 있다.

11.7 빨리 넘겨보기 >>

이 장에서 우리는 핀치 줌 동작을 생성하려면 멀티 터치 API를 어떻게 사용해야 되는지를 배웠다. 제스처웍스(GestureWorks)[5]라는 괜찮은 사이트가 있는데, 어도비 플래시 플랫폼에서 구현되었던 모든 동작들의 라이브러리를 설명해준다. 만약 여러분이 안드로이드의 들쭉날쭉한 멀티 터치 지원을 한번 그 한계까지 밀어붙여볼 의지가 있다면, 아마도 이곳에서 프로그램에 구현해 봄직한 아이디어들을 얻을 수 있을 것이다.

멀티 터치 코드가 안드로이드 2.0 이전에는 존재하지 않았던 새로운 메소드를 사용하기 때문에 터치 예제를 초기 버전들 위에서 돌리려고 하면 'Force close' 오류를 보이며 실패할 것이다. 다행스러운 것은, 제13장 3절 안드로이드 API와 함께 진화하기에서 설명되는 것처럼 이 제약사항을 둘러가는 몇 가지 방법들이 있다는 점이다. 오래된 폰에 새로운 기능을 가르칠 수는 없지만, 적어도 충돌을 일으키지는 않도록 할 수는 있다.

다음 장에서는 동적 배경화면을 포함하여 홈 화면의 확장에 대해 조사해보도록 하자.

---

[5] http://gestureworks.com

제 **12**장

집만한 데가 없어

게임이나 다른 안드로이드 프로그램에 아무리 깊게 몰입해 있더라도, 홈(Home) 버튼만 누르면 익숙한 공간, 안드로이드의 홈 화면으로 돌아갈 수 있다는 것을 알면 참으로 안심이 된다. 홈 화면은 웹 브라우저를 시작하고, 통화를 하고, 전자우편을 열어보고, 앱들을 돌리고, 그 외 안드로이드를 재미있게 만드는 모든 일을 할 수 있는 중심지이다.

엄청나게 많은 시간을 이곳에서 소비하므로 안드로이드는 고정 배경화면 이미지를 설정하거나 아이콘들을 재배치하는 등의 다양한 방법으로 홈 화면을 특화할 수 있도록 지원한다. 이 장에서는 두 가지 방법을 더 배울 예정인데, 위젯과 동적 배경화면이다. 자 이제 뒤꿈치를 부딪혀 출발하도록 하자(이 장의 제목과 이 표현 모두 '오즈의 마법사'에서 따온 것-역주).

12.1 헬로, 위젯

안드로이드 1.5(컵케이크)에서 소개된 위젯은 홈 화면에 장착될 수 있는 미니어처 응용프로그램 뷰이다. 아날로그 시계와 음악 컨트롤러, 단순히 사진을 보여주는 프로그램을 포함하여 몇몇 위젯은 안드로이드와 함께 제공된다. 많은 개발자들이 날씨나 뉴스 헤드라인, 오늘의 운세, 그외의 많은 것들을 보여주는 재미있는 위젯들을 만들었는데, 물론 당신도 할 수 있다. 이 절에서 어떻게 하는지 살펴보자.

첫 번째 위젯 생성하기

이번 예제로는 오늘의 날짜를 보여주는 위젯을 생성해 보도록 하자. 결과를 살짝 엿보고 싶으면 그림 12.5를 보도록 하라.

안타깝게도 위젯 만들기에 대해서는 특별한 이클립스 위저드가 없기 때문에 먼저 제1장 2절 첫 프로그램 만들기에서 했던 대로 일반적인 'Hello, Android' 응용프로그램을 만든 다음에 이를 약간 변형해보도록 한다. File > New > Project…을 선택하여 새 프로젝트 대화상자를 연다. 그 다음에 Android > Android Project를 선택하고 Next를 클릭한다. 아래의 정보를 입력하도록 한다.

```
Project name: Widget
Build Target: Android 2.2
Application name: Widget
Package name: org.example.widget
Min SDK Version: 8
```

액티비티 칸에 이름을 입력하는 대신 그냥 빈 칸으로 남겨두고, Create Activity 옆에 있는 확인 표시를 끈다. 다 마치고 나면 그림 12.1과 비슷하게 보일 것이다.

Finish를 클릭한다. 안드로이드 플러그인이 프로젝트를 생성하고 몇몇 기본 파일들을 채워 넣을 것이다. 이 파일들은 위젯 프로젝트로는 적당치 않으므로 지금 수정하도록 하자.

모든 위젯을 호출하라!

우리의 첫 번째 정류장은 AndroidManifest.xml 파일이다. 기술적으로는 위젯과 액티비티를 같은 응용프로그램 안에 넣는 것이 가능하지만(사실상 일반적이지만), 이 예제는 위젯만 사용할 예정이다. <activity> 태그는 필요하지 않으나, 위젯을 정의하기 위해 <receiver>는 추가할 필요가 있다.

Widget/AndroidManifest.xml

```xml
<?xml version="1.0" encoding="utf-8"?>
<manifest xmlns:android="http://schemas.android.com/apk/res/android"
    package="org.example.widget"
```

그림 12.1

새 안드로이드 위젯 프로젝트

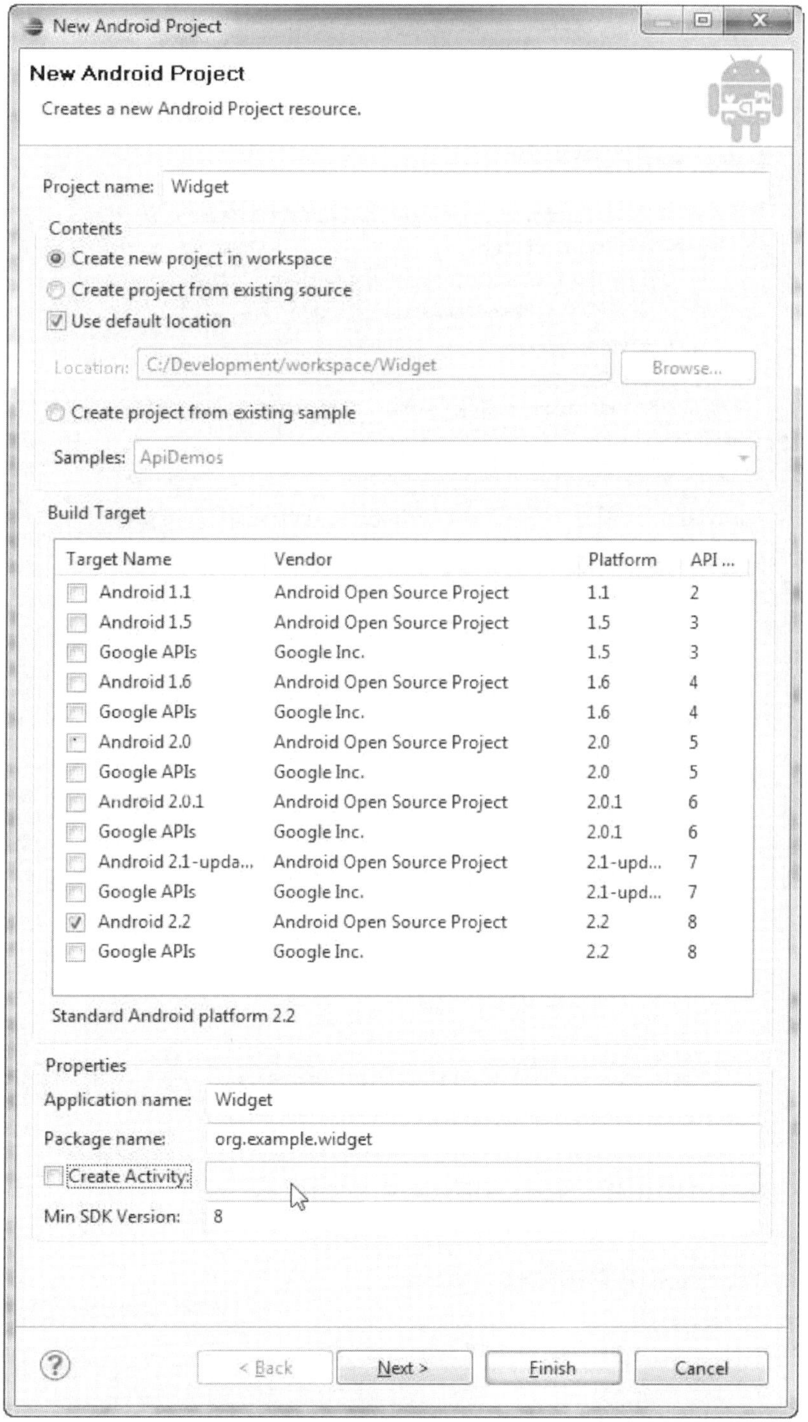

```
            android:versionCode="1"
            android:versionName="1.0" >
        <application android:icon="@drawable/icon"
                android:label="@string/app_name" >
            <!?AppWidget의 업데이트를 처리할 브로드캐스트 수신자 -->
            <receiver android:name=".Widget"
                    android:label="@string/widget_name" >
                <intent-filter>
                    <action android:name=
                        "android.appwidget.action.APPWIDGET_UPDATE" />
                </intent-filter>
                <meta-data android:name="android.appwidget.provider"
                    android:resource="@xml/widget" />
            </receiver>
        </application>
        <uses-sdk android:minSdkVersion="3" android:targetSdkVersion="8" />
</manifest>
```

<meta-data> 태그는 res/xml/widget.xml에서 위젯 정의를 찾으라고 안드로이드에 지시
한다.

여기 그 정의가 있다.

Widget/res/xml/widget.xml

```
<?xml version="1.0" encoding="utf-8"?>
<appwidget-provider
        xmlns:android="http://schemas.android.com/apk/res/android"
    android:minWidth="146dip"
    android:minHeight="72dip"
    android:updatePeriodMillis="1800000"
    android:initialLayout="@layout/main"
    />
```

이는 위젯의 최소 크기와 업데이트 주기(나중에 더 자세한 내용이 있음), 시작 레이아웃에 대
한 참조를 지정했다.

레이아웃은 res/layout/main.xml에서 정의된다.

Widget/res/layout/main.xml

```xml
<?xml version="1.0" encoding="utf-8"?>
<LinearLayout xmlns:android="http://schemas.android.com/apk/res/android"
    android:orientation="vertical"
    android:layout_width="fill_parent"
    android:layout_height="fill_parent"
    android:background="@drawable/widget_bg"
    >
<TextView android:id="@+id/text"
    android:layout_width="fill_parent"
    android:layout_height="fill_parent"
    android:text="@string/hello"
    android:textSize="18sp"
    android:gravity="center"
    android:textColor="@android:color/black"
    />
</LinearLayout>
```

이 레이아웃이 중앙에 모인 검은색 텍스트와 배경 이미지를 지정하고 있다는 점을 제외하면 이전에 사용하던 '헬로, 안드로이드' 예제와 거의 동일하다는 점을 눈치챌 수 있을 것이다.

잡아당겨 맞추기

배경화면으로 불투명 색이나 비트맵(제4장 1절 Drawable을 보라)같은 특정한 안드로이드 Drawable을 이용할 수도 있었다. 심지어 완전히 투명한 배경화면이 되도록 내버려둘 수도 있었다. 그러나 이 예제에서만큼은, NinePatch(아홉 조각) 이미지를 사용하는 방법을 보여주고자 한다.

NinePatch 이미지는 주로 크기가 변하는 버튼 등에 사용되는, 늘어나는(stretchable) PNG 이미지다. 이 이미지를 만들려면 그림 12.2에서 보이는 것처럼 SDK에 포함되어 있는 '9조각 그리기'(Draw 9-patch) 툴[1]을 이용하면 된다.

실제 이미지 둘레에 둘러진 1픽셀짜리 경계에 이미지를 어떻게 늘일 것인지, 공백 처리된 콘텐트를 어떻게 삽입할 것인지에 대한 추가 정보가 들어있다. 바닥과 오른쪽 경계의 선은 콘텐트가 어디에 자리잡아야 하는지 안드로이드에 말해준다. 만약 콘텐트가 그 영역에 맞지

---

[1] http://d.android.com/guide/developing/tools/draw9patch.html

그림 12.2

9조각 그리기 툴을 이용하여 늘어나는 배경화면 정의하기

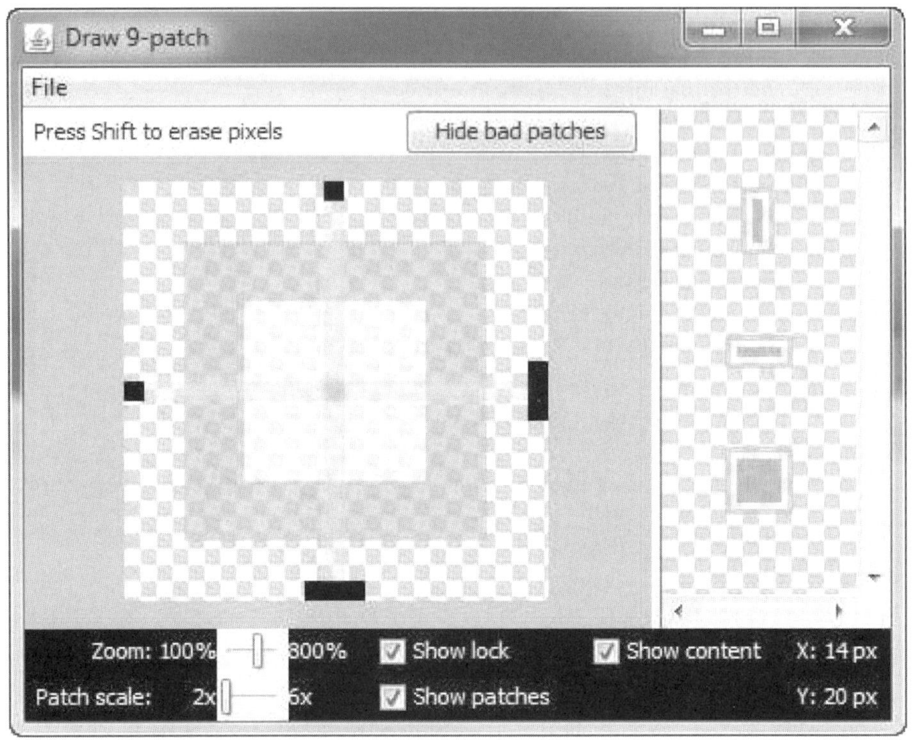

않으면(일상적인 경우이다), 왼쪽과 위쪽 경계선이 이미지를 늘이기 위해서 어떤 픽셀의 열과 행이 복제되어야 하는지를 안드로이드에 지시해준다.

결과 파일은 .9.png라는 확장자를 가지고 있어야 하고, 프로젝트의 res/drawable 디렉터리에 위치해야 한다.

다음으로 우리가 필요한 것은 위젯 클래스이다.

포용하고 확장하라

위젯은 안드로이드가 제공하는 AppWidgetProvider를 확장한다. 이 클래스를 이용하여 일련의 내장된 기능들은 공짜로 사용할 수 있다. 아래에 위젯 클래스의 정의가 있다.

그림 12.3

위젯을 이용하여 홈 화면 특화하기

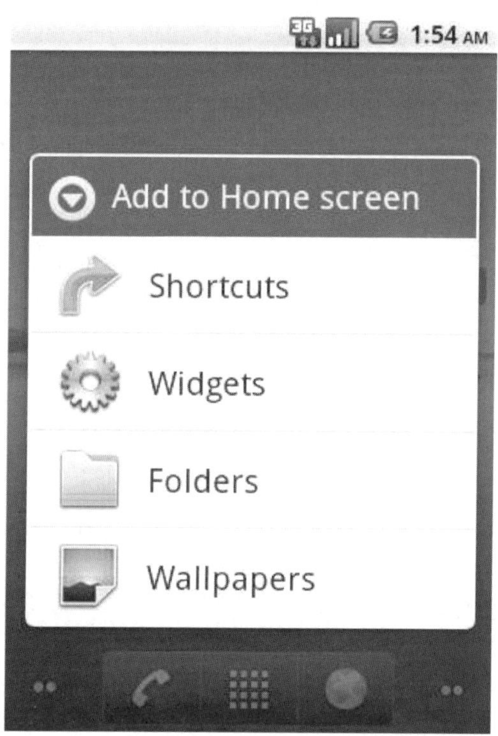

Widget/src/org/example/widget/Widget.java

```java
package org.example.widget;

import android.appwidget.AppWidgetProvider;

public class Widget extends AppWidgetProvider {
    // ...
}
```

잠시 후에 이 클래스를 채우기 위해 다시 돌아오기로 하고, 일단 지금은 AppWidgetProvider 가 제공하는 기본 기능만 사용하자.

마지막으로, 아래처럼 문자열 값을 정의하여 성가신 오류 메시지들을 제거하자.

Widget/res/values/strings.xml

```xml
<?xml version="1.0" encoding="utf-8"?>
<resources>
    <string name="hello">Hello World!</string>
    <string name="app_name">Widget</string>
    <string name="widget_name">Widget</string>
</resources>
```

이제 위젯을 돌려보는 일만 남았다.

위젯 실행하기

새 위젯을 실행하려면 패키지 탐색기 창으로 가서 위젯 프로젝트를 오른쪽 클릭하고, Run As > Android Application을 선택한다. 이클립스가 에뮬레이터 또는 기기에 위젯을 조립하여 설치하는 동안 아무 일도 일어나지 않는 것처럼 보일 것이다.

새 위젯을 보려면, 손가락(또는 마우스)을 홈 화면에 대고 눌러서 홈 화면의 콘텍스트(context) 메뉴를 연다. 추가 가능한 모든 종류의 것들이 목록화된, 선택사항 메뉴가 나타날 것이다(그림 12.3 참조).

메뉴에서 위젯을 선택한 다음, Widget이라는 이름의 위젯을 선택한다(기발하지 않은가, 응?). 마침내 우리의 위젯이 나타날 것이다(그림 12.4 참조).

손가락을 위젯에 대고 눌러서 이리저리 움직여보자. 화면의 방향을 바꾸어 위젯이 자동으로 크기를 조정하는지도 확인해보자. 이를 제거하려면 화면 밑 쪽에 있는 쓰레기통 아이콘으로 끌고 가면 된다.

지금 상태로도 재미있기는 하지만, 현재 날짜와 시간이 위젯에 나타나도록 해서 더 재미있게 만들어보자.

지속적인 업데이트 유지하기

안드로이드 1.5에서는 위젯이 뭔가를 보여줄 필요가 있을 때마다, 위젯 호스트(홈 화면과 같이 위젯을 담을 수 있는 프로그램)가 모든 새끼 위젯들에게 메시지를 보낸다. 메시지를 보내는

그림 12.4

헬로, 위젯

안드로이드식 방식은 하나의 인텐트를 널리 살포하는 것이다. 이 경우에 인텐트는 android.
appwidget.action.APPWIDGET_UPDATE이다.

우리가 AndroidManifest.xml 파일을 설정했을 때로 돌아가보면, 우리는 안드로이드에 이
인텐트를 받아들일 수 있고, 이를 가지고 뭔가 재미있는 일을 할 수 있다고 지시했었다. 지금
이 그 일을 하기 위해 Widget 클래스를 채울 시간이다.

Widget/src/org/example/widget/Widget.java

```
Line  1  package org.example.widget;

         import java.text.SimpleDateFormat;
         import java.util.Date;
      5
```

```java
import android.appwidget.AppWidgetManager;
import android.appwidget.AppWidgetProvider;
import android.content.Context;
import android.widget.RemoteViews;

public class Widget extends AppWidgetProvider {
    // ...
    // 날짜 문자열의 형식 정의하기
    private SimpleDateFormat formatter = new SimpleDateFormat(
        "EEEEEEEEE\nd MMM yyyy" );

    @Override
    public void onUpdate(Context context,
        AppWidgetManager appWidgetManager, int[] appWidgetIds) {
        // 현재 날짜를 다시 가져와 초기화
        String now = formatter.format(new Date());

        // 위젯의 텍스트 변경하기
        RemoteViews updateViews = new RemoteViews(
            context.getPackageName(), R.layout.main);
        updateViews.setTextViewText(R.id.text, now);
        appWidgetManager.updateAppWidget(appWidgetIds, updateViews);

        // 딱히 필요한 것은 아니지만, 버릇이라.
        super.onUpdate(context, appWidgetManager, appWidgetIds);
    }
}
```

APPWIDGET_UPDATE 인텐트가 들어올 때마다 안드로이드는 onUpdate( ) 메소드를 호출한다. 21번째 줄에서는 14번째 줄에서 생성된 SimpleDateFormat을 이용하여 현재 날짜를 초기화했다. 이는 요일과 날짜, 월, 년도를 위젯의 첫 번째 열에 보여주고, 그 다음에 시, 분, 초, 1/1000 단위의 초를 두 번째 열에 보여준다.

다음으로 24번째 줄에서 위젯이 보여줄 새로운 보기 레이아웃을 만들기 위해 RemoteViews 인스턴스를 생성했다. 시작할 때 있던 것을 그대로 업데이트했더니, 어쩌다 보니 이 예제도 R.layout.main이라는 똑 같은 레이아웃을 사용하게 되었다. 26번째 줄에서는 원래의 'Hello, World' 텍스트를 현재 날짜와 시간으로 대체하였다.

마지막으로 27번째 줄에서 업데이트된 보기 화면을 보내 위젯의 현재 콘텐트를 대체할 수 있도록 했다. 30번째 줄에 있는 super.onUpdate( ) 호출은 그냥 코드의 건강상태를 위해 넣

었다.

홈 화면에서 위젯을 제거하고 이클립스에서 다시 설치해보자. 이를 홈 화면에 추가하고 나면 그림 12.5와 같이 보일 것이다.

업데이트 주기는 res/xml/widget.xml 안에 있는 android:updatePeriodMillis= 매개변수가 제어한다. 1800000이라는 값은 30분을 의미하므로, 우리의 위젯은 한 시간에 두 번 업데이트를 하게 될 것이다. 이 값이 정확하지 않은 숫자라는 점에 주의하자. 실제 업데이트를 하는 이벤트는 폰에서 일어나는 다른 일들 때문에 지연될(아주 긴 시간일 수도) 수도 있다.

구글은 배터리 전력을 보호하기 위해, 위젯이 너무 자주 업데이트를 하지 않도록 하루에 한 번 또는 한 시간에 한 번 정도로 설정하라고 권장한다. 안드로이드 1.6부터는 android: updatePeriodMillis= 매개변수가 삼십 분 이하의 값은 아예 받지를 않는다. 만약 훨씬 잦

그림 12.5

날짜와 시간 보여주기

은 업데이트가 필요하다면, AlarmManager 클래스를 이용해서 스스로를 위한 타이머를 설정
해야만 할 것이다. 이는 연습문제로 남겨두겠다.

상상력을 발휘하라

이제 위젯 구축의 기본을 알게 됐으니, 흥미진진한 작은 창조물들을 끝없이 만들어낼 수 있
을 것이다. 만약 이벤트에 반응하기라든가 배경화면 처리, 구성을 위한 초기 동작을 지정하
는 등의 더 진보적인 기능들이 필요하다면, 온라인 참고자료를 참고하도록 하자.[2] 그래도 위
젯을 간단명료하고 유용하게 만드는 것은 잊지 말자. 위젯을 영리하게 사용하면 사용자들의
안드로이드 경험을 좀더 개인화시키면서 동시에 역동적으로 만들 수 있다.

혹시 자신을 표현할 수 있도록 위젯이 제공하는 것보다는 조금 더 넓은 공간을 원하고 있지
는 않은가? 그렇다면 노란 벽돌 길을 따라 동적 배경화면의 땅으로 가보자.

12.2 동적 배경화면

일반적인 배경화면은 그저 그 자리에 있을 뿐이다. 근사하게 보이기는 하지만 절대 바뀌지
는 않는다.

동적 배경화면은 안드로이드 2.1(에클레어 유지보수 배포판 1)의 새로운 기능이다. 이는 지루
한 고정 배경화면 이미지를 생생하게 고동치는 음악 비쥬얼라이제이션에서부터 손을 대면
조용하게 잔물결을 일으키는 고요하고 명상적인 연못까지, 어떤 것으로든 바꿀 수 있게 해
준다.

날씨 정보나 이미지 슬라이드 쇼, 매직 8 볼(magic 8 ball), 불꽃놀이 등은 구현 가능한 착상
중의 일부분에 불과하다. 이제 커튼을 젖혀 마술이 어떻게 이뤄지는지 확인해보자.

---

[2] http://d.android.com/guide/topics/appwidgets

그림 12.6

OpenGL 장의 코드를 재활용한 배경화면 예제

배경화면 프로젝트 생성하기

이 예제에서 우리는 OpenGL을 이용해서 만든 회전하는 정육면체를 동적 배경화면으로 만
들어볼 예정이다. 그림 12.6에서 마지막 결과를 볼 수 있다.

아래의 값들을 이용하여 프로젝트 위저드에서 새 안드로이드 프로젝트를 만드는 것부터 시
작해보자.

```
Project name: Wallpaper
Build Target: Android 2.2
Application name: Wallpaper
Package name: org.example.wallpaper
Min SDK Version: 8
```

위젯 프로젝트와 마찬가지로 액티비티명은 빈 란으로 남겨두고, Create Activity 옆에 있는 확인 표시도 해제한다. 프로젝트가 생성되고 나면 AndroidManifest.xml 파일에 대대적인 변경작업을 시행해야 한다. 아래와 같이 그 결과가 보이면 된다.

Wallpaper/AndroidManifest.xml

```xml
<?xml version="1.0" encoding="utf-8"?>
<manifest xmlns:android="http://schemas.android.com/apk/res/android"
      package="org.example.wallpaper"
      android:versionCode="1"
      android:versionName="1.0" >
   <application android:label="@string/app_name">
      <service android:name=".Wallpaper"
               android:label="@string/service_name"
               android:permission="android.permission.BIND_WALLPAPER" >
         <intent-filter>
            <action android:name=
               "android.service.wallpaper.WallpaperService" />
         </intent-filter>
         <meta-data android:name="android.service.wallpaper"
            android:resource="@xml/wallpaper" />
      </service>
   </application>
   <uses-sdk android:minSdkVersion="7" android:targetSdkVersion="8" />
</manifest>
```

<service> 태그는 처음 보는 것이다. 이것은 후면에서 구동되며, 이벤트에 반응할 안드로이드 서비스를 정의한다. android:permission= 속성은 서비스를 호출하는 프로그램은 어떤 것이나 지정된 승인을 가지고 있어야 함을 의미한다. 안드로이드 홈 화면 프로그램은 이미 승인을 받았기 때문에, 이 코드는 문제없이 동작할 것이다.

<intent-filter> 태그는 안드로이드에 이 서비스가 어떤 타입인지를 알려주고, <meta-data> 태그는 배경화면에 대한 추가적인 정보를 어디서 찾을 수 있는지를 알려준다. Android: resource="@xml/wallpaper" 설정은 res/xml/wallpaper.xml 파일을 참조하는데, 이 파일은 아래의 내용을 가지고 지금 생성해야 한다.

Wallpaper/res/xml/wallpaper.xml

```xml
<?xml version="1.0" encoding="utf-8"?>
```

```
<wallpaper xmlns:android="http://schemas.android.com/apk/res/android"
    android:author="@+string/author"
    android:description="@string/description"
    android:thumbnail="@drawable/thumbnail" />
```

배경화면의 메타데이터는 배경화면의 제작자(바로 당신)와 어떤 역할을 하는지에 대한 간략한 설명, 그리고 하나의 썸네일 이미지를 지정한다. 이미지와 설명은 사용자가 사용할 배경화면을 고를 때 목록에 표시될 것이다.

더 나아가기 전에 프로젝트에 우리가 쓸 모든 문자열을 res/values/strings.xml에서 정의하도록 하자.

Wallpaper/res/values/strings.xml

```xml
<?xml version="1.0" encoding="utf-8"?>
<resources>
    <string name="app_name">Wallpaper</string>
    <string name="service_name">Hello, Android!</string>
    <string name="author">Hello, Android!</string>
    <string name="description">Sample live wallpaper
        from Hello, Android!</string>
</resources>
```

레이아웃 파일을 사용하지 않을 것이라, res/layout/main.xml을 삭제하여야 한다. 안드로이드 서비스에 대해 몇 가지를 배운 후에 Wallpaper 클래스(Wallpaper.java)를 채워볼 것이다.

서비스 소개하기

안드로이드의 특출한 기능 중의 하나는 프로그램을 후면에서 구동할 수 있다는 것이다. 전경에서 구동되는 액티비티와 대비하기 위해 안드로이드는 이들 프로그램을 서비스(services)라 부른다.

특정 서비스의 주요 자바 클래스는 Service 클래스로부터 상속받는다. 서비스는 액티비티와 유사한 라이프 사이클(제2장 2절 살아있네!를 보라)을 가지고 있으나 조금 더 간단한 형태이다. 서비스가 처음 생성될 때는 onCreate() 메소드를 호출하고, 종료될 때에는 onDestroy()

메소드를 호출한다.

그 사이에, 클라이언트가 서비스의 시작을 요청하면 안드로이드는 onStartCommand( ) 메소드(안드로이드 버전 2.0 이전에는 onStart( ))를 호출한다. 요청과 요청 사이에 서비스를 구동할 것이냐 말 것이냐에 따라 성가신 것일 수도 있고 아닐 수도 있다.

몇 가지 다른 메소드들도 있는데, 원한다면 메모리가 모자라는 상황과 같은 경우에 쓰도록 구현할 수 있다. 이 모든 살인적인 세부내용들은 온라인 참고자료를 보도록 하자.[3]

화면 예제에 관해서라면, Service의 하위 클래스인 WallpaperService 클래스가 모든 일을 처리해줄 것이기 때문에, 이런 메소드들 때문에 걱정할 이유가 전혀 없다. 우리의 메인 클래스는 WallpaperService를 아래와 같이 확장시켜야 한다.

Wallpaper/src/org/example/wallpaper/Wallpaper.java

```java
package org.example.wallpaper;

import android.service.wallpaper.WallpaperService;

public class Wallpaper extends WallpaperService {
    private class MyEngine extends Engine {
        // 엔진 구현은 여기에...
    }

    @Override
    public Engine onCreateEngine() {
        return new MyEngine();
    }
}
```

우리가 한 일은 딱 한 줄로 onCreateEngine( ) 메소드를 구현한 것 뿐이다. 이 메소드의 유일한 목적은 MyEngine이라고 불리는 또 다른 클래스를 생성하고 반환해주는 일이다.

---

[3] http://d.android.com/reference/android/app/Service.html

그리기 엔진 구축하기

MyEngine은 Wallpaper의 내부 클래스여야 하기 때문에, 자바에서는 감싸고 있는 클래스의 중괄호({}) 안에서 정의한다. MyEngine은 안드로이드에서 제공하는 Engine 클래스를 확장한다. 아래는 모든 메소드들을 스텁(stub. 하향식 시스템 설계 방법에서 아직 완성되지 않은 하부 모듈을 대신하여 사용되는 모듈. 이러한 모듈은 아무 일도 수행하지 않지만 앞으로 정의될 모듈의 입·출력 인터페이스와 동일한 인터페이스를 제공하기 때문에 전체적인 구조를 구성하는 데 이용된다-역주) 상태로 처리한 MyEngine의 개요이다.

`Wallpaper/src/org/example/wallpaper/Wallpaper.java`

```java
private class MyEngine extends Engine {
    @Override
    public void onCreate(final SurfaceHolder holder) {
        super.onCreate(holder);
    }

    @Override
    public void onDestroy() {
        super.onDestroy();
    };

    @Override
    public void onSurfaceCreated(final SurfaceHolder holder) {
        super.onSurfaceCreated(holder);
    }

    @Override
    public void onSurfaceDestroyed(final SurfaceHolder holder) {
        super.onSurfaceDestroyed(holder);
    }

    @Override
    public void onSurfaceChanged(final SurfaceHolder holder,
            final int format, final int width, final int height) {
        super.onSurfaceChanged(holder, format, width, height);
    }

    @Override
    public void onVisibilityChanged(final boolean visible) {
        super.onVisibilityChanged(visible);
```

```
    }

    @Override
    public void onOffsetsChanged(final float xOffset,
            final float yOffset, final float xOffsetStep,
            final float yOffsetStep, final int xPixelOffset,
            final int yPixelOffset) {
        super.onOffsetsChanged(xOffset, yOffset, xOffsetStep,
            yOffsetStep, xPixelOffset, yPixelOffset);
    }
}
```

모든 메소드는 항상 그 상위클래스 메소드를 호출해야 한다는 점에 주의하자. 이클립스가
자바 편집기에서 이런 스팁 처리를 대신 해줄 수도 있는데, 먼저 클래스 명인 MyEngine을 선
택해서 오른쪽 클릭한 다음 Source > Override/Inplement Methods를 선택하고, 생성하고
자 하는 메소드를 고르면 된다. 그러나 좀 전에 본 것과 이클립스가 처리한 것에는 한 가지
차이가 있다. 나는 **final** 키워드를 모든 메소드의 매개변수에 추가했다. 나중에 이를 사용하
여 메소드 안에 있는 내부 클래스들이 매개변수에 접근하도록 처리할 수 있다. 만약 이것을
잊어버리고 누락시키면 컴파일러가 경고를 해줄 것이다.

엔진의 라이프 사이클을 통틀어, 안드로이드는 특정한 순서에 따라 이러한 메소드들을 호출
하게 된다. 아래에 전체 순서가 있다.

```
onCreate
    onSurfaceCreated
        onSurfaceChanged  (1+ calls in any order)
        onOffsetsChanged  (0+ calls in any order)
        onVisibilityChanged  (0+ calls in any order)
    onSurfaceDestroyed
onDestroy
```

이제 이 장의 남은 부분 전체에 걸쳐 이 메소드들을 채워 볼 것이다.

컴파일러 오류를 방지하기 위해서는 몇 가지 **import** 구문들이 더 필요하다. 나는 보통 내가
코딩하는 동안 이클립스가 이들을 자동으로 생성하도록 하곤 했다[콘텐트 어시스트(Content

Assist, [Ctrl+spacebar]) 또는 퀵 픽스(Quick Fix, [Ctrl+1]) 또는 Source > Organize Imports 명령([Ctrl+Shift+O])을 통한 배치작업을 사용하여]. 하지만 취향에 따라 그냥 지금 모두를 타이핑해 넣어도 좋다. 아래에 완전한 목록이 있다.

`Wallpaper/src/org/example/wallpaper/Wallpaper.java`

```java
import java.util.concurrent.ExecutorService;
import java.util.concurrent.Executors;

import javax.microedition.khronos.egl.EGL10;
import javax.microedition.khronos.egl.EGL11;
import javax.microedition.khronos.egl.EGLConfig;
import javax.microedition.khronos.egl.EGLContext;
import javax.microedition.khronos.egl.EGLDisplay;
import javax.microedition.khronos.egl.EGLSurface;
import javax.microedition.khronos.opengles.GL10;

import android.service.wallpaper.WallpaperService;
import android.view.SurfaceHolder;
```

다음으로 우리의 정육면체를 그리기 위해 약간의 코드를 빌려오도록 하자.

OpenGL 코드 재사용하기

동적 배경화면을 위해 꼭 OpenGL을 사용할 필요는 없지만, 안드로이드의 정규 2D 그래픽 라이브러리(제4장 2D 그래픽 그리기 참조)보다는 빠르기 때문에 나는 OpenGL을 선호하는 편이다. 게다가 우리는 어쩌다가 다른 장(제10장 OpenGL을 이용한 3D 그래픽 참조)에서 이미 만들어놓은, 근사하게 회전하는 3D 정육면체도 갖고 있는 형편이다.

해당 프로젝트에서 세 개의 파일을 집어오는데, GLCube.java, GLRenderer.java, android.png가 그 대상이다. 자바 파일들은 org.example.wallpaper 패키지(다른 말로는, org/example/wallpaper 디렉터리)에 집어넣고, PNG 파일은 res/drawable-nodpi 디렉터리에 두도록 한다.

만약 아직 그 장을 끝내지 못했다면, 이 파일들을 책의 웹사이트에서 내려 받을 수 있다. 임시 위치에서 소스 코드 아카이브의 압축을 풀고 OpenGL 프로젝트에서 필요한 파일을 복사하도록 한다.

아래에 보이는 것처럼 두 개의 자바 파일 상단에 있는 패키지 이름을 제외하고 다른 소스 코드를 건드려서는 안 된다.

Wallpaper/src/org/example/wallpaper/GLRenderer.java

```java
package org.example.wallpaper;
```

이제 우리의 새로운 배경화면 프로젝트에서 코드를 어떻게 호출할 지만 결정하면 된다.

엔진 생성하기와 종료하기

시작하면서 사용할 엔진을 위한 몇 가지 필드를 정의해보자. 아래의 코드를 MyEngine 클래스의 시작 부분에 삽입하자.

Wallpaper/src/org/example/wallpaper/Wallpaper.java

```java
private GLRenderer glRenderer;
private GL10 gl;
private EGL10 egl;
private EGLContext glc;
private EGLDisplay glDisplay;
private EGLSurface glSurface;

private ExecutorService executor;
private Runnable drawCommand;
```

여기서 제일 중요한 변수는 executor이다. 자바에서 실행자(executor)는 다른 메소드와는 비동기 상태로 코드의 한 조각(runnable이라 불리는)을 실행시킬 수 있는 객체이다. 처음 배경화면 엔진이 생성되었을 때, 우리는 이러한 실행자 중의 하나를 같이 생성하여 OpenGL과의 모든 상호작용을 처리하도록 할 것이다.

OpenGL은 하나의 스레드에서만 호출할 수 있기 때문에, 이는 필수적인 작업이다. 서비스는 어쨌든 후면에서 그리기를 담당할 스레드를 생성해야 하는데, 후면 스레드와 전면 스레드에 있는 OpenGL 코드의 일부는 호출할 수가 없다. 그래서 이 모든 것을 위해 실행자 하

나를 사용한다. onCreate( )의 정의를 보면 이를 어떻게 초기화하는지 알 수 있다.


```java
@Override
public void onCreate(final SurfaceHolder holder) {
    super.onCreate(holder);
    executor = Executors.newSingleThreadExecutor();

    drawCommand = new Runnable() {
      public void run() {
        glRenderer.onDrawFrame(gl);
        egl.eglSwapBuffers(glDisplay, glSurface);
        if (isVisible()
              && egl.eglGetError() != EGL11.EGL_CONTEXT_LOST) {
          executor.execute(drawCommand);
        }
      }
    };
}
```

실행자 말고도 나중에 정육면체 애니메이션의 각 프레임을 그릴 때 사용할 drawCommand라 불리는 러너블(runnable)도 하나 생성해야 한다. 이는 Java의 익명 내부 클래스로 그 부모의 모든 필드와 **final** 매개변수들에 접근이 가능하다. 우리가 아직 이러한 변수들(glRenderer나 glDisplay와 같은)을 하나도 초기화하지 않았다는 것에 주의하라. 하지만 이 코드들은 나중에, 모든 것이 준비된 후에 구동할 수 있도록 정의할 것이라 문제가 되지는 않는다.

onCreate( )의 반대편에는 onDestroy( )가 있다. onDestroy( )는 안드로이드가 배경화면 엔진과의 용무를 끝냈을 때 호출된다. 이때 할 일이라곤 우리가 onCreate( )에서 생성한 실행자를 끄는 것뿐이다.


```java
@Override
public void onDestroy() {
    executor.shutdownNow();
    super.onDestroy();
};
```

보통 때처럼 메소드의 처음 부분이 아니라 끝 부분에서 super.onDestroy( )를 호출했다는 것에 주목하자. 이는 그냥 표준 자바의 관용구로, 수퍼클래스로 하여금 생성하는 과정에서 생긴 미러 이미지들을 추적하며 스스로를 청소하도록 한다. 이 경우에 진짜로 필요한지 어떤지는 잘 모르겠지만 관례를 따름으로써 이에 대해서는 생각조차 할 필요가 없어진다.

표면 관리하기

엔진이 살아있는 동안, 안드로이드는 엔진이 그림을 그릴 수 있도록 홈 화면의 배경화면을 의미하는 Surface를 생성한다. 처음 표면이 생성될 때, onSurfaceCreated( )가 호출된다. 이 기회를 살려 OpenGL과 다른 프로젝트에서 복사해온 GLRenderer 클래스를 초기화해보자.

Wallpaper/src/org/example/wallpaper/Wallpaper.java

```java
@Override
public void onSurfaceCreated(final SurfaceHolder holder) {
    super.onSurfaceCreated(holder);
    Runnable surfaceCreatedCommand = new Runnable( ) {
        @Override
        public void run( ) {
            // OpenGL 초기화
            egl = (EGL10) EGLContext.getEGL( );
            glDisplay = egl.eglGetDisplay(EGL10.EGL_DEFAULT_DISPLAY);
            int[] version = new int[2];
            egl.eglInitialize(glDisplay, version);
            int[] configSpec = { EGL10.EGL_RED_SIZE, 5,
                    EGL10.EGL_GREEN_SIZE, 6, EGL10.EGL_BLUE_SIZE,
                    5, EGL10.EGL_DEPTH_SIZE, 16, EGL10.EGL_NONE };

            EGLConfig[] configs = new EGLConfig[1];
            int[] numConfig = new int[1];
            egl.eglChooseConfig(glDisplay, configSpec, configs,
                    1, numConfig);
            EGLConfig config = configs[0];

            glc = egl.eglCreateContext(glDisplay, config,
                    EGL10.EGL_NO_CONTEXT, null);

            glSurface = egl.eglCreateWindowSurface(glDisplay,
```

```
            config, holder, null);
        egl.eglMakeCurrent(glDisplay, glSurface, glSurface,
            glc);
        gl = (GL10) (glc.getGL());

        // Renderer 초기화
        glRenderer = new GLRenderer(Wallpaper.this);
        glRenderer.onSurfaceCreated(gl, config);
      }
    };
    executor.execute(surfaceCreatedCommand);
}
```

만약 안드로이드가 도우미 클래스를 하나 제공해서 프로그래머들이 OpenGL의 이 획일적인 구문들을 더 이상 보지 않아도 되면 참 멋지겠지만(**GLSurfaceView** 비슷한 걸로 배경화면용으로 만들면), 그때까지는 그저 꾹 참고 코드를 베끼도록 하자.

배경화면 표면이 사라지려고 할 때쯤 onSurfaceDestroyed( ) 메소드가 호출된다. 이때가 일찍이 우리가 초기화했던 이런저런 OpenGL 것들을 처분하기 좋은 때이다.

Wallpaper/src/org/example/wallpaper/Wallpaper.java

```
@Override
public void onSurfaceDestroyed(final SurfaceHolder holder) {
    Runnable surfaceDestroyedCommand = new Runnable() {
        public void run() {
            // Free OpenGL resources
            egl.eglMakeCurrent(glDisplay, EGL10.EGL_NO_SURFACE,
                EGL10.EGL_NO_SURFACE, EGL10.EGL_NO_CONTEXT);
            egl.eglDestroySurface(glDisplay, glSurface);
            egl.eglDestroyContext(glDisplay, glc);
            egl.eglTerminate(glDisplay);
        };
    };
    executor.execute(surfaceDestroyedCommand);
    super.onSurfaceDestroyed(holder);
}
```

표면이 아직 살아있는 동안에, 안드로이드는 onSurfaceChanged( ) 메소드를 호출하여 표면의 폭과 높이를 알려준다.

Wallpaper/src/org/example/wallpaper/Wallpaper.java

```java
@Override
public void onSurfaceChanged(final SurfaceHolder holder,
        final int format, final int width, final int height) {
   super.onSurfaceChanged(holder, format, width, height);
   Runnable surfaceChangedCommand = new Runnable() {
     public void run() {
         glRenderer.onSurfaceChanged(gl, width, height);
     };
   };
   executor.execute(surfaceChangedCommand);
}
```

지금까지는 표면이 사용자에게 보이지 않았기 때문에, 그 위에 아무것도 그리지 않았다. 이제 이를 바꿔보자.

배경화면이 보이도록 만들기

WallpaperService를 초기화하고 Engine을 초기화하고, 그리고 Surface를 초기화하고 나면(휴!), 그 다음으로 남은 것은 표면이 보이도록 만드는 것뿐이다. 작업을 할 준비가 되면 안드로이드는 표면이 보여야 하는지 보이지 않아야 하는지를 알려주는 부울(boolean, TRUE와 FALSE라고 하는 논리값과 관련이 있다는 것을 의미하기 위하여 사용되는 용어. 대부분의 프로그래밍 언어에서는 부울값을 지원하기 위하여 데이터 타입을 제공하고 있지만, C 등과 같은 언어에서는 정수를 사용하여 부울값을 대신하고 있다. 이런 경우에는 0이 FALSE를 의미하고, 0이 아닌값이 TRUE를 의미한다-역주) 매개변수와 함께 onVisibilityChanged( ) 메소드를 호출한다.

Wallpaper/src/org/example/wallpaper/Wallpaper.java

```java
@Override
public void onVisibilityChanged(final boolean visible) {
   super.onVisibilityChanged(visible);
   if (visible) {
      executor.execute(drawCommand);
   }
}
```

일단 표면이 보이면, 우리가 할 일은 drawCommand runnable을 호출하는 큐(queue)에 줄을 서는 것뿐인데, 이는 애니메이션의 한 프레임을 그린 다음, 만약 표면이 여전히 보이면 큐 자체가 이를 계속하여 반복한다. 배터리를 절약하기 위해서는 배경화면이 보일 때만 구동되게 하는 것이 매우 중요하다.

이 시점에서 꼭 예제를 에뮬레이터나 실제 기기에서 돌려보자. 프로젝트를 오른쪽 클릭한 후 Run As > Android Application을 선택한다. 위젯과 마찬가지로, 이클립스에서 예제를 돌린다 해도 배경화면이 설치되기만 하지 실행되지는 않는다. 진짜로 이를 실행시키려면 기기나 에뮬레이터로 가서 홈 화면에 손가락을(또는 마우스를) 대고 누른다. 추가할 수 있는 모든 종류가 적힌 선택 목록이 메뉴로 나타날 것이다(그림 12.3 참조).

메뉴에서 배경화면을 선택하고 그 다음에 동적 배경화면을 선택한다. 모든 동적 배경화면의 목록이 나타날 것이다. 그 중에서 'Hello, Android!' 라고 적힌 것을 고르면 해당 배경화면이 미리보기 모드에서 즐겁게 회전하기 시작할 것이다(만약 그렇지 않으면, 문제를 진단하기 위해 제3장 10절 디버깅하기의 지침을 따른다). Set wallpaper 버튼을 터치하여 이 배경화면을 홈 화면으로 설정하든가 아니면 Back 버튼을 눌러 목록으로 돌아간다. 그림 12.6을 보면 실제 돌아가는 동적 배경화면을 볼 수 있다.

사용자 입력에 반응하기

일반적인 고정 배경화면을 쓸 때도 홈 화면을 왼쪽 오른쪽으로 움직이면 배경화면도 따라서 조금씩 움직였다. 그러나 지금 동적 배경화면 예제를 가지고 똑 같이 움직여보면 아무 일도 일어나지 않을 것이다.

그 기능을 가져오려면 onOffsetsChanged( ) 메소드를 구현해야만 한다.

Wallpaper/src/org/example/wallpaper/Wallpaper.java

```java
@Override
public void onOffsetsChanged(final float xOffset,
        final float yOffset, final float xOffsetStep,
        final float yOffsetStep, final int xPixelOffset,
        final int yPixelOffset) {
    super.onOffsetsChanged(xOffset, yOffset, xOffsetStep,
```

```
            yOffsetStep, xPixelOffset, yPixelOffset);
    Runnable offsetsChangedCommand = new Runnable() {
        public void run() {
            if (xOffsetStep != 0f) {
                glRenderer.setParallax(xOffset - 0.5f);
            }
        };
    };
    executor.execute(offsetsChangedCommand);
}
```

만약 xOffsetStep이 0이면, 이는 좌우이동이 비활성화되었다는 것을 의미한다(예를 들어, 미리보기 모드 같은 경우). 다른 값이 나오면 xOffset 변수에 기반하여 보기 화면을 옮긴다. 만약 변위(offset)가 0이면 사용자가 왼쪽으로만 이동했다는 것이고, 만약 값이 1이면 오른쪽으로만 이동했다는 것이다. 0.5는 어떤 의미인지 추측할 수 있겠는가?

이제 나는 이전에 GLRenderer 수정에 대해 말했던 일을 처리하려고 한다. OpenGL 예제에는 어떤 사용자 입력도 없었기 때문에, 별도의 필드를 하나 추가하고 이를 GLRenderer 클래스에 설치할, setParallax() 메소드도 추가해야 한다.

Wallpaper/src/org/example/wallpaper/GLRenderer.java

```
class GLRenderer implements GLSurfaceView.Renderer {
    // ...
    private float xOffset;

    public void setParallax(float xOffset) {
        this.xOffset = -xOffset;
    }
}
```

그 다음에는 GLRenderer.onDrawFrame() 메소드 중간의 한 줄을 변경하여 새로 추가된 필드를 사용하여 모델을 오른쪽이나 왼쪽으로 약간씩 옮겨줄 수 있도록 해야 한다.

Wallpaper/src/org/example/wallpaper/GLRenderer.java

```
public void onDrawFrame(GL10 gl) {
    // ...
    // 우리가 볼 수 있도록 모델 위치잡기
```

```
gl.glMatrixMode(GL10.GL_MODELVIEW);
gl.glLoadIdentity();
gl.glTranslatef(xOffset, 0, -3.0f);

// 다른 그리기 명령어는 여기에…
}
```

우리의 시점을 옮기는 수도 있겠지만, 그보다는 그냥 정육면체를 옮기는 것이 더 간편하다. 자, 다 끝났다! 이제 예제를 다시 실행시켜보면 쉽게 오른쪽이나 왼쪽으로 이동시킬 수 있을 것이다.

의향에 따라서 사용할 수 있는, 동적 배경화면과 상호작용할 수 있는 방법이 두 가지 더 있는데, 하나는 명령어이고 다른 하나는 터치 이벤트이다. 명령어를 지원하려면 onCommand( ) 메소드를 구현하고, 원시 터치 이벤트를 지원하려면 onTouchEvent( ) 메소드를 구현하면 된다. 연습과제로 남겨놓도록 하겠다.

12.3 빨리 넘겨보기 >>

이 장에서 우리는 위젯과 동적 배경화면을 이용하여 안드로이드의 홈 화면을 떠들썩하게 만드는 법을 배웠다. 안드로이드 마켓에는 우리가 이미 만들었던 것과 비슷한 히트 상품들로 넘쳐난다. 나는 거기서 여러분이 만든 것을 꼭 보고 싶으니, 제14장 안드로이드 마켓에 배포하기를 보고 지침과 용기를 얻기 바란다.

주의: 만약 당신의 응용프로그램이 위젯이나 동적 배경화면, 또는 다른 방식으로 홈 화면을 변화시킨다면, SD카드로부터 설치가 가능하도록 허용해서는 안 된다. 제13장 6절 SD 카드에서 설치하기에서 더 자세한 정보를 참조하라.

안드로이드가 처음 나왔을 때, 세상에는 딱 하나의 버전과 딱 하나의 홈 모델이 있었다. 지금은 모양과 크기가 다른 수십 개의 기기들이 적어도 네 개의 다른 안드로이드 버전을 돌리고 있다. 당신은 이미 오즈에 와 있는 상황이지만, 적어도 다음 장이 나는 원숭이들을 피할 수 있도록 도와주기는 할 것이다(오즈의 마법사에 나오는 설정-역주).

만들기는 한 번,
테스트는 모든 곳에서

오늘날 안드로이드는 당황스러울 정도로 다양한 모바일 폰, 태블릿, 다른 기기들에서 돌아가고 있다. 이는 축복이자 동시에 저주이다. 고객들에겐 다양한 모양과 크기, 가격대의 안드로이드 기기들 중에서 선택을 할 수 있으니 축복이라 할 수 있다. 하지만 개발자들에겐 이 모든 변종들을 지원하는 고생을 해야 한다는 저주이다.

일이 복잡하게 되려다 보니, 안드로이드의 빠른 개발 속도 때문에 뻔히 두 눈을 뜨고 있으면서도 다양한 버전의 플랫폼을 구동하는 기기들이 제 각각으로 파편화하는 것을 보고만 있어야 했다. 아래 표는 지금까지 배포된 모든 안드로이드 버전을 보여준다.[1]

버전	코드명[2]	API	출시일자	비고
1.0	BASE	1	Oct. 2008	사용하지 않음
1.1	BASE_1_1	2	Feb. 2009	사용하지 않음
1.5	CUPCAKE	3	May 2009	위젯
1.6	DONUT	4	Sept. 2009	고밀도, 저밀도 화면
2.0	ECLAIR	5	Nov. 2009	사용하지 않음
2.0.1	ECLAIR_0_1	6	Dec. 2009	멀티 터치. 사용하지 않음
2.1	ECLAIR_MR1	7	Jan. 2010	동적 배경화면
2.2	FROYO	8	May 2010	SD 카드 설치

---

[1] 각 버전의 안드로이드를 구동하고 있는 기기들의 퍼센트 분포를 보여주는 최신 도표를 보려면 http://d.android.com/resources/dashboard/platform-versions.html 을 참조하라.

[2] 안드로이드의 버전 코드와 API 등급은 Build.VERSION_CODES 클래스에 지정되어 있다.

이 장은 다양한 안드로이드 버전과 화면 해상도를 하나의 프로그램에서 어떻게 지원할 것인가를 다룬다. 첫 번째 단계는 테스트하기이다.

13.1 여러분, 에뮬레이터를 여세요

이 책의 전반에 걸쳐서, 나는 우리의 응용프로그램을 안드로이드 플랫폼 버전 2.2(프로요로 알려진)에 맞추라고 얘기해왔다. 그러나 이 조언에는 약간의 문제가 하나 있는데, 이 프로그램이 이전 버전의 안드로이드가 깔린 폰에서는 돌아가지 않을지도 모른다는 것이다.

제대로 돌아갈지 어떨지 확실하게 말할 수 있는 유일한 방법은 테스트를 해보는 것이다. 그리고 시장에 나와 있는 모든 안드로이드 폰을 종류별로 하나씩 사기에는 재산이 부족하므로, 프로그램을 다양한 안드로이드 버전과 화면 크기에서 테스트해볼 수 있는 가장 좋은 방법은 에뮬레이터가 될 것이다.

이를 위해 다양한 버전과 다양한 에뮬레이터 스킨을 가진 가상 기기들을 설정할 필요가 있다. 스킨은 에뮬레이터 기기의 폭과 높이, 픽셀 밀도를 지정한다. 제1장 2절 AVD 생성하기에서 이미 생성했던 em22 AVD에 추가하여 아래의 가상 기기들을 테스트를 위해서 생성하기를 권장한다.

이름	목표	스킨	해당 기기
em15	1.5	HVGA (320 × 480)	HTC G1, Eris
em16	1.6		HVGA (320 × 480) HTC Hero
em16-qvga	1.6	QVGA (200 × 320)	HTC Tattoo
em21-854	2.1	WVGA854 (480 × 854)	Motorola Droid (Sholes)
em22-800	2.2	WVGA800 (480 × 800)	HTC Nexus One
em22-1024	2.2	Custom (1024 × 600)	Notion Ink Adam

개발을 할 때에는 em22 AVD를 이용해서 하다가, 응용프로그램을 배포하기 전에 다른 AVD들에서 프로그램을 테스트하면 된다. 그리고 가로 방향과 세로 방향 모두에서 테스트해야 된다는 걸 잊지 말기 바란다. 에뮬레이터에서는 `Ctrl+F11`을 누르거나 키패드(NumLock 해제 상태에서)의 `7`번 또는 `9`번 키를 이용해서 가로 방향과 세로 방향으로 토글할 수 있다.

엄청나게 강력한 데스크톱 컴퓨터를 가지고 있는 게 아니라면, 이 모든 AVD를 한꺼번에 돌리진 말자. 하다 보니 한 번에 하나씩 돌리는 것이 가장 훌륭하게 작동한다는 걸 알게 되었다. em16(안드로이드 1.6) 에뮬레이터로 시작하여 이를 시험해보자. 에뮬레이터가 홈 화면에 나타날 때까지 기다리고, 만약 화면 잠금이 나타나면 이를 해제한다. 이제 잘못됐을 가능성이 있는 것들을 좀 살펴 보자.

13.2 다양한 버전용으로 개발하기

먼저 제1장 2절 첫 프로그램 만들기에서 만든 'Hello, Android' 프로그램을 1.6 에뮬레이터에서 돌려볼 것이다. 메뉴에서 Run > Run Configurations를 선택한다. HelloAndroid의 설정파일 위치를 찾아 선택하거나 만약 없으면 새로운 안드로이드 응용프로그램 설정파일을 생성한다. Target 탭을 클릭하여 Deployment Target Selection Mode를 수동(Manual)으로 설정한다. 다음으로 Run 버튼을 클릭한다.

이클립스가 테스트를 할 안드로이드 기기를 선택하라고 할 것이다. 에뮬레이터 이름 옆에 붉은 X자가 있을 수도 있는데, 그냥 무시하자. em16이라 불리는 기기를 선택한 다음, OK를 클릭한다. 콘솔 보기에 아래와 같은 오류가 나타날 것이다.

```
ERROR: Application requires API version 8. Device API version
       is 4 (Android 1.6).
Launch canceled!
```

주의: 만약 '응용프로그램이 API 레벨 요구조건을 지정하지 않았습니다(Application does not specify an API level requirement).' 라는 경고가 나오면 최소 SDK 버전을 지정해야 할 필요가 있다(잠시 후에 설명). 만약 에러 메시지 없이 응용프로그램이 em16 에뮬레이터에서 구동되면 이미 이 장에서의 변경사항이 적용이 됐다는 의미이다. 그리고 마지막으로, 만약 이클립스가 새로운 에뮬레이터 창을 띄운다면, 아마도 대상 선택 모드가 자동(automatic)에 맞춰져 있을 가능성이 크다. 수동으로 변경한 다음 다시 시도해보자.

이 에러는 우리가 프로젝트를 생성할 때 대상 안드로이드 버전을 2.2로 지정했기 때문이다. 뭔가를 바꾸지 않으면 이전 버전에서는 전혀 돌아가지 않을 것이다. 그런 기기들에서는 안

드로이드 마켓에 이 프로그램이 아예 보이지도 않을 것이다. 하지만 나는 어쩌다 보니 이 프로그램이 모든 버전의 안드로이드에서 훌륭하게 돌아간다는 것을 알게 되었다. 자, 어떻게 이 사실을 안드로이드에게 말해줘야 할까?

답은 간단하다. 안드로이드의 선언 파일에서 대상 SDK 버전을 하나의 숫자로 설정하고 최소 SDK 버전 역시 다른 숫자로 설정하기만 하면 된다. 이로써 프로그램은 새로운 안드로이드 버전을 대상으로 하게 됐지만, 여전히 이전 버전의 폰에서 동작을 한다.

이를 위해 AndroidManifest.xml 파일을 편집하여 아래 줄을 찾아 변경해보자.

```
<uses-sdk android:minSdkVersion="8" />
```

이를 아래와 같이 수정한다.

```
<uses-sdk android:minSdkVersion="3" android:targetSdkVersion="8" />
```

만약 이 줄이 없으면 </manifest> 태그 바로 앞에 이 줄을 추가하라.

이 줄은 해당 프로그램이 안드로이드 2.2(API 레벨 8)용으로 개발되었으나 안드로이드 1.5(API 레벨 3)에서도 훌륭하게 돌아갈 것이라고 안드로이드에게 말해준다. 파일을 저장하고 프로젝트를 다시 돌려보자. 이번에는 에러 없이 동작할 것이다. 만약 '선언의 최소 SDK 버전(3)이 프로젝트의 대상인 API 레벨(8)보다 낮습니다'라는 경고가 뜨면, 그냥 무시하자.

안타깝게도 몇몇 프로그램은 버전 3을 지원한다고 말하는 것만으로는 제대로 작동이 되지 않는다. 다음에 이런 경우의 예제를 보게 될 것이다.

13.3 안드로이드 API와 함께 진화하기

가끔은 특정 버전의 안드로이드에는 보이지 않는 API를 써야 될 때가 있다. 예를 들어, 터치 예제에서(제11장 멀티 터치) 우리는 안드로이드 MotionEvent 클래스의 새로운 메소드를 몇 개 사용하였는데, 이는 안드로이드 2.0 이전에는 없던 것들이다. 그런 예제를 em16 에뮬레이터에서 돌리려고 하면 그림 13.1과 같은 오류 메시지를 보게 될 것이다.

그림 13.1

터치 예제가 안드로이드 1.6에서 충돌을 일으켰다.

이럴 때 이클립스에서 로그캣(LogCat) 보기를 열고(Window > Show View > Other> Android Log) 위로 스크롤을 좀 하면, 아래와 같이 좀 더 자세한 에러 메시지를 볼 수 있다.

```
Could not find method android.view.MotionEvent.getPointerCount,
    referenced from method org.example.touch.Touch.dumpEvent
VFY: unable to resolve virtual method 11:
    Landroid/view/MotionEvent;.getPointerCount ()I
Verifier rejected class Lorg/example/touch/Touch;
Class init failed in newInstance call (Lorg/example/touch/Touch;)
Uncaught handler: thread main exiting due to uncaught exception
java.lang.VerifyError: org.example.touch.Touch
    at java.lang.Class.newInstanceImpl(Native Method)
    at java.lang.Class.newInstance(Class.java:1472)
...
```

중요한 부분은 VerifyError 예외 상황이다. 실행 시에 안드로이드는 하나의 클래스를 불러 오려는데 그 클래스가 두 번째 클래스에 존재하지 않는 메소드를 사용하고 있으면, 그때마 다 VerifyError 예외 상황을 던진다. 이 경우에는 MotionEvent 클래스의 getPointer Count()메소드를 참조하는 Touch 클래스가 문제다. MotionEvent가 1.5에도 존재하지만, getPointerCount() 메소드는 버전 2.0에 와서야 소개되었다. 에뮬레이터가 ACTION_ POINTER_DOWN과 같이 사용되는 상수들에 대해서는 이의를 제기하지 않는다는 점에 주의할

필요가 있는데, 이는 상수들이 컴파일러에 의해 조립될 때 프로그램에 아예 포함되어 버렸기 때문이다.

만약 MotionEvent의 정의를 수정하는 것으로 없는 메소드를 추가할 수 있다면 멋지겠지만, 자바스크립트나 루비와는 달리, 자바는 이런 기능을 지원하지 않는다. 그렇지만 아래의 기법들 중 하나를 사용하여 비슷한 일을 할 수는 있다.

- Subclassing: MotionEvent를 확장하는 새로운 클래스를 만들어 여기에 새 메소드를 추가하는 방법이 있다. 그러나 불행하게도 MotionEvent는 최종판이다. 이는 자바에서 확장될 수 없다는 것을 의미하기 때문에 이 기법은 여기에 적합하지 않다.

- Reflection: `java.lang.reflect` 패키지에 있는 유틸리티들을 이용하여 새 메소드가 있는지를 테스트하는 코드를 짤 수 있다. 만약 메소드가 존재하면 이를 호출하면 될 것이고, 존재하지 않으면 1을 반환하는 것과 같은 다른 뭔가를 하면 된다. 이는 작동을 하겠지만, 자바의 리플렉션은 실행할 때 느리고 프로그래밍할 때 지저분하다.

- Delegation and factory: 두 개의 클래스를 생성하는데, 하나는 이전 버전의 안드로이드에서 사용되고 다른 하나는 최신 버전에서 사용되는 것이다. 첫 번째 것은 새 메소드의 더미 버전을 구현하고, 두 번째 것은 진짜 새 메소드에 모든 호출을 위임한다. 그런 다음 어느 클래스가 정적 팩토리 메소드(클래스를 생성하기 위해 호출자가 **new** 키워드 대신에 사용하는 메소드)를 호출할 것인지 고른다. 이 기법은 간단하고, 대부분의 API 차이를 처리하는 데 사용될 수 있으므로, 여기서는 이 기법을 사용하기로 하자.

우리 목표 중 하나는 원래 Touch 클래스의 변경을 최소하는 것이다. 먼저 MotionEvent에 대한 모든 참조를 새로운 클래스인 WrapMotionEvent로 대체하는 작업부터 시작해보자.

Touchv2/src/org/example/touch/Touch.java

```java
@Override
public boolean onTouch(View v, MotionEvent rawEvent) {
    WrapMotionEvent event = WrapMotionEvent.wrap(rawEvent);
    // ...
}

private void dumpEvent(WrapMotionEvent event) {
    // ...
```

```
}

private float spacing(WrapMotionEvent event) {
    // ...
}

private void midPoint(PointF point, WrapMotionEvent event) {
    // ...
}
```

onTouch( ) 메소드에서 안드로이드가 전달해준 원시 MotionEvent를 받아 정적 팩토리 메소드인 WrapMotionEvent.wrap( )를 호출함으로써 이를 WrapMotionEvent로 변환한다. 이 변경 말고는 Touch 클래스의 나머지 부분은 손대지 않는다.

이제 WrapMotionEvent 클래스를 생성해보자. 자바에서 위임은 아주 일반적으로 일어나는 일이므로, 이클립스는 이를 쉽게 해주는 명령어를 제공하고 있다. 패키지 탐색 보기에서 org.example.touch 패키지를 클릭한 다음 File > New > Class 명령어를 선택하자. 새 클래스의 이름(WrapMotionEvent)을 입력하고 Return을 누른다. 이제 클래스 안에 우리가 포함하려고 하는 이벤트를 위한 필드를 추가해보자. 지금까지의 코드는 아래와 같이 보여야 한다.

Touchv2/src/org/example/touch/WrapMotionEvent.java

```
package org.example.touch;

import android.view.MotionEvent;

public class WrapMotionEvent {
    protected MotionEvent event;
}
```

자바 편집기에서 이벤트 변수(event variable)를 클릭한 다음 메뉴에서 Source > Generate Delegate Methods 명령어를 선택한다. 이클립스가 선택 가능한 메소드의 엄청난 목록을 주겠지만 전체 목록이 필요한 것은 아니니 모두 선택 해제한 다음, 프로그램에서 실제로 사용되는 getAction( ), getPointerCount( ), getPointerId(int), getX( ), getX(int), getY( ), getY(int)만 선택한다. 다 끝나면 대화상자가 그림 13.2처럼 보일 것이다. OK를 클릭하여 코드를 생성하도록 하자.

그림 13.2

이클립스가 자동으로 위임 메소드를 생성한다.

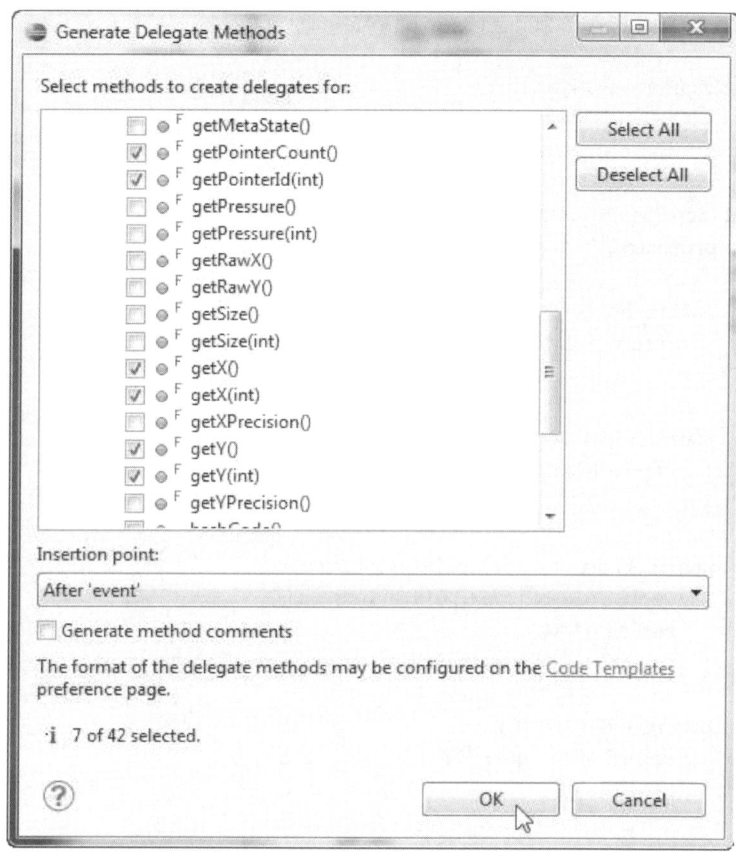

다른 작업을 하기 전에 `WrapMotionEvent.java` 파일을 저장하고 `EclairMotionEvent.java`라는 이름의 복사본을 하나 만들어두도록 한다. 잠시 후에 이 파일을 처리하도록 하자.

현재의 상태로 보자면, `WrapMotionEvent`가 다른 안드로이드 버전에는 존재하지 않는 몇 개의 메소드를 호출하고 있기 때문에 이를 대체해야 할 필요가 있다. 마우스 커서를 각 메소드 호출 위에 갖다 대면 어떤 것이 문제인지를 확인할 수 있다.

새 메소드는 'API 레벨 5부터'라고 보여주고 이전 메소드는 'API 레벨 1부터'라고 보여줄 것이다. 문제를 확인하는 또 다른 방법은 일시적으로 빌드 대상을 안드로이드 1.6으로 바꿔 놓고 리빌드한 다음에 에러가 어디에 발생하는지를 보는 방법이다.

안드로이드 1.6에서 작동하는 새로운 코드는 아래와 같다.

Touchv2/src/org/example/touch/WrapMotionEvent.java

```java
package org.example.touch;

import android.view.MotionEvent;

public class WrapMotionEvent {
    protected MotionEvent event;

    public int getAction() {
        return event.getAction();
    }

    public float getX() {
        return event.getX();
    }

    public float getX(int pointerIndex) {
        verifyPointerIndex(pointerIndex);
        return getX();
    }

    public float getY() {
        return event.getY();
    }

    public float getY(int pointerIndex) {
        verifyPointerIndex(pointerIndex);
        return getY();
    }

    public int getPointerCount() {
        return 1;
    }

    public int getPointerId(int pointerIndex) {
        verifyPointerIndex(pointerIndex);
        return 0;
    }

    private void verifyPointerIndex(int pointerIndex) {
        if (pointerIndex > 0) {
```

```
        throw new IllegalArgumentException(
            "Invalid pointer index for Donut/Cupcake" );
    }
  }
}
```

이 버전에서는 getPointerCount( )가 항상 1을 반환하는데, 이는 하나의 손가락만 누르고 있다는 것을 알려준다. 이로 말미암아 포인터 지수가 0보다 커서 getX(int)와 getY(int)이 호출되는 일이 절대 없으리라는 점을 알 수 있다. 하지만 만일의 경우를 대비하여 verify PointerIndex( ) 메소드를 추가하여 오류 상황을 체크하도록 했다.

다음으로 wrap( ) 메소드와 WrapMotionEvent 클래스를 위한 생성자를 추가할 필요가 있다.

Touchv2/src/org/example/touch/WrapMotionEvent.java

```
protected WrapMotionEvent(MotionEvent event) {
   this.event = event;
}

static public WrapMotionEvent wrap(MotionEvent event) {
   try {
      return new EclairMotionEvent(event);
   } catch (VerifyError e) {
      return new WrapMotionEvent(event);
   }
}
```

Wrap( ) 메소드가 우리의 정적 팩토리 메소드이다. 먼저 이 메소드는 EclairMotionEvent 클래스의 인스턴스를 생성하고자 한다. EclairMotionEvent는 안드로이드 2.0(에클레어)에서 소개된 새 메소드들을 사용하고 있기 때문에 안드로이드 1.5와 1.6에서는 실패할 것이다. 만약 이 메소드가 EclairMotionEvent 클래스를 생성할 수 없으면 그 대신에 WrapMotion-Event 클래스의 인스턴스를 생성한다.[3]

---

[3] 설계 패턴 순수주의자들은 아마 이 코드를 비웃으면서, 팩토리 메소드와 WrapMotionEvent와 EclairMotionEvent 둘의 공통 인페이스를 가지고 구현하려면 separate 클래스를 생성했어야 한다고 말할 것이다. 하지만 이 방법이 더 간단한데다 효과도 좋다. 이 책에서는 이 점이 훨씬 중요하다.

이제 일찍이 예약해놓았던 `EclairMotionEvent` 클래스에 대한 작업을 할 시간이다. `WrapMotionEvent`를 확장하여 생성자 하나를 추가하는 것으로 마감할 예정이다. 또한 `getAction()` 메소드와 매개변수가 없는 버전의 getX( )와 getY( )를 제거할 수 있는데, 이는 이들이 안드로이드의 모든 버전에 존재하고 이미 WrapMotionEvent에 구현이 되었기 때문이다. 아래와 같이 완전하게 정의한다.

Touchv2/src/org/example/touch/EclairMotionEvent.java

```java
package org.example.touch;

import android.view.MotionEvent;

public class EclairMotionEvent extends WrapMotionEvent {

    protected EclairMotionEvent(MotionEvent event) {
        super(event);
    }

    public float getX(int pointerIndex) {
        return event.getX(pointerIndex);
    }

    public float getY(int pointerIndex) {
        return event.getY(pointerIndex);
    }

    public int getPointerCount() {
        return event.getPointerCount();
    }

    public int getPointerId(int pointerIndex) {
        return event.getPointerId(pointerIndex);
    }
}
```

이제 프로그램을 돌려보면 1.6 에뮬레이터뿐만 아니라 새 버전(2.0 또는 그 이후 버전)에서도 잘 돌아갈 것이다. 물론 이전 버전에서는 몇 가지 기능을 못쓰게 될 것이다. 멀티 터치는 1.6 에서 지원되지 않기 때문에 이미지를 키우거나 줄일 때 핀치 줌 동작을 쓰지 못한다. 하지만 드래그 동작을 이용하여 이미지를 이리저리 이동시킬 수는 있다.

실제 프로그램에서는 핀치 줌이 가능하지 않을 때를 대비하여 그림의 크기를 변경할 수 있는 대체 방법을 구현해야 할 것이다. 예를 들자면, 그림을 확대하거나 축소하는 버튼을 추가할 수 있다.

그냥 재미 삼아, em15(1.5 에뮬레이터)를 구동하고 거기에서 프로그램을 한 번 돌려보자. 멀쩡해 보이겠지만 드래그 동작을 한번 해보라. 아무 반응이 없다! 안드로이드 1.5에서 버그를 하나 발견한 것이다.

13.4 버그 출동

안드로이드 1.5(컵케이크)의 `ImageView` 클래스에 버그가 있다고 알려졌다. 이 버그는 `ImageView`가 '매트릭스' 모드에 있을 때 `setImageMatrix()` 메소드가 작동하지 못하게 방해하는데, 곰곰이 생각해보면 상당히 웃기는 상황이다.

안타깝게도 완벽한 버그 목록이 없기 때문에 어떤 것이 안드로이드의 버그(우리가 만든 코드의 버그나 작동법에 대한 오해에서 비롯된 버그와는 대비되는 의미에서)인지를 확인하려면 상당한 추적작업을 거쳐야 한다. 혹시라도 비슷한 상황에 처했을 경우를 위해, 내가 취했던 단계들을 정리해보았다.

1. 첫 번째 용의자는, 방금 추가한 새로운 코드인 `WrapMotionEvent`와 `Eclair-MotionEvent` 클래스이다. 나는 몇 개의 기록관리 구문을 삽입하여 이벤트들이 제대로 처리되는지, 변환 매트릭스가 제대로 생성되는지를 살펴 보았다. 이들에는 별 문제가 없는 것으로 판명되어서, 나는 `ImageView` 클래스나 매트릭스 조작 쪽에서 뭔가 잘못된 것이 아닌지 의심하게 되었다.

2. 다음으로 나는 안드로이드 각 버전의 배포 설명서[4]를 확인하여 `ImageView` 클래스에 영향을 줄 수 있을만한 큰 변경이 언급된 적이 있는지 살폈다. 큰 변경이란 잘 작동하던 코드가 작동이 안되거나 또는 그 반대 현상을 일으키는 업데이트이다. 나는 연관이

---

[4] http://a.android.com/sdk/RELEASENOTES.html

있을 것 같은 내용을 찾지 못했다.

3. 그 다음에는 안드로이드의 버그 데이터베이스[5]에서 ImageView와 matrix라는 키워드로 검색을 했다. 안타깝게도 구글이 자체 버그 목록을 비공개로 하고 있고, 공개 버그 데이터데이스는 불완전하기 때문인지 아무 것도 찾을 수 없었다.

4. 다음, 나는 모든 안드로이드 개발자 포럼[6]을 뒤져 누군가 같은 문제를 가진 사람이 있는가 찾아보았다. 각 그룹은 각자의 검색 형식이 있는데, 포럼을 검색하는 가장 빠르고 정확한 방법은 그저 구글 검색 엔진을 이용하여 전체 웹을 검색하는 것이었다. 동일한 키워드(ImagView와 matrix)를 이용하여 정확하게 동일해 보이는 2009년도 게시물을 하나 찾았다. 불행하게도 거기엔 추가적인 내용이나 연관 게시물이 없긴 했지만 내가 제대로 찾아가고 있다는 것은 알 수 있었다.

5. 마지막으로 나는 소스[7]에 접근했다. 몇 가지 예외를 제외하면, 안드로이드의 모든 코드는 온라인 공개 저장소에서 접해볼 수 있다. 나는 ImageView 클래스에 관한 소스가 전체 소스 계통도에서 어디쯤에 있을지 대략 짐작할 수 있었는데, 그 전에 검색을 진행하면서 이의 경로 이름을 언뜻 보았기 때문이었다. 소스는 core/java/widget 디렉터리 아래, platform/frameworks/base.git 프로젝트 안에 있었다. 나는 저장소의 웹 인터페이스[8]를 이용하여 이력 정보를 열었다. 그리고 거기에 답이 있었다. 2009년 7월 30일에 적용된 변경에 'ImageView에 있던, setImageMatrix가 호출됐을 때 그리기 매트릭스가 업데이트되지 않던 버그 수정'이라는 비고가 달려 있었다. 이 버그 수정은 안드로이드의 컵케이크와 도넛 버전 중간에 있었는데, 이것으로 왜 1.6에서는 일어나지 않았던 오류가 1.5에서 발생했는지 설명되었다.

거의 대부분의 경우에는 안드로이드의 소스 코드를 뒤지는 데까지 가지 않고도 해답을 찾을 수 있을 것이다. 하지만 만약 필요하다면 소스 코드가 있는 곳을 알고 있으니 잘된 일이다.

---

[5] http://b.android.com

[6] http://d.android.com/resources/community-groups.html

[7] http://source.android.com

[8] https://android.git.kernel.org/?p=platform/frameworks/base.git;a=history;f=core/java/android/widget/ImageView.java

코드를 분석하고 몇 가지를 테스트해 보면서 나는 버그를 처리하는 법을 만들어낼 수 있었다. 아래의 코드를 Touch 클래스의 onCreate( ) 메소드의 끝에다 추가하자.

Touchv2/src/org/example/touch/Touch.java

```java
@Override
public void onCreate(Bundle savedInstanceState) {
    // ...
    // 컵케이크 버그 처리하기
    matrix.setTranslate(1f, 1f);
    view.setImageMatrix(matrix);
}
```

에뮬레이터에서 다양한 안드로이드 버전에 프로그램을 돌려보면, 이 조치로 안드로이드 1.5의 문제가 고쳐졌고, 그 이후 버전들에서도 재발하지 않는다는 것을 확인할 수 있다. 일단 프로그램이 다양한 안드로이드 버전에서 작동을 하게 되고 나면, 다양한 화면 크기들에 대해서도 마찬가지 작업을 해줘야 한다.

13.5 크고 작은 모든 화면들

응용프로그램이 가능한 많은 안드로이드 기기들에서 최상의 상태를 보이기 위해서는 상이한 화면 크기와 해상도, 픽셀 밀도를 지원하는 것이 중요하다. 딱 하나의 표준 화면을 가진 아이폰과 달리(아, 그래 그래, 세 개다. 아이패드와 아이폰4까지 치면), 안드로이드 장착 기기는 제멋대로의 모양과 크기로 나온다.

안드로이드가 기기에 맞게 인터페이스를 일정 비율로 증감시키겠지만, 그 결과가 항상 훌륭하지만은 않은 게 문제다. 확인할 수 있는 유일한 길은, 추측한 대로 테스트를 통하는 방법밖에 없다. 제13장 1절 여러분, 에뮬레이터를 여세요에서 추천했던 에뮬레이터 스킨들을 사용해서, 가장 일반적인 화면 크기들에서 프로그램이 제대로 돌아가는지 확인해보자. 만약 특정 사양으로 레이아웃이나 이미지를 변형할 필요가 있다면, 리소스 디렉터리 이름 안에 접미사를 넣어 구분하도록 하자.

예를 들어, res/drawable-hdpi 디렉터리에는 고밀도 화면용 이미지를 넣고, res/

drawable-mdpi에는 중밀도용, res/drawable-ldpi에는 저밀도용을 넣을 수 있다. 모든 예제들이 홈 화면에 보이는 프로그램 아이콘들을 이런 방식으로 관리하고 있다. 밀도에 상관없는 그래픽들(크기 확대/축소가 되지 말아야 할)은 res/drawable-nodpi 디렉터리에 들어간다. 다음은 서열 순으로 정리한 유효한 디렉터리 수식자의 목록이다.[9]

수식자	값
MCC와 MNC	모바일 국가 코드와 임의의 모바일 네트워크 코드. 이 코드는 가급적 사용하지 않는 것이 좋다.
언어와 지역(Language, region)	두 자리 언어와 추가 두 자리 지역 코드(소문자 r로 시작). 예를 들어, fr, en-rUS, fr-rFR, es-rES
화면 크기	소형, 일반, 대형(small, normal, large)
와이드 화면	와이드, 일반(long, notlong)
화면 방향	세로, 가로, 정사각형(port, land, square)
화면 픽셀 밀도	저밀도, 중밀도, 고밀도, 상관없음(ldpi, mdpi, hdpi, nodpi)
터치스크린 타입	터치없음, 스타일러스, 손가락(notouch, stylus, finger)
키보드 사용가능?	노출된 키보드, 숨은 키보드, 소프트키보드(keysexposed, keyshidden, keyssoft)
키보드 타입	키보드 없음, 쿼티, 12키(nokeys, qwerty, 12key)
커서운행 장치 사용가능?	노출된 운행장치, 숨은 운행장치(navexposed, navhidden)
커서운행 장치 타입	없음, D패드, 트랙볼, 휠(nonav, dpad, trackball, wheel)
화면 크기(해상도)	320 × 240, 640 × 480, 그 외 기타(구글에서는 권장하지 않지만 어쨌든 사람들은 사용하고 있나)

---

[9] 안드로이드가 어떻게 가장 적절한 디렉터리를 찾는지에 대한 충분한 설명을 http://d.android.com/guide/topics/resources/providing=resources.html#BestMatch 에서 찾아볼 수 있다.

SDK 버전	기기에서 지원하는 API 레벨(소문자 'v'로 시작). 예를 들어, v3, v8

하나 이상의 수식자를 사용하려면, 사이에 하이픈을 넣고 일렬로 죽 쓰면 된다. 예를 들면, `res/drawable-fr-land-ldpi` 디렉터리는 프랑스어용의 가로 방향 저밀도 화면을 위한 사진을 담을 수 있다.

주의: 안드로이드 2.1 이전 버전에는 이들 수식자를 인식하는 데 버그가 있다. 이 들쭉날쭉한 변덕을 다루는 방법에 대해서는 저스틴 맷슨(Justin Mattson)의 구글 I/O 프리젠테이션을 참조하도록 하라.[10]

13.6 SD Card에 설치하기

안드로이드 2.2부터 시작해서 응용프로그램을 폰의 제한된 내장 메모리 대신에 SD카드에 설치하도록 설정할 수 있게 되었다.

이를 위해 `AndroidManifest.xml` 파일의 <manifest> 태그에 `android:installLocation=` 속성을 아래와 같이 추가한다.

```
<manifest ... android:installLocation="auto" >
```

유효한 값은 auto와 preferExternal이다. 나는 auto를 더 권장하는데, 이는 시스템이 어디에 설치할지를 결정하도록 해준다. preferExternal로 설정하면 당신의 앱을 SD 카드에 설치하도록 요구하겠지만, 그 결과를 항상 보증할 수는 없다. 어느 쪽이든 사용자는 설정 응용프로그램을 이용하여 프로그램을 내장, 외장 스토리지 간을 이동시킬 수 있다.

안드로이드의 이전 버전들은 조용이 이 속성을 무시할 것이다. 만약 이 속성을 완전히 빼버리면, 안드로이드는 당신의 프로그램을 항상 내장 스토리지에 저장할 것이다.

---

[10] http://code.google.com/events/io/2010/sessions/casting-wide-net-android-devices.html

자, 그러면 왜 SD 카드 인스톨이 기본설정이 되면 안 될까? 외부 설치가 좋은 발상이 아니라는 것을 증명하는 상황들이 아주 많다. 폰을 충전하거나 파일을 공유하려고 USB 케이블을 컴퓨터에 연결하는 순간, 외장 스토리지 위에 설치되어 돌아가던 응용프로그램은 모두 죽어버릴 것이다. 이는 홈 화면 위젯에 특히 치명적인데, 그냥 사라져서 다시는 나타나지 않을 것이다.

그래서 구글은 아래와 같은 기능을 사용하는 응용프로그램은 외부 설치를 허용하지 말도록 권장하고 있다.[11]

- 계정 관리자(account managers)

- 알람(alarms)

- 기기 시스템관리자(device administrators)

- 입력 메소드 엔진(input method engines)

- 동적 폴더(live folders)

- 동적 배경화면(live wallpapers)

- 서비스(Services)

- 동기화 접속기(Sync adapers)

- 위젯(widgets)

안드로이드 2.2가 수용폭을 더 넓혀가면 언젠가는 모든 것을 SD 카드에 설치할 수 있을지도 모른다. 만약 이 기능을 지원하지 않기로 결정했다면, 그 이유를 사용자에게 설명할 수 있도록 준비하도록 하라.

---

[11] http://d.android.com/guide/appendix/install-location.html

13.7 빨리 넘겨보기 >>

다양한 화면 크기를 가진, 다양한 하드웨어 기기에서 돌아가는, 다양한 버전의 안드로이드를 지원하는 일은 결코 쉽지 않다. 이 장에서 우리는 기초적인 수준에서 가장 일반적인 문제 상황과 해법을 다뤘다. 만일 더 많은 것을 원한다면 안드로이드 웹사이트에서 '다양한 화면 지원하기(Supporting Multiple Screens)' 라는 뛰어난 우수사례 자료를 읽어보도록 권장한다.[12]

응용프로그램을 여기까지 끌고 오느라 수고가 많았다. 이제 재미있는 부분이다. 바로 다른 사람들이 이를 사용할 수 있도록 하는 것이다. 다음 장은 응용프로그램을 안드로이드 마켓에 배포하는 법에 대해서 다룰 것이다.

---

[12] http://d.android.com/guide/practices/screens_support.html

제 **14**장

안드로이드 마켓에 배포하기

지금까지는 소프트웨어를 만들어 에뮬레이터에서 돌려 보거나, 아니면 당신의 개인 안드로이드 폰에 내려 받아 보았다. 다음 단계로 나아갈 준비는 되었는가? 안드로이드 마켓[1]에 응용프로그램을 배포함으로써 수백만의 다른 안드로이드 사용자들이 당신의 프로그램을 이용할 수 있다. 이 장은 그 방법을 보여줄 것이다.

14.1 준비하기

응용프로그램을 마켓에 배포하기 위한 첫 단계는, 물론, 응용프로그램 만들기이다. 여기에 대해서는 이 책의 나머지 부분을 보고 지침을 얻기 바란다. 하지만 단순하게 코드를 짜는 것만으로는 충분하지 않다. 프로그램은 높은 품질을 가져야 하고, 버그도 없어야 하고(음, 그렇지), 가능한 한 많은 기기들에 호환되어야 한다. 아래에 당신을 도와줄 몇 가지 비법이 있다.

- 다른 사람에게 보여주기 전에, 적어도 진짜 기기 하나 정도는 테스트를 해보자. 다른 비법들은 다 잊어버리더라도, 이것만은 기억하자.

- 프로그램을 간략하게 유지하고 엄청나게 갈고 닦아라. 많은 일을 서투르게 처리하는 것보다는 한 가지 일을 잘 하는 프로그램을 만들도록 하자.

---

[1] http://market.android.com

- 오래 쓸 수 있도록 com.yourcompany.progname과 같이 좋은 자바 패키지 이름을 고르자. 안드로이드는 AndroidManifest.xml에 정의된 패키지 이름을 응용프로그램을 위한 기본 식별자로 사용한다. 두 프로그램이 동일한 패키지 이름을 가질 수 없기 때문에, 한번 특정 패키지 이름으로 마켓에 프로그램을 올리고 나면, 사용자들에게 이를 삭제해달라고 요청하여 완전히 제거한 다음 새로운 프로그램을 배포하지 않는 이상, 패키지 이름을 바꿀 수 없다.

- AndroidManifest.xml 파일에서 android:versionCode=와 android:versionName= 에 의미 있는 값을 골라라.[2] 이후의 업데이트를 고려하여 이름 지정 구조에 여유공간을 좀 두도록 한다.

- 성능과 반응감도, 연속성을 위한 설계와 같은, 안드로이드의 우수 사례[3]를 따르도록 한다.

- 아이콘 디자인이나 메뉴 디자인, 적절한 Back 버튼의 사용과 같은, 사용자 인터페이스 가이드라인[4]을 따르도록 한다.

다양한 기기들에 호환되도록 하는 일은 안드로이드 프로그래머들이 마주하고 있는 가장 어려운 과제 중 하나다. 당신이 처리해야 할 하나의 문제는 각기 다른 버전의 플랫폼이 설치된 폰들을 들고 있는 유저들이다. 제13장 만들기는 한 번, 테스트는 모든 곳에서에서 조언을 얻을 수 있을 것이다.

첫 인상과 호환성이 중요하긴 하지만, 응용프로그램을 완벽하게 만들기 위해 수정하고 갈고 닦는 것과 시기 적절하게 출시하는 것 사이에서 균형도 잘 잡아야 한다. 일단 준비가 된 것 같으면, 다음 단계는 서명하는 것이다.

---

[2] http://d.android.com/guide/publishing/versioning.html

[3] http://d.android.com/guide/practices/design

[4] http://d.android.com/guide/practices/ui_guidelines

14.2 서명하기

모든 안드로이드 응용프로그램은 하나의 .apk로 포장되어 디지털 보증서로 서명이 되어야 안드로이드가 이들을 실행할 것인지 판단할 수 있다. 이는 에뮬레이터와 개인용 테스트 기기에서도 맞는 말이지만, 마켓에 배포를 원하는 프로그램에 대해서라면 특히 더 틀림없는 사실이다.

당신은 말할 것이다. "앗, 잠깐만! 난 지금까지 포장이나 서명 같은 거 해본 적이 없는데?" 사실상, 당신은 해본 적이 있다. 공개된 별칭과 암호를 이용하여 구글이 생성한 보증서를 사용하면서, 안드로이드 SDK 툴이 지금껏 모든 것들을 비밀리에 조립하고 서명해왔다. 암호가 알려져 있기 때문에, 당신은 이와 마주친 일도 없을 테고, 어쩌면 이런 것이 존재한다는 것을 몰랐을 수도 있다. 어쨌거나, 마켓에서는 디버깅용 보증서가 응용프로그램에 사용될 수가 없으니, 지금이야말로 바로 연습용 바퀴를 떼버리고 당신 스스로 보증서를 만들 때이다.

이를 위해서는 두 가지 방법이 있다. 표준 자바 keytool과 jarsigner 명령어[5]를 가지고 수동으로 만드는 방법과, 이클립스를 이용해 자동으로 생성하는 법이다.

패키지 탐색기에서 프로젝트를 오른쪽 클릭하고, Android Tools > Export Signed Application Package를 선택한다. 위저드가 응용프로그램에 서명하는 일련의 과정을, 새로운 키스토어(keystore)와 비공개 키를 생성하는 것도 포함하여(이전에 만든 것이 없을 때) 안내해줄 것이다. 당신의 모든 응용프로그램의 모든 버전에 걸쳐 동일한 키를 사용해야 하며, 이 비공개 키가 다른 사람의 손에 넘어가지 않도록 적절한 사전예방 조치를 취해야 한다.

주의: 만약 구글 맵스 API(제8장 3절 MapView 내부 장착하기를 보라)를 사용하고 있다면, 이 API가 디지털 보증서와 묶여있기 때문에 구글에서 새 맵스 API 키를 받을 필요가 있다. 프로그램을 한 번 엑스포트(export)하고, 온라인 지침을 이용하여 새로운 맵스 API 키를 획득하고[6], 새로운 키를 이용할 수 있도록 XML 레이아웃 파일을 수정한 다음 프로그램을 다시 엑스포트한다.

---

[5] http://d.android.com/guide/publishing/app-signing.html

[6] http://code.google.com/android/add-ons/google-apis/mapkey.html

모든 것을 마치고 나면, 배포할 준비가 된 하나의 .apk 파일이 남을 것이다.

14.3 배포하기

안드로이드 마켓은 구글이 운영하는 서비스로, 당신의 프로그램을 게시하는 용도로 사용할 수 있다. 배포 작업을 시작하려면, 먼저 배포자 웹사이트(개발자 콘솔, Developer Console이라고도 알려져 있는)에서 등록된 배포자로 계약을 해야 한다.[7] 약간의 등록비가 있다.

추가적인 단계로, 만약 프로그램에 대해 과금을 하고 싶다면, 결제 처리업체와도 계약을 해야 한다. 배포자 웹사이트가 어떻게 하면 되는지 지침을 줄 것이다. 이 책을 쓰는 동안에는 구글 체크아웃(Google Checkout)만 지원됐는데, 이후에는 페이팔(Paypal)과 같은 다른 결제업체도 지원될 것이다.

이제 당신은 업로드할 준비가 되었다. Upload Application 링크를 클릭하고 양식을 채우자. 여기 세 가지 힌트가 있다.

- 복제 방지 기능을 끄자. 안드로이드의 복제 방지 기능은 안전하지도 않을뿐더러 사용자를 귀찮게 하는 것 말고 쓸모 있는 기능이라고는 없다. 만약 무단복제가 걱정된다면 안드로이드 마켓의 라이센싱 서비스를 사용하도록 하자.[8]

- 특별한 반대 이유가 없다면, 지역 옵션을 현재 및 미래의 모든 국가들로 설정하도록 하자. 새로운 국가들이 계속 추가되고 있는 상황이라, 이렇게 해놓으면 당신의 응용프로그램이 이들 나라에서도 접근가능해질 것이다.

- 당신의 전화번호를 응용프로그램의 연락처 정보에 절대 제공하지 마라. 모든 마켓 사용자들이 이 번호를 볼 수 있기 때문에, 문제가 있을 때마다 전화를 걸 것이다. 물론 전화 상담을 위한 전용 번호와 상담원이 있다면, 이 내용은 상관없겠지만 말이다.

그냥 보기로, 내가 이전에 배포했던 Re-Translate Pro(제7장 4절 웹 서비스 사용하기에 나오는

---

[7] http://market.android.com/publish

[8] http://d.android.com/guide/publishing/licensing.html

번역 예제의 업데이트 버전)라는 응용프로그램의 양식을 어떻게 채웠는지 보도록 하자.

```
Application .apk file: (select Browse and Upload)
Language: English (en_US)
Title (en_US): Re-Translate Pro
Description (en_US):
    Re-Translate translates a phrase from one language to another and
    then back again so you can make sure you're saying what you meant.

    Try the Lite version to see if you like it first.


    Features:
    - Translates instantly as you type
    - Long press for copy/paste
    - Directly send SMS/Email

Application Type: Applications
Category: Tools
Price: USD $1.99

Copy Protection Off
Locations All Current and Future Countries with Payment

Website: http://www.zdnet.com/blog/burnette
Email: ed.burnette@gmail.com
Phone: (blank)
```

Publish 버튼을 누르면 응용프로그램이 즉각 모든 적용대상 기기상의 안드로이드 마켓에 나타난다. 맞다, 승인 절차도 없고, 대기 기간(다운로드 서버를 업데이트하는 데 걸리는 몇 초 정도 차이는 있음)도 없고, 프로그램 안에서 무슨 일을 하는지에 대한 제한도 없다. 음, 거의 말이다. 어쨌든 안드로이드의 콘텐트 가이드라인[9]은 따라야 한다. 가이드라인에 맞추지 못하면 응용프로그램이 안드로이드 마켓에서 제거되는 결과를 만들 수도 있다. 무엇보다 가이드라인은 콘텐트가 불법적이거나 외설적이지 않아야 하고, 증오나 폭력을 조장하거나 18세 이하의 청소년들에 부적절한 내용을 담고 있지 않아야 한다고 말한다. 이에 더해서, 프로그램은 승인된 이동통신 업체의 서비스 조항을 고의로 위반해서도 안 된다. 사용자나 이동통신 업

---

[9] http://www.android.com/market/terms/developer-content-policy.html

체의 불만 제기로 인해 프로그램이 삭제된 사례는 거의 없긴 하지만, 당신이 상식을 가지고 일을 하는 한 걱정할 일은 없을 것이다.

다음 절은 이미 배포된 응용프로그램에 대한 업데이트를 다루고 있다.

14.4 업데이트하기

당신의 앱이 마켓에 한동안 올라가 있었고, 이제 변경을 하려 한다고 가정해보자. 가장 간단한 종류의 변경은 제목이나 설명, 가격, 기타 등등 이전 절에서 채웠던 정보와 같은 프로그램의 메타 데이터를 수정하는 일이다. 이런 비(非)코드 정보를 변경하려면, 그냥 개발자 콘솔상의 목록에서 프로그램을 선택해서 변경한 다음, Save를 클릭하면 된다.

새로운 버전의 코드가 있다고? 걱정 마시라. 이 페이지에서 업로드도 할 수 있다. 그러나 시작하기 전에, 잠시 시간을 가지고 `AndroidManifest.xml` 파일에서 두 버전 숫자를 제대로 변경했는지 꼭 확인하도록 하자. `android:versionCode=`는 업로드를 할 때마다 1씩 증가(예를 들어, 1을 2로)시키고, `android:versionName=`에 있는, 사람이 읽을 수 있는 버전 숫자는 적당한 양(예를 들면, 사소한 버그 수정의 경우에는 1.0.0에서 1.0.1로)만큼 증가시킨다. 일단 버전 숫자가 정확하고, 패키지가 재조립되었고, 재서명 되었다면, Upload Upgrade를 선택하자. Browse를 클릭하고 새 .apk 파일을 찾은 다음 Upload를 클릭하여 파일을 서버로 보낸다.

비법 하나: `android:versionName=`의 값은 아무 것이나 가능하다. 응용프로그램 설명서의 제한된 공간을 절약하기 위해, 일부 개발자들은 변경 명세를 버전 이름에 대신 집어넣기도 한다. `android:versionName="1.0.1(Fixed crash, improved performance)"`처럼 말이다.

변경과는 별도로, 안드로이드 마켓 사용자들에게 그 변경이 보이도록 하려면 꼭 Publish 버튼을 클릭해야 한다. 만약 대신에 Save를 클릭하면, 당신이 마침내 결심을 하고 Publish를 클릭할 때까지 미완성 작품으로 임시 보관될 것이다.

만약 가능하다면, 격주 또는 그 언저리 간격으로 자주 업데이트를 하라고 제안한다. 이는 두 가지 기능을 한다.

- 사용자는 당신이 자신의 제안에 귀를 기울이며 지원한다고 생각하므로 기분이 좋아진다.

- 당신의 프로그램을 마켓에 있는 '최신 업데이트' 목록 상위에 계속 노출시킬 수 있다. 사용자들이 당신의 프로그램을 발견하고 응당 누려야 할 기회를 누릴 수 있게 해줄 수 있는 방법 중 하나이다.

14.5 글을 마치며

내가 직접 프로그램을 배포하면서 힘들게 배웠던, 안드로이드 마켓에 대한 몇 가지 마지막 비법을 정리해보았다.

- 유료 앱을 무료화할 수는 있어도, 무료 앱을 유효화할 수는 없다. 만약 프로그램의 무료(라이트) 버전과 유료(프로) 버전이 필요하다면, 둘을 동시에 생성해서 내보내라. 비난의 십자포화를 지지 않으려면, 무료 버전에 넣었던 기능을 절대 삭제하면 안 된다.

- 지금 버전의 마켓에서는 자신의 유료 응용프로그램을 살 수 없다. 이후 버전에서는 수정되기를 희망한다.

- 사용자들이 남긴 사용후기를 모두 읽되, 특별히 무례하거나 상스러운 것은 즉각 스팸으로 신고하도록 하라. 사용후기 공간을 긍정적이든 부정적이든, 쓸모 있는 피드백을 위한 곳으로 깨끗하게 유지하자.

- 용기를 잃지 마라. 사람들은 잔인해질 수 있고, 특히 익명 사용후기에서는 더 그렇다. 거래에 있어서는 두꺼운 얼굴과 유머 감각이 값을 매길 수 없을 만큼 소중한 도구이다.

제**5**부

부록

자바 대 안드로이드 언어와 API

안드로이드 프로그램의 대부분은 자바 언어로 쓰여졌고, 또 자바 5 표준 에디션(SE) 라이브러리 API를 사용한다. 내가 '대부분'이라고 말한 이유는 몇 가지 차이점이 있기 때문이다. 이 부록은 일반적인 자바와 안드로이드에 쓰이는 자바 사이의 차이점을 조명해보고자 한다. 당신이 이미 다른 플랫폼에서의 자바 개발에 충분히 숙달된 상태라면, 어떤 것을 '버려야' 할지 두 눈을 크게 뜨고 살펴봐야 할 것이다.

A.1 언어 하위집합

안드로이드는 자바 컴파일러를 이용하여 소스 코드를 일반적인 소프트웨어 2 진법코드(bytecodes)로 컴파일한 다음, 이를 달빅 명령어로 번역한다. 그러므로, 단지 언어 하위집합 뿐만이 아니라 자바 언어 전체가 지원된다. 이를 자체 자바에서 자바스크립트 번역기까지 가지고 있는 구글 웹 도구상자(GWT)와 비교해보라. 스톡 컴파일러와 2 진법코드를 사용하면, 응용프로그램에서 사용할 라이브러리를 위한 소스 코드가 있어야 할 필요조차 없어지게 된다.

언어 레벨

안드로이드는 자바 표준 에디션 5 또는 그 이전 버전에 대한 코드 호환을 지원한다. 자바6와 자바7 클래스 형식과 기능들은 아직 지원되지 않지만, 이후 배포판에서는 추가될 수 있을 것

이다.

내재적 유형들

byte, char, short, int, long, float, double, Object, String, arrays를 포함하여 자바의 내재적 유형들은 모두 지원된다. 그렇지만 일부 저사양 하드웨어에서는 부동소수점이 단순히 에뮬레이트된다. 이는 하드웨어가 아니라 소프트웨어에서 실행되며 정수 계산보다 많이 느려지게 된다는 의미이다. 가끔 사용하는 것은 괜찮지만, **float**와 **double**을 성능이 중요한 코드에 사용하는 것은, 알고리즘에서 부동소수점이 정말로 필요하거나 응용프로그램이 고사양 기기에서만 돌아갈 것이라는 확신이 있지 않은 한, 피하는 것이 좋다.

멀티 스레딩과 동기화

멀티 스레드는 시간 쪼개기(time slicing)로 가능해지는데, 이는 각 스레드를 구동하는 데 몇 밀리세컨드를 주고, 그 다음에 **문맥 전환**(context switch)을 시행해 다른 스레드에 차례를 돌린다. 안드로이드야 아무리 많은 스레드가 있건 다 지원을 하겠지만, 일반적으로는 딱 하나나 두 개 정도를 이용하는 것이 좋다. 스레드 하나는 메인 사용자 인터페이스(만약 있다면) 전용으로 이용하고, 다른 스레드는 계산이나 네트워크 I/O와 같이 오래 지속되는 실행용으로 사용한다.

달빅 VM은 **synchronized** 키워드와 Object.wait( ), Object.notify( ), Object.notify-All( )과 같은 동기화 관련 라이브러리 메소드들을 구현한다. 또한 더 섬세한 알고리즘을 위해 java.util.concurrent 패키지도 지원한다. 다른 자바 프로그램과 마찬가지로, 다양한 스레드가 서로를 간섭하는 것을 방지하는 목적으로 사용하면 된다.

리플렉션(Reflection)

안드로이드 플랫폼이 자바 리플렉션을 지원하기는 하지만, 일반적으로 보자면 이를 사용하지 않는 것이 좋다. 이유는 간단하다. 성능 때문이다. 리플렉션은 느리다. 컴파일 시 사용할 수 있는 툴이나 예비처리기(preprocessors)와 같은 대체 기능을 고려해보라.

종료(Finalization)

달빅 VM은 일반 자바 VM과 마찬가지로, 가비지 컬렉션 도중에 객체가 종료되도록 지원한다. 그렇지만 자바 전문가 대부분은 종료자(finalizer)가 언제 시행될지(또는 시행이나 될지) 알 수 없기 때문에, 종료자에 의지하지 말라고 조언한다. 종료자 대신에 명확한 close( )나 terminate( ) 메소드를 이용하자. 안드로이드는 리소스가 제한된 하드웨어를 대상으로 하기 때문에, 리소스를 필요로 하지 않을 때는 즉각 반환하는 것이 좋다.

A.2 표준 라이브러리 하위집합

안드로이드는 자바 표준 에디션 5.0 라이브러리의 상대적으로 방대한 하위집합을 지원하고 있다. 일부는 단순히 말이 안되기 때문에 제외되었고(프린트 같은), 일부는 안드로이드에 특화된 더 좋은 API가 있기 때문에 생략되었다(사용자 인터페이스 같은).

지원되는 것들

아래의 표준 패키지들이 안드로이드에서 지원된다. 이들을 어떻게 사용하는지에 대해서는 자바 2 플랫폼 표준 에디션 5.0 API에 대한 참고자료[1]를 찾아보도록 하자.

- java.awt.font: 유니코드와 폰트를 위한 몇 가지 상수들

- java.beans: 자바빈즈 특성 변경을 위한 몇 가지 클래스와 인터페이스들

- java.io: 파일과 스트림 I/O

- java.lang(java.lang.management 제외): 언어와 예외처리 지원

- java.math: 큰 숫자, 반올림처리, 정밀도

- java.nio: 파일과 채널 I/O

---

[1] http://java.sun.com/j2se/1.5.0/docs/api 오라클의 해당 페이지로 자동 페이지 전환 됨-역주

- `java.security`: 권한부여, 증명서, 공개키

- `java.sql`: 데이터베이스 인터페이스

- `java.text`: 초기화, 자연어, 대조

- `java.util`(`java.util.concurrent` 포함): 목록, 맵, 묶음, 배열, 집합

- `javax.crypto`: 암호, 공개키

- `javax.microedition.khronos`: OpenGL 그래픽(자바 마이크로 에디션에서)

- `javax.net`: 소켓 팩토리, SSL

- `javax.security`(`javax.security.auth.kerberos`, `javax.security.auth.spi`, `javax.security.sasl` 제외)

- `javax.sql`(`javax.sql.rowset` 제외): 더 많은 데이터베이스 인터페이스

- `javax.xml.parsers`: XML 파싱

- `org.w3c.dom`(하위패키지는 아님): DOM 노드와 요소들

- `org.xml.sax`: XML을 위한 단순 API

일반적인 자바 SQL 데이터베이스 API(JDBC)가 포함되어 있지만 이를 로컬 SQLite 데이터베이스에 접근하는 데 사용할 수 없다는 것에 주의하라. 대신에 android.database API를 사용하라(제9장 SQL 활용하기 참조).

지원되지 않는 것들

일반적으로는 자바 2 플랫폼 표준 에디션에 포함되는 아래의 패키지들을 안드로이드는 지원하지 않는다.

- `java.applet`

- `java.awt`

- `java.lang.management`

- java.rml

- javax.accessibility

- javax.activity

- javax.imageio

- javax.management

- javax.naming

- javax.print

- javax.rml

- javax.security.auth.kerberos

- javax.security.auth.spi

- javax.security.sadl

- javax.sound

- javax.swing

- javax.transaction

- javax.xml(javax.xml.parsers 제외)

- org.ietf.*

- org.omg.*

- org.w3c.dom*(하위패키지들)

A.3 제3자 라이브러리들

안드로이드 SDK는 당신의 편의를 위해, 위에 열거된 표준 라이브러리들 외에도 상당 수 제
3자 라이브러리를 지원하고 있다.

- org.apache.http: HTTP 승인, 쿠키, 메소드, 프로토콜

- org.ison: 자바스크립트 객체 표기법

- org.xml.sax: XML 파싱

- org.xmlpull.v1: XML 파싱

부록 B

참고문헌

[Bur05]   Ed Burnette. *Eclipse IDE Pocket Guide.* O'Reilly & Associates, Inc, Sebastopol, CA, 2005.

[Gen06]   Jonathan Gennick. *SQL Pocket Guide.* O'Reilly Media, Inc., Sebastopol, CA, second edition, 2006.

[Goe06]   Brian Goetz. *Java Concurrency in Practice.* Addison-Wesley, Reading, MA, 2006.

[Owe06]   Mike Owens. *The Definitive Guide to SQLite.* Apress, Berkeley, CA, 2006.

찾아보기

저자 소개

에드 버넷(Ed Burnette)

프로그래머이자 저자로서, 그리고 연설자로서 25년 이상의 경험을 갖고 있는 소프트웨어 업계의 베테랑이다. 상업용 컴퓨터 게임에서 고성능 그리드 컴퓨팅 시스템에 이르기까지 다양한 개발을 두루 섭렵하였다. 에드는 SAS 고급 컴퓨팅 연구소(SAS Advanced Computing Lab)의 창립 멤버이자 수석 연구원이며, 『Google Web Toolkit: Taking the Pain out of Ajax』와 『Eclipse IDE Pocket Guide』를 포함한 많은 기술 관련 기사 및 서적을 집필하였다. ZDNet의 개발 커넥션(Dev Connection) 블로그를 담당하고 플래닛 안드로이드(http://www.planetandroid.com)를 만들어 운영 중에 있다.

헬로, 안드로이드 2.2

구글의 모바일 개발 플랫폼 소개하기 3판

3판 1쇄 발행 : 2010년 11월 10일

지은이	Ed Burnette(에드 버넷)
옮긴이	이일문
발행인	최규학

기획 · 진행	고광노
마케팅	전재영
교정 · 교열	편집부
본문 디자인	늘푸른나무
표지 디자인	(주)코리아하우스콘텐츠

발행처	도서출판 ITC
등록번호	제8-399호
등록일자	2003년 4월 15일

주소	경기도 파주시 교하읍 문발리 파주출판단지 세종출판벤처타운 307호
전화	031-955-4353(대표)
팩스	031-955-4355
이메일	itc@itcpub.co.kr

용지 신승지류유통   인쇄 예림인쇄   제본 문종제책사

ISBN-10 : 89-6351-023-9
ISBN-13 : 978-89-6351-023-1 13560

값 23,000원